Schade / Köhler

Akustische Simulationen mit Octave

Ihr Plus – digitale Zusatzinhalte!

Auf unserem Download-Portal finden Sie zu diesem Titel kostenloses Zusatzmaterial.

Geben Sie dazu einfach diesen Code ein:

`plus-ce61z-pxb6c`

plus.hanser-fachbuch.de

Hans-Peter Schade
Torsten Köhler

Akustische Simulationen mit Octave

HANSER

Die Autoren:
Prof. Dr.-Ing. Hans-Peter Schade ist Professor im Ruhestand, davor war er an der TU Ilmenau im Fachgebiet Audiovisuelle Technik der Fakultät Elektrotechnik und Informationstechnik tätig.
Dr.-Ing. Torsten Köhler ist nach einem Studium der Informationstechnik an der Technischen Universität Ilmenau mit dem Schwerpunkt Mikrowellentechnik, Elektroakustik und digitale Audiotechnik beim Hessischen Rundfunk tätig.

FSC www.fsc.org
MIX
Papier | Fördert gute Waldnutzung
FSC® C016368

Print-ISBN: 978-3-446-48428-3
E-Book-ISBN: 978-3-446-48471-9

Bibliografische Information der Deutschen Nationalbibliothek:
Die Deutsche Nationalbibliothek verzeichnet diese Publikation in der Deutschen Nationalbibliografie; detaillierte bibliografische Daten sind im Internet unter http://dnb.d-nb.de abrufbar.

Vilshofener Straße 10 | 81679 München | info@hanser.de
www.hanser-fachbuch.de
Lektorat: Frank Katzenmayer
Herstellung: Eberl & Kœsel Studio GmbH, Kempten
Coverkonzept: Marc Müller-Bremer, www.rebranding.de, München
Covergestaltung: Max Kostopoulos
Titelmotiv: © stock.adobe.com/Natalia S.
Satz: le-tex publishing services GmbH, Leipzig
Druck: Elanders Waiblingen GmbH, Waiblingen
Printed in Germany

Inhalt

Vorwort

Dieses spezifische Lehrbuch vermittelt wesentliche Grundlagen zu den akustischen Fachgebieten Mikrofone, Lautsprecher, Beschallung, Kunstkopf, Raumakustik und Psychoakustik. Da die eindeutige Darstellung dieser Gebiete in der Regel hochkomplex ist, erfolgt die Beschreibung der physikalischen Eigenschaften durch Modelle. Die auf diesen Modellen basierenden Gleichungen sind folglich Näherungsgleichungen. Sie enthalten Parameter, deren einzelner Einfluss auf das Berechnungsergebnis des Modells nicht sofort erkennbar ist. Um das Verständnis zu unterstützen, haben sich die Autoren entschlossen, neben der Erläuterung der Gleichungen selbige auch grafisch darzustellen. Mit zahlreichen Beispielen am Ende der jeweiligen Kapitel, die die theoretischen Grundlagen für die akustischen Gebiete beschreiben, werden die Gleichungen mithilfe der freien Scriptsprache GNU Octave für das Verständnis des Einflusses der verschiedenen Parameter visualisiert. (Informationen z. B. unter *de.wikibooks.org/wiki/Ing_Mathematik:_Numerische_Mathematiksysteme_am_Beispiel_von_Octave*).

Die Autoren stützen sich bei ihren Ausführungen sowohl auf langjährige Lehrerfahrungen im Studiengang Medientechnologie der TU Ilmenau, als auch auf praktische Berufserfahrungen in einer Rundfunkanstalt. Sie sind überzeugt, dass Studierenden und anderen wissenschaftlich-technisch Interessierten mit diesem Buch ein schneller, strukturierter und vor allem verständlicher Zugang zu den Fachgebieten ermöglicht wird.

Prof. Dr.- Ing. Hans-Peter Schade

Dr.-Ing. Torsten Köhler

im August 2025

1 Mikrofone

1.1 Allgemeines zu Mikrofonen

Mikrofone sind Wandler, die Schalldruckänderungen in eine (weiter-)transportierbare und speicherbare Energieform umsetzen (Dickreiter, 2008). Sie werden in unterschiedlichsten Bauformen bspw. in Telefonen, Mobiltelefonen, Freisprecheinrichtungen, bei Personal Computern, Multimediaplattformen, Studiomikrofonen, Funkmikrofonen, Kunstköpfen, Hörgeräten, Diktiergeräten, Kameras und in der akustischen Messtechnik als auch bei Array-Anwendungen (Richtwirkungen bzw. Beamforming) eingesetzt. Am häufigsten werden Elektretmikrofone hergestellt, die nach dem kapazitiven Wandlerprinzip arbeiten (Zollner, 1998). Dabei weisen diese Mikrofone trotz entsprechender Umwelteinflüsse (Temperatur, Luftfeuchtigkeit) eine gute Langzeitstabilität auf. Bei weiter fortschreitender Miniaturisierung werden neue Anwendungsbereiche im Zusammenhang mit entsprechender Signalverarbeitung erschlossen werden (sogenannte intelligente oder smarte Mikrofone).

Allgemein wandeln Mikrofone (Weinzierl, 2009) den auf sie auftreffenden Luftschall oder auch den Schallwechseldruck, kurz den (empfangenen) Schall in mechanische Energie bzw. in elektrische Signale (elektrische Energie, Spannungsänderung o. a.) um. Das Mikrofon ist ein Schallempfänger – ein schwingungsfähiges System. Dabei besitzt jedes Mikrofon u. a. eine dynamische Membran, eine Spule (abhängig von der Bauart) – neben dem Gehäuse, Anschlüssen und teilweise diskreten Bauteilen und Vorverstärker –, die sich in Abhängigkeit von der Wandlerart proportional zu den dynamischen Schallfeldgrößen bewegt. Die Bewegung der Membran wird in eine entsprechende elektrische Spannung überführt. Mikrofone wandeln entsprechend ihres Aufbau den sie umgebenden Druck bzw. den Druckgradienten in proportionale elektrische Spannungen um.

Eine Übertragungskette beginnend mit der Schallaussendung, dem darauffolgenden Schallfeld und dem Empfang bzw. der Aufnahme und der Weiterverarbeitung des elektrischen Signals lässt eine Vielzahl von künstlerischen und technischen Gestaltungsmöglichkeiten zu. Innerhalb einer solchen Übertragungskette befindet sich das Mikrofon als Empfänger (Sensor) an erster Stelle und ist für Aufnahme und Übertragung von Schallereignissen entscheidend. Aus diesem Grund sind die Mikrofonauswahl (Klangeigenschaften) und die Anforderungen an die Beschaffenheit, die Übertragungseigenschaften und die Qualitätsmerkmale (Committee, 2018) entscheidend. Dabei spielen sowohl der nutzbare Frequenzbereich, die Empfindlichkeit, die Richtcharakteristik, die Größe als auch der mechanische Aufbau eine Rolle für die Anwendung. Auch die Positionierung des Schallwandlers zum aufzunehmenden Schallereignis beeinflusst das Aufnahmeergebnis. Nicht erwünschte Signalanteile lassen sich nur schwierig aus dem aufgenommenen Signal entfernen.

Eine Unterteilung der Mikrofone erfolgt nach unterschiedlichen Prinzipien. Sie können nach dem Empfängerprinzip zwischen Druck- und Druckgradientenempfänger bzw. nach dem Wandlerprinzip unterschieden werden. Üblicherweise bezeichnet man Mikrofone nach deren Wandlerprinzip.

1.2 Unterteilung nach dem Empfängerprinzip

Die Einteilung der Mikrofone nach dem Empfängerprinzip ist davon abhängig, ob die Druckschwankungen auf eine oder beide Membranseiten gelangen. Bei Ersterem ist die Kapsel rückseitig geschlossen und damit ist die Kraft auf die Membranvorderseite proportional zum einwirkenden Schalldruck. In diesem Fall handelt es sich um einen **Druckempfänger**. Diese haben eine ungerichtete bzw. omnidirektionale Richtcharakteristik. Ihre Richtcharakteristik ist mit drei Dimensionen eine Kugel (Bild 1.1 mit zwei Dimensionen ein Kreis) bei tiefen Frequenzen. Gelangen die Schalldruckänderungen auf beide Seiten der Membran, handelt es sich um einen **Druckdifferenz-** bzw. **Druckgradientenempfänger**. Im Gegensatz zum Druckempfänger haben diese immer einen gerichteten Schallempfang und werden deshalb als Richtmikrofone bezeichnet (Bild 1.3). So lässt sich bereits an Hand der Richtcharakteristik auf das Empfängerprinzip bzw. die Bauform der Mikrofonkapsel schließen. Die Richtcharakteristiken (Bernstein, 2018) in Bild 1.1 und Bild 1.3 sind schematische Darstellungen, die mithilfe der Richtfunktion (allgemeine Mikrofongleichung)

$$\mathrm{s}\,(\varphi) = K + (1 - K)\cos(\varphi)$$

erstellt wurden. Bei gemessenen Richtcharakteristiken sind Verläufe frequenzabhängig und nicht so homogen (Bild 1.1).

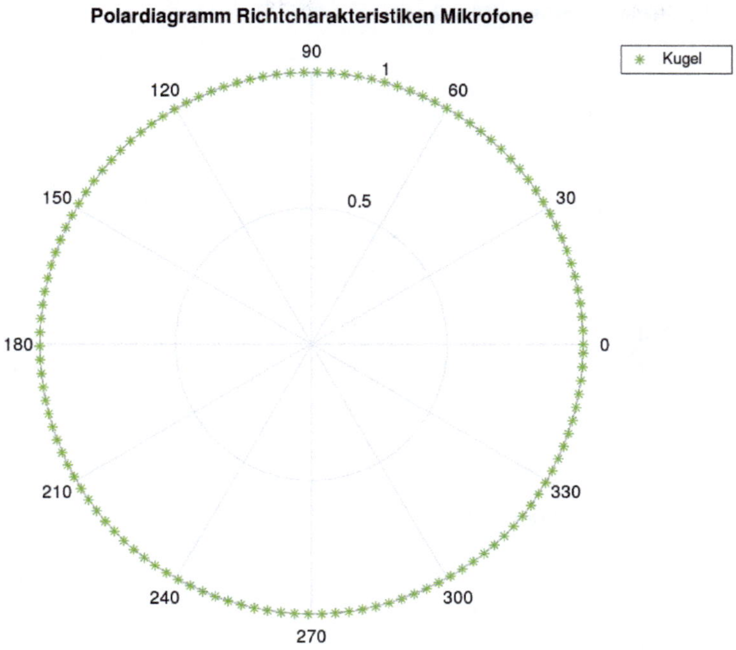

Bild 1.1 Kugelcharakteristik

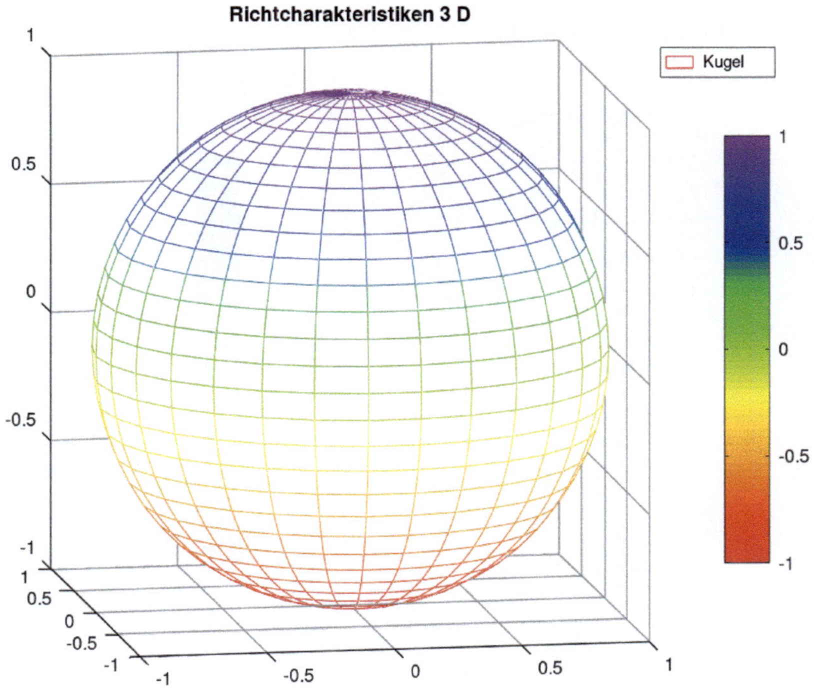

Bild 1.2 Kugelcharakteristik 3D

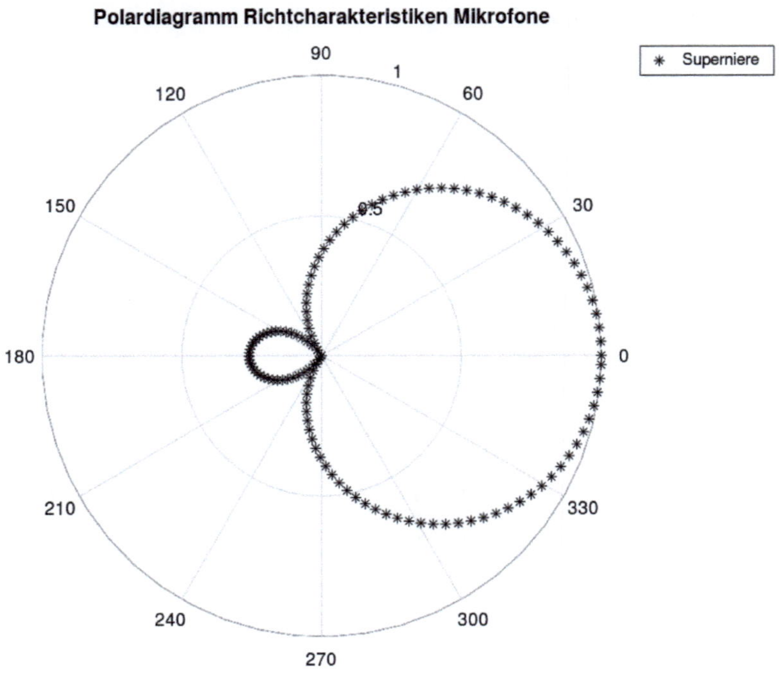

Bild 1.3 Super-Nierencharakteristik

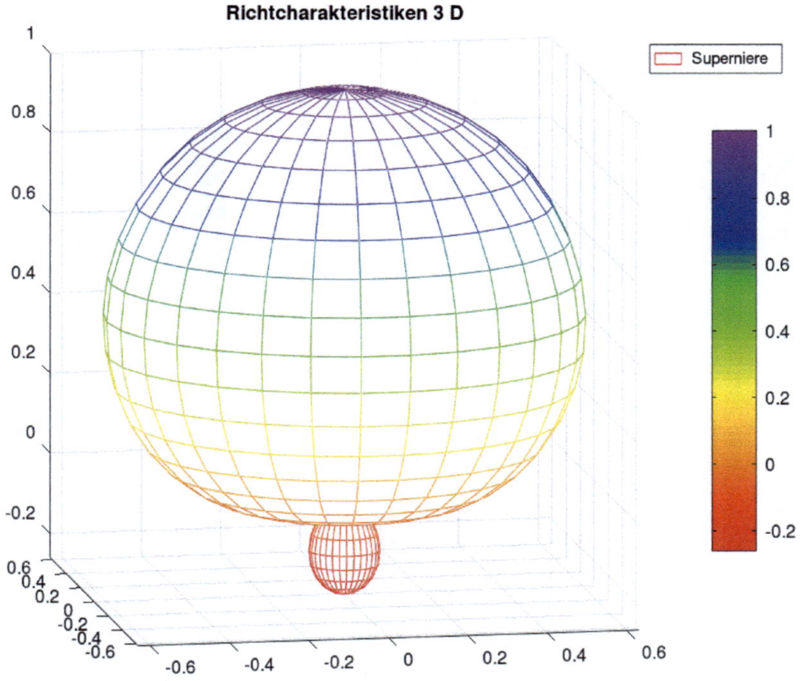

Bild 1.4 Super-Nierencharakteristik 3D

1.2.1 Druckmikrofon

Reine Druckempfänger besitzen nur eine Membran und eine Kugelcharakteristik mit der Richtfunktion (Bild 1.1)

$$s(\varphi) = 1$$

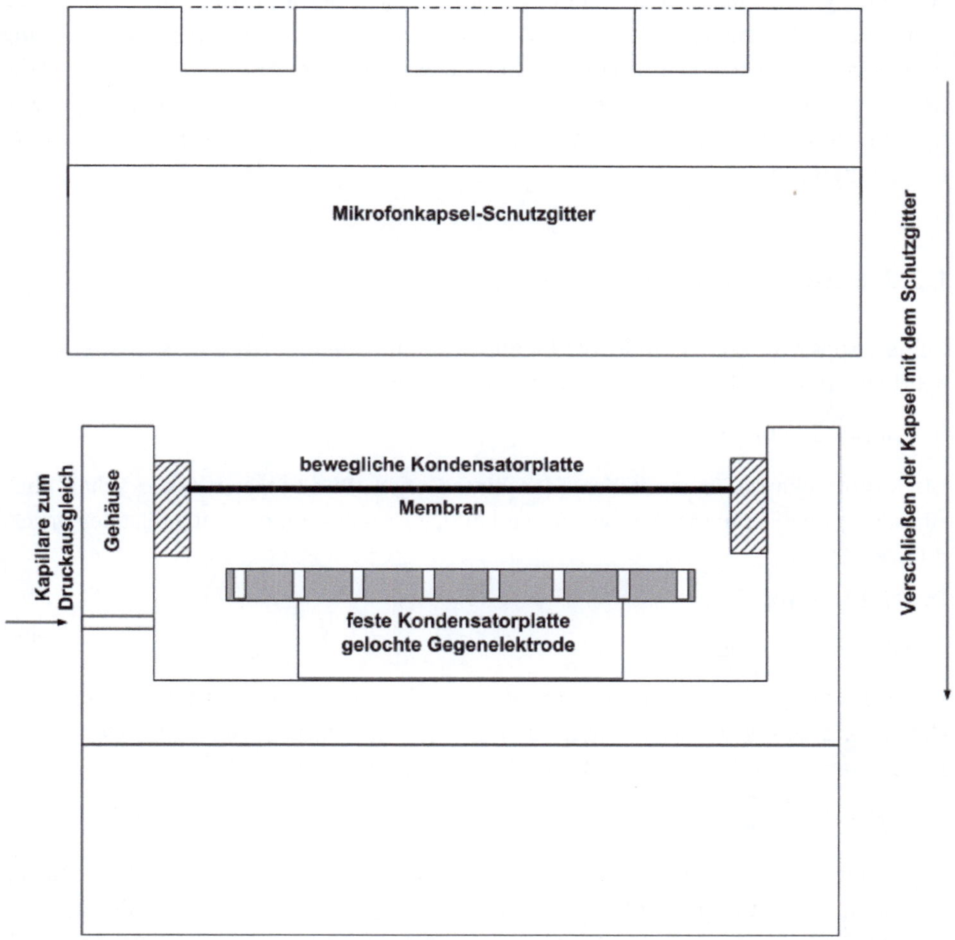

Bild 1.5 Druckmikrofon schematisch

Bei steigender Frequenz bleibt die Form der Richtcharakteristik nicht kreis- bzw. kugelförmig. Die Kreisform geht bei höheren Frequenzen bzw. kürzeren Wellenlängen in eine gerichtete über (durch Abschattung, durch Interferenzen). Die Mikrofonkapsel ist rückseitig geschlossen und besitzt eine sehr kleine Öffnung (ähnlich einer Kapillare bzw. Haarröhrchen) zum Ausgleich des statischen Luftdrucks. Diese Öffnung stellt einen akustischen Hochpass dar und bestimmt somit die untere mechanische Grenzfrequenz des Druckempfängers. Die obere mechanische Grenzfrequenz wird durch die Membransteifigkeit und die Membranmasse bestimmt. Die Membran selbst befindet sich vor einem nach hinten geschlossenem Hohlraum. Dieser verhindert den Einfluss des Schalls auf die Rückseite der Membran. Durch Druckänderungen wird die Membran bewegt. Beim Kondensatormikrofon ändert sich der Abstand zur vorpolarisierten Gegenelektrode und damit die Kapazität des Kondensators. Die Spannungsänderung erfolgt in Abhängigkeit von der Empfindlichkeit des Mikrofons proportional zu den Druckänderungen. Einfallender Schall wird unabhängig von der Einfallsrichtung immer in gleicher Polarität wiedergegeben. Druckmikrofone können auch bei sehr tiefen Frequenzen bis in den Infraschallbereich verwendet werden. Daher werden diese in der Messtechnik eingesetzt. Eine einfache Darstellung eines Druckmikrofons befindet sich in Bild 1.5.

1.2.2 Druckgradientenmikrofon

Reine Druckgradientenempfänger (Schnelle-Empfänger) haben eine gerichtete, z. B. achtförmige Richtcharakteristik, mit der Richtfunktion:

$$s\,(\varphi) = |1 \cdot \cos(\varphi)|$$

Die Mikrofonkapsel ist zusätzlich nach hinten offen (Bild 1.6), sodass der Schall auch rückseitig auf die Membran einwirkt. Das heißt, die Membranbewegung folgt der Druckdifferenz.

Druckdifferenz:

$$\Delta p = p_{\text{vorn}} - p_{\text{rück}} \tag{1.1}$$

Durch konstruktive Maßnahmen am Mikrofon lassen sich auch verschiedene Richtcharakteristiken realisieren, die zwischen Kugel und Acht liegen. Diese werden als Breite Niere 1 (K = 0,75) oder 2 (K = 0,63), Niere (mit der Richtfunktion)

$$s\,(\varphi) = |0,5 + 0,5\cos(\varphi)|$$

Superniere (Bild 1.3; K = 0,366) und Hyperniere (K = 0,25) bezeichnet. Die Richtcharakteristiken von Druckgradientenmikrofonen ändern ihre Form zu hohen Frequenzen hin fast nicht. Sie weisen bei tiefen Frequenzen (unterhalb 100 Hz) eine Abschwächung dieser auf (Schoeps, 1984). Alle Richtcharakteristiken außer der Kugel (Druckmikrofon) sind nur als Druckgradientenmikrofone zu erzeugen. Bei Druckgradientenmikrofonen muss der Nahbesprechungseffekt berücksichtigt werden, der entsteht, wenn der Abstand zwischen Mikrofon und Schallquelle klein gegenüber der Wellenlänge wird. Dieser führt zu einer Tiefen- oder Bassanhebung.

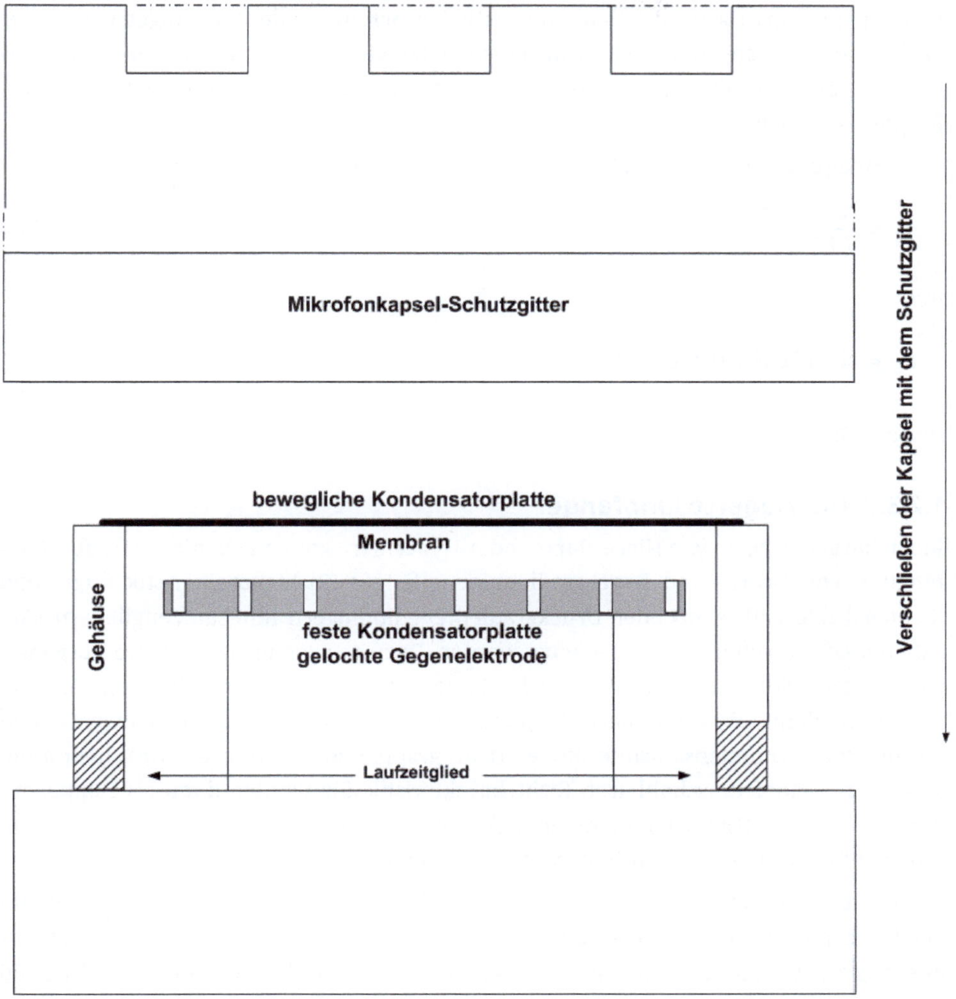

Bild 1.6 Druckgradientenmikrofon schematisch

1.2.3 Mikrofonsonderbauformen

Die meisten Mikrofonbauformen sind Druckgradientenempfänger. Nur eine Kugelrichtcharakteristik, die bei einem Mikrofon nicht umschaltbar ist, verwendet einen Druckempfänger.

1.2.3.1 Interferenzempfänger

Das Interferenz- oder Richtrohrmikrofon ist meist ein Druckgradientenempfänger (Super- oder Hyperniere) in besonderer Bauweise (Wittek, 2010). Der Mikrofonkapsel ist ein Interferenzrohr vorgesetzt. In dieser Sonderbauform besitzt dieses Mikrofon eine

Keulencharakteristik, die durch das mit seitlichen Schlitzen oder Bohrungen versehene, nach vorn geöffnetes Interferenzrohr entsteht. So wird eine Verstärkung der Richtwirkung in Abhängigkeit von der Rohrlänge l für mittlere und höhere Frequenzen (Grenzfrequenz) erreicht.

Grenzfrequenz in Abhängigkeit von der Rohrlänge:

$$f_g = \frac{c}{2\,l} \tag{1.2}$$

mit

$$c_{\text{Luft}} \approx (331{,}5 + 0{,}6\,\vartheta/°\text{C})\,\frac{\text{m}}{\text{s}}$$

(untere Grenzfrequenz für Keulencharakteristik).

1.2.3.2 Überlagerte Empfänger

Richtcharakteristiken wie Niere, Super- oder Hyperniere können ebenfalls aus der Kombination von Druck- und Druckgradientenempfänger (Richtcharakteristik Kugel und Richtcharakteristik Acht) oder Druckgradientenempfängern mit Laufzeitgliedern (Anzahl der Öffnungen bzw. Ports) erzeugt werden. Dazu werden prinzipiell ihre Ausgangsspannungen addiert. Man erhält spezielle Kapselkonstruktionen durch überlagerte Empfänger, die dann wie kombinierte Empfänger arbeiten. Andere Bauformen verwenden beispielsweise Kondensatormikrofone (Druckgradientenbauweise als Großmembransystem) mit einer umschaltbaren Richtcharakteristik. Sie werden dann als Doppelgradientenmikrofon (Doppelgradientenempfänger oder überlagerter Empfänger) gebaut. Dabei befinden sich zwei kombinierte Membranen hintereinander.

Werden die Signale beider Wandler nicht im Mikrofon kombiniert, um unterschiedliche Richtcharakteristiken zu erzeugen, stehen sie getrennt zweikanalig am Mikrofonausgang zur Verfügung. Dann spricht man von einem TWIN-Mikrofon (z. B. MKH 800 TWIN oder UM 930 TWIN). Beide Signale der Wandler sind so ferneinstellbar. Diese Signale können im Mischpult kombiniert werden, um alle Richtcharakteristiken (Kugel, Niere, Acht) und beliebige Zwischenformen zu erzeugen.

Die Richtcharakteristiken eines solchen Mikrofons ergeben sich aus Kombinationen unterschiedlicher Membranladungen und Signalpolaritäten der beiden Membranen.

1.3 Unterteilung nach Wandlerprinzipien und Arten

Ist ein Wandler in der Lage, sowohl akustische Energie in elektrische Energie als auch umgekehrt zu wandeln, so bezeichnet man diesen als reversiblen Wandler.

Eine Einteilung erfolgt unter diesem Prinzip nach elektrostatischen Wandlern wie beispielsweise Kondensator- oder Elektretmikrofone, piezoelektrische Wandler wie z. B. das Kristallmikrofon, magnetische Wandler (Schallplattenabtastsystem) sowie elektrodynamische Wandler (Spule im Magnetfeld) wie Tauchspulen- und Bändchenmikrofone.

Der elektrodynamische Wandler verwendet in seiner Arbeitsweise das Induktionsgesetz – ähnlich wie ein Generator (Dynamo) elektrische Energie erzeugt. Dabei wird eine Leiterschleife (Bändchen) oder eine Spule (Tauchspule), die sich im starken Magnetfeld eines Permanentmagneten befindet, durch die Membran, die einer Schalldruckänderung folgt, bewegt. Der Aufbau weist so eine höhere Masse (Membran- + Spulenmasse) gegenüber elektrostatischen Wandlern auf, was die Eigenschaften des schwingungsfähigen Systems verändert. Dieses Wandlerprinzip ist reversibel. Das bedeutet, dass man solche Wandler als Mikrofon oder Lautsprecher konstruieren kann. Sie sind robust und benötigen keine Speisespannung.

Der elektrostatische Wandler hat eine bewegliche und eine feste Elektrode und bildet damit einen Kondensator. Die schwingende Membran stellt dabei die bewegliche Elektrode dar. Eine Spannungsquelle wird benötigt, um den Kondensator zu polarisieren (Kondensator vorspannen). Die Kapazität des Kondensators hängt vom Plattenabstand ab. Auch dieses Wandlerprinzip ist ebenfalls reversibel.

1.3.1 Kondensatormikrofone

Diese Mikrofone besitzen eine hohe Signalqualität und sind in zahlreichen Anwendungen zu finden, sowohl in Tonstudios als auch vielen anderen Geräten. Diese Mikrofonart ist empfindlich und kann durch sehr hohen Schalldruck beschädigt werden. Kondensatormikrofone besitzen eine Kapsel mit einer 1 bis 40 µm dicken elektrisch leitenden Membran, die in geringem Abstand d zur perforierten (gelochten) Gegenelektrode liegt. Beide zusammen, Membran und Gegenelektrode (gegeneinander elektrisch isoliert), bilden einen Luftkondensator (Dielektrikum Luft, ε_0 und Kapselkapazität C_0 siehe Formel 1.3) mit einer vorgegebenen Membranfläche A. Bewegt sich die Membran aufgrund äußerer Anregung durch Druckschwankungen (Schall), ergibt sich daraus ein verändernder Plattenabstand und damit eine variable Kapazität (beispielsweise von ca. 5...100 pF, Formel 1.3). Die durch den auftreffenden Schall entstehenden Kapazitätsschwankungen führen zu Spannungsschwankungen – einem elektrischen Signal (Formel 1.3). Dabei muss der Kondensator zuvor über einen hochohmigen Widerstand R_L in MΩ mit einer Vorspannung (12...48-Volt-Phantomspeisung; DIN 45596) versehen werden (Polarisationsspannung, damit ein elektrisches Feld entsteht) und eine elektrische Feldstärke E aufweisen. Es besteht der nichtlineare Zusammenhang zwischen der Kraft und der Spannung derart, dass $F \sim U^2$ (quadratisches Kraftgesetz) ist, sodass zur Linearisierung eine höhere Gleichspannung vorgeschaltet wird.

Zusammenhang zwischen Kapazitätsänderung und Spannungsänderung:

$$U_{\sim} = \frac{U_{-} \cdot \Delta C}{C_0} \tag{1.3}$$

mit

$$C_0 = \frac{(\varepsilon_0 \varepsilon_{\mathrm{r}} \cdot A)}{d}$$

und

$$\Delta C = \varepsilon_0 \frac{A}{d - \Delta d} - C_0$$

Ein Beispiel zur Bestimmung der Kapselkapazität und des Ladewiderstands ist mit Formel 1.4 nachvollziehbar.

Gleichungen zu elektrostatischen Wandlern:

$$U_{\sim} = E \cdot \Delta d \tag{1.4}$$

mit

$$E = \frac{U_{-}}{d}$$

und

$$F = (-E)\, C_0 U_{\sim}$$

sind mit $U_{-} = 12...200$ V, $d = 40$ µm, $A = 2{,}27$ cm^2, $\varepsilon_{\mathrm{r}} \approx 1$ (Luft) und $\varepsilon_0 \approx 8{,}85 \cdot 10^{-12}$ F/m (Vakuum) Werte vorgegeben, kann man die Kapselkapazität C_0 bestimmen zu[1)]

$$C_0 = \frac{\varepsilon_{\mathrm{r}}\ \varepsilon_{0 \cdot A}}{d} \approx 50 \text{ pF}$$

Die Werte der Kapselkapazität liegen meist zwischen 5...100 pF. Der Ladewiderstand R_{L} in MΩ errechnet sich dann bei einer unteren Grenzfrequenz von 20 Hz zu

$$R_{\mathrm{L}} = \frac{1}{\omega_u \cdot C_0} = \frac{1}{2\pi \cdot 20 \text{ Hz} \cdot 50 \text{ pF}} \approx 160 \text{ M}\Omega$$

Sollte sich die Kapselkapazität verringern und alle anderen Werte der Gleichung beibehalten werden, so vergrößert sich der Lastwiderstand. Er bedarf mit seinem großen Wert einer Impedanzwandlung durch den Mikrofonvorverstärker. Der Lastwiderstand hängt so von der Kapselkapazität und der Frequenz ab. Für dieses kleine Beispiel lässt sich ein einfaches Programm in Matlab oder Octave erstellen, das Bild 1.7 erzeugt.

1 *https://sengpielaudio.com/KondensatormikrofonSpannungsteilerprinzip.pdf*

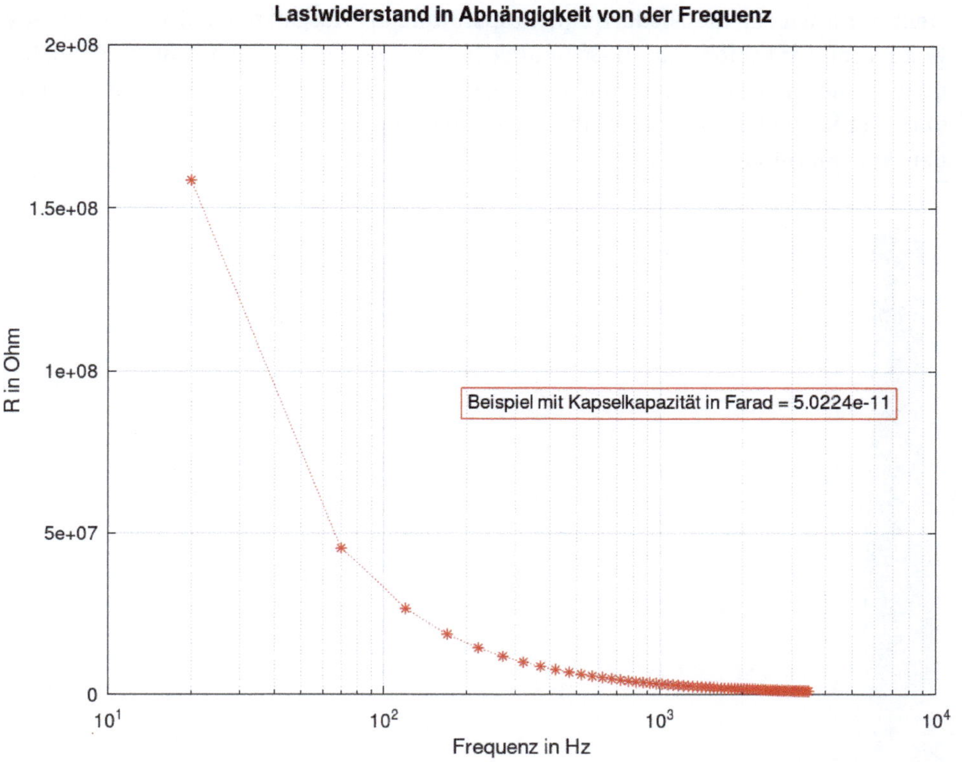

Bild 1.7 Widerstand in Abhängigkeit von der Frequenz für ein Beispiel

Die Mikrofonkapseln des Kondensatormikrofons können als Druckmikrofon oder auch als Druckgradientenmikrofon hergestellt werden. In Anwendung kommen auch Kondensatormikrofone mit einer umschaltbaren Richtcharakteristik. Dazu verwendet man zwei Druckgradientenmikrofone, häufig als Doppelmembran ausgeführt.

Ein Kondensatormikrofon ist prinzipiell als Hochpass (RC-Glied) auffassbar. Da der Frequenzbereich bei ca. 40 Hz beginnt, muss die Grenzfrequenz des Hochpasses unterhalb davon liegen. Bei einer Kapazität von 5 bis 100 pF – je nach Mikrofontyp – muss der Widerstand einen sehr hohen Wert haben – meist im MΩ-Bereich (bis ca. 1 GΩ).

Als hochohmige Quelle kann es an keine längere elektrische Leitung angeschlossen werden, deshalb befindet sich in jedem Kondensatormikrofon ein Vorverstärker, der in erster Linie durch einen Impedanzwandler den Innenwiderstand herabsetzt, aber auch den Pegel anheben kann. Die Speisespannung dafür wird meist über das Mikrofonkabel (Phantomspeisung) geliefert, selten mit einem externen Netzteil.

In Hochfrequenzschaltung (Zollner, 1998) hingegen steuert die sich ändernde Kapazität die Frequenz, Amplitude bzw. Phase eines Hochfrequenz-Oszillators. Dabei wird keine Polarisierungsgleichspannung benötigt. Ein Demodulator vor dem Ausgang stellt dann wieder die Niederfrequenzspannung als Ausgangssignal zur Verfügung. Kondensatormikrofone in HF-Schaltung haben theoretisch keine untere Grenzfrequenz, sind rauscharm und robuster gegenüber Umwelteinflüssen. Die Kapselimpedanz ist für Kondensatormikrofone in HF-Schaltung kleiner (ca. 300 Ω) als bei NF-Kondensatormikrofonen.

Bild 1.8
Kondensator-Mikrofon (Quelle: Microtech Gefell GmbH)

1.3.2 Elektretmikrofone

Prinzipiell sind es spezielle Kondensatormikrofone (Elektret-Kondensatormikrofone), bei denen die Gleichspannung in Folien (PET- oder Teflonfolie) mit schlechter Leitfähigkeit und permanentpolarisierenden Eigenschaften festliegt – also vorpolarisierte Folie (Zollner, 1998).

Zur Herstellung wird das zu polarisierende Material oberhalb der Curie-Temperatur erhitzt und einem elektrischen Feld ausgesetzt. Die elementaren Dipole werden so ausgerichtet. Das äußere Feld bleibt bestehen, bis das Material abgekühlt ist. Erst dann erzeugen die räumlich ausgerichteten Dipole ein eigenes permanentes elektrisches Feld. Aber auch durch eine Ladungsinjektion erreicht man eine Polarisation, bei der einzelne Ladungsträger in Isolatoren mit möglichst hohem spezifischem Widerstand eingeschossen werden. Die Polarisation eines Elektrets nimmt über einen langen Zeitraum langsam ab.

Im Mikrofon befindet sich noch ein Mikrofonvorverstärker zur Verstärkung der schwachen Signalspannungen. Er benötigt mit ca. 1,5 Volt eine viel geringere Spannung als ein reines Kondensatormikrofon mit zum Beispiel 48 Volt. Der Strombedarf von ca. 1 mA und eine Unempfindlichkeit gegen Körperschall eröffnet auch die Möglichkeit, dieses Mikrofon als Messmikrofon, in mobilen und sehr vielen anderen Geräten (Telefon, Computer, Hörgeräte etc.) zu verwenden. Da die Kapazität in der Regel kleiner als bei den herkömmlichen Kondensatormikrofonen ist, ist die Qualität (besonders Rauschverhalten) nicht ganz so gut wie bei den Kondensatormikrofonen. Sie werden häufig bei Außenaufnahmen eingesetzt.

1.3.3 Tauchspulenmikrofon

Tauchspulenmikrofone sind elektrodynamische Wandler, an deren leichter Kunststoffmembran eine freitragende Spule angebracht ist (Bernstein, 2018). Diese Spule taucht in den Luftspalt eines kräftigen Dauermagneten ein, wodurch in der Spule eine Spannung induziert wird. Voraussetzung ist ein homogenes Feld mit der Bedingung, dass die Größen B, l und v bzw. i senkrecht zueinanderstehen.

Bewegung eines Leiters im Magnetfeld (Wandlergleichung des dynamischen Wandlers):

$$u = (-B) \cdot l \cdot v \tag{1.5}$$

$$F = B \cdot l \cdot i$$

Die Schnelle v hat am Ausgang des Mikrofons eine proportionale Spannung zur Folge. Im Gehäuseinneren dämpfen Resonanzräume die Bewegung der Membran und führen zur Linearisierung des Übertragungsfrequenzgangs. Tauchspulenmikrofone sind vergleichsweise unempfindlich wegen der relativ großen Membranmasse (Rückkopplungen, Nebengeräusche etc.). Die Tauchspulenimpedanz liegt bei ca. 200 Ω, wodurch eine Impedanzwandlung nicht erforderlich ist.

1.3.4 Bändchenmikrofon

Eine andere Form von dynamischen Mikrofonen sind die Bändchenmikrofone (Bernstein, 2018). Bei dieser Bauform befindet sich direkt zwischen den Polen eines Dauermagneten ein Leiter in Form eines Aluminiumbändchens. Das heißt, der elektrische Leiter ist gleichzeitig die Membran, der auf die Schalldruckänderungen reagiert. Die Membran ist ein 2...3 µm dickes und 3...5 mm breites Aluminiumbändchen von ca. 4 cm Länge. Es besitzt viele Querfalten. Das Aluminiumbändchen ist möglichst lose zwischen den Magnetpolen aufgehängt. Dieser Aufbau und die geringe Masse des Bändchens bewirken die Unabhängigkeit seiner Geschwindigkeit und damit der Ausgangsspannung von der zu übertragenden Frequenz. Die Impedanz wird durch den Widerstand des Bändchens bestimmt und würde ca. 0,1 Ω betragen. Die Bändchenimpedanz wird durch einen Übertrager auf ca. 200 Ω hinauftransformiert. Damit erhöht sich auch die Ausgangsspannung.

1.3.5 Kristallmikrofon

Die piezoelektrischen Wandler werden auch als Kristall- oder keramische Wandler bezeichnet (Bernstein, 2018). Sie nutzen die Eigenschaft bestimmter kristalliner oder keramischer Materialien (Kristalle mit ionischen Bindungsanteilen und ein oder mehreren polaren Achsen, jedoch fehlender Punktsymmetrie – wie Siliziumdioxid, Turmalin, Seignettesalz, Rohrzucker, Lithiumniobat, Piezokeramik ...). So wird durch eine Druckänderung an der Membran eine Gleichgewichtsstörung der Kristallstruktur hervorgerufen (elastische Verformung des Kristallgitters). Damit wird ein kleiner Betrag negativer elektrischer Ladung zur einen, positiver Ladung zur anderen Seite des Kristalls verschoben. Die Art der Mikrofone ist stark von den Umgebungseinflüssen wie zum Beispiel der Temperatur oder Luftfeuchte abhängig. So kann bei Temperaturen (oberhalb der Curietemperatur von 150 °C) das Material seine piezoelektrischen Eigenschaften verlieren. In ihrer Qualität sind sie nur für Audioanwendungen ohne große Ansprüche geeignet. In der Herstellung sind sie sehr kostengünstig.

1.3.6 Optische Mikrofone

Ein optisches Mikrofon (Wandler)[2)] kommt dort zur Anwendung, wo konventionelle Mikrofone nur eingeschränkt oder gar nicht arbeiten können. Das betrifft sowohl Umgebungen mit hoher Feuchte (Kurzschluss) oder hoher Temperatur (Änderung von Materialeigenschaften) als auch Umgebungen elektromagnetischer Felder. Da es stromlos betrieben wird, kann es auch zum Einsatz in explosionsgefährdeten Umgebungen o. a.

[2] *www.iof.fraunhofer.de*

Messverfahren (Konle, 2007) gelangen. Es ist so aufgebaut, dass eine metallfreie Membran verwendet wird. Deren Auslenkung wird dann optisch abgetastet. Licht einer Leuchtdiode wird über einen Lichtwellenleiter zu einem Linsen-Array gesendet. Das Licht wird dann von einer verspiegelten Membran teilweise reflektiert. Wenn die verspiegelte Membran sich in der Ruhelage befindet, wird der Lichtwellenleiter für den Empfang der Lichtsignale zur Hälfte überdeckt. Bei Bewegung der Membran entsteht dann ein seitlicher Versatz des Lichtstrahls. So werden durch eine Optik Schallsignale in Lichtimpulse gewandelt (Wandler). Notwendig dafür sind entsprechende Lichtwellenleiter (Sende- und Empfangslichtwellenleiter), da für diese Wandlung mit nur einer Leuchtdiode gearbeitet wird. Die verwendeten Lichtwellenleiter bzw. Glasfaserleitungen bestehen aus Siliziumdioxid und besitzen eine geringe Dämpfung. Das Mikrofon kann so bis zu einer Entfernung von ca. 100 m in Abstand zu Elektronik betrieben werden. Am Ende des Empfangslichtwellenleiters sitzt eine Fotodiode, die die Wandlung der eintreffenden Lichtimpulse vornimmt. Nachteilig sind die noch nicht ausreichende Klangqualität, die Empfindlichkeit der Glasfaserleitungen und der noch hohe Preis.

1.3.7 Doppelmembranmikrofon

Mikrofone mit zwei Membranen und einer Gegenelektrode werden als Doppelmembranmikrofone bezeichnet.[3] Die beiden Membranen sind jeweils auf einer Seite der Gegenelektrode verbaut. Doppelmembranmikrofone erlauben es, durch Addition der beiden Membransignale (akustische Überlagerung) zu einem elektrischen Ausgangssignal unterschiedliche Richtcharakteristiken zu erzeugen. Das wird durch eine unterschiedlich hohe oder gepolte Polarisationsspannung an der entsprechenden Membran erreicht. So lässt sich die Richtcharakteristik auf elektrischem Weg umschalten.

Eine Membran und die Gegenelektrode bilden eine Nierenrichtcharakteristik. Die gegenüberliegende Membran bildet ein Laufzeitglied. Das heißt, die Kugelrichtcharakteristik des Doppelmembranmikrofons ist aus zwei Druckgradientenempfängern zusammengesetzt. Die Kugelcharakteristik hat nicht die gleichen Eigenschaften eines idealen Druckempfängers, denn die Wiedergabe des tiefen Basses ist nicht so gut wie beim Druckempfänger. Außerdem gibt es einen Nahbesprechungseffekt (Tiefenanhebung bei Druckgradientenempfängern in der Nähe des Mikrofons).

1.3.8 Twin-Mikrofone

Twin-Mikrofone arbeiten ähnlich wie Studiomikrofone mit umschaltbarer Richtcharakteristik. Ein Mikrofon mit zwei eng benachbarten Kapseln (z. B. Kondensatormikrofon als Doppelgradientenempfänger) und zwei einzelnen Signalwegen für beide Kapseln (als

---

3 *https://sengpielaudio.com/DoppelmembranKondensatormikrofon.pdf*

Fortführung des Beispiels mit zwei Nierenrichtcharakteristiken) wird als „Twin-Mikrofon“ bezeichnet. Hat man beispielsweise zwei Nierensignale an einer gedachten Symmetrieachse zur Verfügung, kann man durch Veränderung der Amplitude und der Polarität des hinteren Signals durch deren Addition jede einfache Richtcharakteristik nachbilden. Besser noch ist es, die Signale einzeln aus dem Mikrofon zu führen. Mit einer bestimmten Software können dann beide Signale für eine nachträgliche Bearbeitung gespeichert werden. Oder man kann aus den zwei Kanälen jede beliebige Richtcharakteristik direkt erzeugen. Der Vorteil der Twin-Mikrofone ist durch die getrennt aufgezeichneten Signale und die damit verbundene nachträglich anpassbare Richtcharakteristik der Aufnahme gegeben. Das führt zu einer effizienteren Gestaltungsmöglichkeit aus der Sicht des Tonmeisters. Weiterhin kann mit einem Twin-Mikrofon und folgender Signalverarbeitung die Entfernung von Signalen zum Mikrofon bestimmt werden.

1.3.9 Grenzflächenmikrofon oder Raum-Mikrofon

Grenzflächenmikrofone (BLM, Boundary Layer Microphone) oder auch Pressure Zone Microphone (PZM) werden mit Kondensator- oder Elektretdruckempfängern hergestellt. Die Mikrofonkapsel ist bündig mit der Membranfläche in einer schallharten Platte eingebaut. Es ist eine Sonderbauform, weil der Mikrofonkörper Teil der akustischen Bauform ist. Bei ihnen ist der Freifeld- und Diffusfeldfrequenzgang gleich. Sie haben keine Richtwirkung. Da die PZM (Druckempfänger) aber beispielsweise auf dem Boden oder an einer Wand eines Raumes angebracht sind, ist ihre Richtcharakteristik eine Halbkugel. In dieser Bauart können die akustischen Eigenschaften an schallreflektierenden Flächen ausgenutzt werden, ohne das Schallfeld zu beeinflussen. Das Mikrofon wird an einer großen schallreflektierenden Fläche am Fußboden, an der Wand oder einem Tisch ohne dazwischen befindliche Hindernisse befestigt. Dort sind die akustischen Verhältnisse im Raum ähnlich dem im freien Schallfeld. Frühe Reflexionen wirken sich nicht aus, da sie ja am Ort des Mikrofons (Begrenzungsfläche des Raumes) stattfinden. Anders ausgedrückt haben Direkt- und Diffusschall den gleichen Weg. Man kann so den maximalen Schalldruck (Direktschall bzw. Direktschallanteile) ohne Überlagerungen von Raumschallanteilen aufnehmen. So erhält man einen Raumeindruck ohne störende Raumresonanzen. Mit dem PZM werden weniger Eigenresonanzen und klangfärbende Kammfiltereffekte, auch bei sich bewegenden Schallquellen, im jeweiligen Raum aufgenommen.

1.3.10 Funkmikrofone

Funkmikrofone sind kabellose Mikrofone mit Antenne, die ein hochfrequentes Signal auf einer bestimmten Frequenz an einen Empfänger zur Verarbeitung senden. Bei analoger Übertragungsart wird der Hörfrequenzbereich bis 15 kHz übertragen. Bei digitaler Übertragung kann der gesamte Hörfrequenzbereich in Abhängigkeit von der verwendeten Mikrofonkapsel zur Anwendung gebracht werden.

Für feste Funkverbindungen sind diese nicht zugelassen. Für einen jeden Einsatz (PSME, Program Making and Special Event) bedarf es daher einer Frequenzzuteilung in einem zulassungspflichtigen Frequenzbereich (elektromagnetisches Spektrum) oder einer Allgemeinzuteilung in einem „freien" Frequenzbereich, beispielsweise für Hobbymusiker. Kabellose Mikrofone sind sehr praktisch einsetzbar und werden als Anwendung des Durchsagefunks betrachtet. Auf Führungen, bspw. in Museen, bei Fahrschulen oder auf Bühnen werden etwa dynamische Gesangsmikrofone mit integriertem Sender eingesetzt. Aber auch Elektret-Ansteckmikrofone wie auch Kopfbügelmikrofone mit separatem Funksender werden nicht nur auf Bühnen, sondern auch bei Film- und Fernsehproduktionen eingesetzt.

Meist sind Funkmikrofone teuer und benötigen entsprechende Batterien oder eine kabelgebundene Spannungsspeisung. Die Reichweite der professionellen Funkmikrofone beträgt ca. 100 bis ca. 250 m. Störungen werden bei professionellen Übertragungssystemen durch redundante Übertragung auf mindestens zwei Ausbreitungspfaden vermieden (Antennen-Diversity). **Antennen-Diversity** gleicht die Störungen in geschlossenen Räumen (stehende Wellen, Amplitudenbegrenzung bei FM, Dämpfung durch Publikum etc. und damit verbunden schwankende Empfangsfeldstärke) aus, indem zwischen verschiedenen Empfangsantennen diejenige mit der größten Feldstärke zum Empfang verwendet wird. Die meisten Mikrofone werden im jeweiligen Frequenzbereich (bspw. 470 MHz) mit einer Sendeleistung von 10 mW oder 50 mW betrieben.

Einige Modelle übertragen digitalisierte Signale (QPSK, PSK etc. eventuell mit Delay), um so den gesamten Hörfrequenzbereich von 20 Hz bis 20 kHz übertragen zu können.

Meist wird derzeit das Nutzsignal frequenzmoduliert (FM) auf dem Frequenzband bei 433 MHz (ein ISM-Band 433,05...434,79 MHz) oder von 470...865 MHz (Abschnitt im UHF-Band) übertragen. Dabei ist zwischen Amateur- (Hobby-) und Profibereich bzw. lizenzfreien Bereichen und Bereichen mit behördlicher Genehmigung (Frequenzzuteilung) zu unterscheiden.

Bei der Nutzung der Funkmikrofone sind die Vorschriften des jeweiligen Landes zur Frequenznutzung zu beachten. In Deutschland existieren auch Allgemeinzuteilungen (anmeldefreier Betrieb von Funkmikrofonen) im Bereich von 790...814 MHz (K61–K63) und 838...862 MHz (K66–K69), die allerdings aufgrund der digitalen Dividende (Frequenzbereich ist dem Mobilfunk zugeordnet (Dt. Städtetag; DStGB; Dt. Landkreistag; Telekom; O2; Vodafone, 2012)) ausgelaufen sind. Der Frequenzbereich 694...790 MHz kann für Funkmikrofone genutzt werden, ist aber primär dem Mobilfunkdienst zugewiesen. Die Nutzung für Funkmikrofone erfolgt in diesem Frequenzbereich dann sekundär (SHURE, 2016). Als Alternative für den Amateuranwender gibt es eine Zuweisung von 823...832 MHz. Das ist die Duplexlücke zwischen zwei Frequenzbereichen des Mobilfunks. Im Frequenzbereich von 863 MHz bis 865 MHz kann eine anmeldefreie

Nutzung von Funkmikrofonen erfolgen (europaweit harmonisierter Frequenzbereich). Weitere alternative Frequenzbereiche für Funkmikrofone sind der Frequenzbereich von 174...230 MHz (Abschnitt im VHF-Band, Man Made Noise) oder 1785...1805 MHz. Auch das L-Band bei ~1,5 GHz (1260...1340 MHz, 1452...1492 MHz, 1492...1518 MHz) könnte eine Möglichkeit zu Nutzung für Funkmikrofone sein (BNetzA, 2009). Unter Beachtung der Latenz (max. 1 ms) kann der Standard 5G eine weitere Alternative für Funkmikrofone sein (Schill, 2017).

1.3.11 Zeilenmikrofon (KEM)

Ein Zeilenmikrofon besteht aus mehreren Kapseln, die entlang einer Linie angeordnet sind. Das Zusammenwirken der Kapseln bringt eine besondere Richtcharakteristik hervor. Das Zeilenmikrofon ist auch unter der Bezeichnung KEM (Kardioid-Ebenen-Mikrofon) bekannt (Bild 1.9).

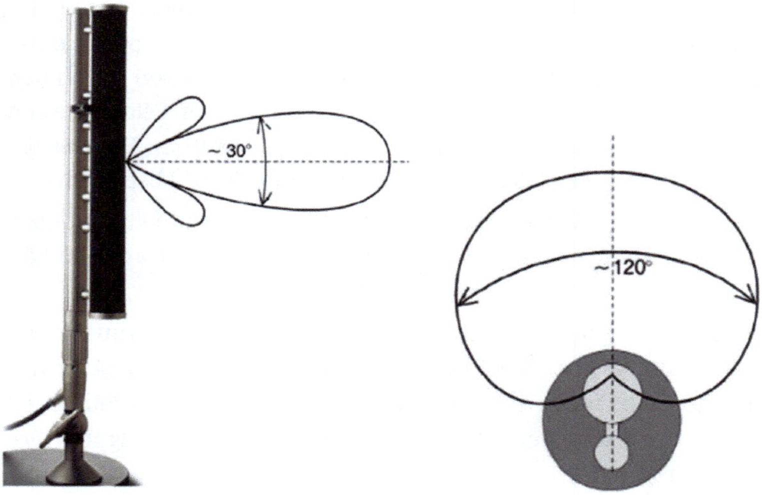

Bild 1.9 KEM 975 in Seiten- und Draufsicht (Quelle: Microtech Gefell GmbH)

Entwickelt wurde das KEM am IRT (Institut für Rundfunktechnik GmbH) mit einer scheibenförmigen Richtcharakteristik, die sich entlang der an einer Zeile aufgereihten Kapseln ergibt. Diese Richtcharakteristik ist weitgehend frequenzunabhängig. In horizontaler Ebene sieht das Empfangsverhalten dem eines Nierenmikrofons ähnlich (Bild 1.10). Entlang der Anordnungslinie der Kapseln entspricht die Richtcharakteristik bei horizontaler Betrachtung einer Kardioide. In vertikaler Ebene findet man die Richtcharakteristik eines Richtmikrofons. Mit einer solchen Richtcharakteristik kann eine in einer Ebene ausgedehnte oder sich darin bewegende Schallquelle empfangen und gleichzeitig aus den übrigen Richtungen kommender Schall unterdrückt werden. Zusätzlich besitzt es eine optische Anzeige, mit deren Hilfe man den Aufnahmebereich abschätzen kann. Der Übertragungsbereich für dieses Mikrofon liegt zwischen 40 Hz...18 kHz.

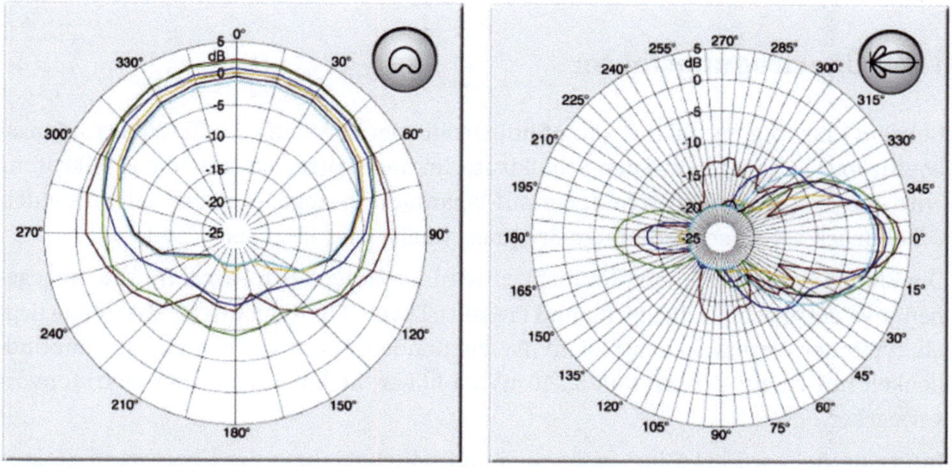

Bild 1.10 Polardiagramme für KEM 975 (Quelle: Microtech Gefell GmbH) – links Horizontalebene, rechts Vertikalebene Richtmikrofon

Das Zeilenmikrofon KEM 975 von Microtech Gefell ist das Serienprodukt, das die o. g. Merkmale beinhaltet. Das Zeilenmikrofon bietet sich so bei der Mikrofonierung von Sprechern als auch bei Musikdarbietungen, Theatervorstellungen, Fernseh- und Hörfunkproduktionen an. Beispielsweise wird das Zeilenmikrofon im Berliner Reichstag und vielen anderen Parlamenten eingesetzt.

1.4 Eigenschaften von Mikrofonen

Die Mikrofoneigenschaften werden in der DIN EN 60268-4 (Committee, 2018) beschrieben. Ausgewählte Parameter daraus werden hier betrachtet.

Das Mikrofon als Schallwandler stellt am Ausgang eine Wechselspannung zur Verfügung. Diese ist durch entsprechende Eigenschaften gekennzeichnet. Sie spiegeln sich in technischen Kennwerten wider. Die wichtigsten sind der Übertragungskoeffizient (die Empfindlichkeit), die Übertragungsfunktion (der Frequenzgang), der Geräuschpegelabstand, der Grenzschalldruck und das Impulsverhalten. Aber auch mit den Kennwerten des Rauschverhaltens, der Impedanz und des Klirrfaktors können weitere Mikrofoneigenschaften beschrieben werden.

Die genannten Eigenschaften sind Parameter, wie sie allgemein für Mikrofone hinsichtlich ihrer Qualitätsbewertung erhoben werden. Nur durch Messungen (Committee, 2018) lassen sich diese Kennwerte bzw. Kennfunktionen ermitteln und daraus auf die Qualität schließen. Diese Mikrofonparameter findet man dann auch im Datenblatt des entsprechenden Mikrofon-Modells.

1.4.1 Übertragungsfaktor

Bei dem Übertragungsfaktor[4] (Empfindlichkeit oder Leerlauf – Freifeldübertragungskoeffizient) M bezogen auf den Schalldruck im ungestörten Schallfeld des Mikrofons wird die erzeugte elektrische (Leerlauf-)Spannung bezogen auf den einwirkenden Schalldruck bei einer bestimmten Frequenz (meist bei 1 kHz) betrachtet.

Die Einheit der Mikrofonempfindlichkeit wird in Millivolt pro Pascal (mv/Pa) angegeben. 1 Pa entspricht 94 dB SPL (Sound Pressure Level). Für dynamische Mikrofone liegt ein typischer Wert zwischen 1…4 mV/Pa. Bei Kondensatormikrofonen ist die Empfindlichkeit mit einem Bereich von 5…40 mV/Pa höher, bedingt durch den Mikrofonvorverstärker.

International wird bei Mikrofonen die Empfindlichkeit bzw. der Übertragungsfaktor nicht in mV/Pa angegeben, sondern als Sensitivity bzw. das Übertragungsmaß in dB re 1 V/Pa. Auch hier entspricht 1 Pa 94 dB SPL.[5]

Für digitale Mikrofone wird der Pegel in dBFS bei 1 kHz und 1 Pa angegeben.

Mikrofonempfindlichkeit:

$$M = \frac{U}{p} \left[\frac{\text{mV}}{\text{Pa}}\right] \tag{1.6}$$

Ein Mikrofon mit hohem Übertragungsfaktor hat für einen gegebenen Schalldruck eine größere resultierende Ausgangsspannung, sodass das elektrische Signal weniger verstärkt werden muss. Damit fällt das Eigenrauschen (Rauschen, Ersatzgeräuschpegel) geringer aus als bei einem Mikrofon mit kleinerem Übertragungsfaktor. Aus dem Übertragungsfaktor lässt sich das Übertragungsmaß L_M ableiten.

Übertragungsmaß beim Mikrofon:

$$L_M = 20 \cdot \log\left(\frac{M}{M_{ref}}\right) \text{ [dB]} \tag{1.7}$$

mit

$$M_{ref} = 1\,\frac{\text{V}}{\text{Pa}}$$

---

4 *http://www.sengpielaudio.com/Rechner-sensitivity.htm*

5 *http://www.sengpielaudio.com/Rechner-sensitivity.htm*

1.4.2 Übertragungsfunktion

Die Übertragungsfunktion (Frequenzgang – Ausgangsspannung Mikrofon mit dem Bezugswert bei 1 kHz über den Bereich von z. B. 20 Hz bis 20 kHz) ist eine grafische Darstellung, die den Schalldruck- oder Ausgangsspannungspegel bei verschiedenen Frequenzen vom Mikrofon darstellt – der nutzbare Frequenzbereich. Zwei Darstellungen sind üblich. Bei der einen ist der Schalleinfallswinkel konstant und die Frequenz wird verändert – meist mit einem Toleranzschlauch von ± 2 dB dargestellt. Die andere lässt die Frequenz konstant und den Einfallswinkel variabel (Richtcharakteristik). Der Frequenzgang ist allgemein als Verlauf des Übertragungsmaßes bei senkrecht einfallenden Direktschall in Abhängigkeit von der Frequenz, der Abstimmung, der Bauform und des Wandlerprinzips zu betrachten. Er hängt weiter von der Einfallsrichtung der Schallwelle (Richtcharakteristik) und dem Abstand zur Schallquelle ab (Nahbesprechungseffekt, Hallradius bzw. effektiver Hallradius). Der Frequenzgang für das Diffusfeld wird in größerer Entfernung von der Schallquelle gemessen. Dabei trifft der Schall aus allen Richtungen auf das Mikrofon ein.

1.4.3 Richtcharakteristik und Bündelungsgrad

Das ist eine grafische Darstellung des Übertragungskoeffizienten für alle Richtungen (Schalleinfallswinkel), da Mikrofone die Schallwellen überwiegend nicht gleichmäßig aufnehmen. Bestimmte Richtungen werden u. a. frequenzabhängig bevorzugt aufgenommen. Im Polarkoordinatensystem (Bild 1.1 und Bild 1.3) erfolgt die Darstellung für einzelne wichtige Frequenzen (bzw. Oktavfrequenzbänder), beispielsweise für 125 Hz, 250 Hz, 500 Hz, 1 kHz, 2 kHz, 4 kHz, 8 kHz, 16 kHz. Die Richtcharakteristik wird in Form eines Polardiagramms dargestellt und beschreibt die richtungsabhängige Empfindlichkeit eines Mikrofons. Das ist die Ausgangsspannung im Verhältnis zum Schalldruck, in Abhängigkeit vom Schalleinfallswinkel. Zwischen den Verhältnissen im Direktfeld und im Diffusfeld (Abnahme der Richtwirkung in Abhängigkeit von der Entfernung zur Schallquelle) ist zu differenzieren.

Zur Bestimmung des **Bündelungsgrad**es γ bei Mikrofonen verwendet man das Verhältnis der von einem idealen Kugelmikrofon aufgenommenen Leistung zu der Leistung von einem gerichteten Mikrofon mit gleichem Übertragungsfaktor

$$\left(\gamma = \frac{P_{\text{Kugel}}}{P_{\text{richt}}}\right)$$

Oder anders ausgedrückt wird zur Bestimmung des Bündelungsgrades die Schallaufnahme eines Mikrofons mit einer bestimmten **Richtcharakteristik** in Relation gesetzt zu der Schallaufnahme eines Mikrofons mit Kugelcharakteristik. Daraus resultiert, dass der Bündelungsgrad ein dimensionsloser Wert ist und immer >1 sein muss, da alle Abstrahl- und Richtcharakteristiken einer gebündelten Schallabstrahlung resp. -aufnahme einen größeren Wert als eine kugelförmige haben. Der Bündelungsgrad errechnet sich aus dem Kehrwert des *REE*-Werts (Random Energy Efficiency) und liegt je nach Richtcharakteristik bei 1 für die Kugelcharakteristik, 1,7 für die Herzform (Kardioid), 1,9 für das Superkardioid, 2 für die breite Nierencharakteristik und bei 3 für die Hyperniere. Der Bündelungsgrad ist entscheidend für die Schallaufnahme von Nebengeräuschen. Je höher er ist, desto unempfindlicher ist die Audioaufnahme gegenüber dem umgebenden Raumschall. Demgegenüber gibt das **Bündelungsmaß** d den Pegelunterschied zwischen den Mikrofonen mit Kugel- und Richtcharakteristik an.

$$d = \log \gamma \;\; [\mathrm{dB}]$$

1.4.4 Ersatzgeräuschpegel und Geräuschpegelabstand

Wirkt kein Schallsignal auf das Mikrofon, so gibt das Mikrofon dennoch ein Signal ab, dass sogenannte Eigenrauschen. Dieses Signal bezeichnet man als Ersatzgeräuschpegel (DIN 45405). Er berechnet sich nach Formel 1.8.

Ersatzgeräuschpegel:

$$L_{\mathrm{Ers}} = 20\log_{10}\left(\frac{p_{\mathrm{Ers}}}{p_0}\right) = 20\log_{10}\left(\frac{\left\{\frac{U_{\mathrm{Rausch}}}{M}\right\}}{p_0}\right) \tag{1.8}$$

Diese Angaben schwanken, da durch unterschiedliche Geräuschbewertungen verschiedene Werte festgestellt werden. Der Geräuschpegelabstand gibt die Differenz zwischen dem Bezugsschalldruckpegel von 94 dB (bei 1 Pa) und dem Ersatzgeräuschpegel an. Die Geräuschpegelabstände für gute Mikrofone sollten 70 dB oder mehr betragen. Dann ist das Eigenrauschen nicht mehr wahrnehmbar.

Der Ersatzgeräuschpegel wird nach DIN IEC 651 oder nach CCIR 468-3 gemessen.

1.4.5 Grenzschalldruck und Dynamikumfang

Ein Schallereignis kann bis zu einer oberen Pegelgrenze (festgelegter Wert der nichtlinearen Verzerrungen) aufgenommen werden. Das ist der Grenzschalldruckpegel bzw. Grenzschalldruck. Also ist es der Schalldruck (bei 1 kHz), für den der Klirrfaktor garantiert kleiner als 0,5 % bleibt (Herstellerangabe). Für Tauchspulenmikrofone liegt der

Grenzschalldruckpegel bei bis zu ca. 160 dB. Typisch sind Werte von 20...200 Pa also 120...140 dB bei Kondensatormikrofonen.

Schalldruckpegel:

$$L = 20 \cdot \log_{10}\left(\frac{p}{p_0}\right) = 20 \cdot \log_{10}\left(\frac{200\ [\mathrm{Pa}]}{2 \cdot 10^{-5}\ [\mathrm{Pa}]}\right) = 140\ [\mathrm{dB}] \tag{1.9}$$

mit $p_0 = 2 \cdot 10^{-5}$ Pa (Hörschwelle).

Bei Kondensatormikrofonen kann es ab dem Grenzschalldruck bei der Membranauslenkung zu Funkenüberschlägen zwischen Membran und Gegenelektrode kommen. Dadurch entstehen nichtlineare Verzerrungen. Der Dynamikumfang gibt die Differenz zwischen Grenzschalldruckpegel und Ersatzgeräuschpegel an (DIN IEC 651).

Bei sogenannten digitalen Mikrofonen bzw. Mikrofonen mit digitaler Schnittstelle ist die Grenze an der Stelle erreicht, an der Übersteuerungen durch den A/D-Wandler hörbar werden. Die Grenze ist in jedem Fall bei Vollaussteuerung mit 0 dBFS (dB Full Scale bei Signalen im digitalen Bereich) erreicht. Das heißt, dass die Mikrofonkapsel einen höheren Grenzschalldruckpegel aufweisen muss, damit das Mikrofon bis zur Vollaussteuerung noch verzerrungsfrei arbeitet.

1.4.6 Klirrfaktor bzw. Verzerrungsfaktor

Der Klirrfaktor gibt bei den Mikrofonen den Anteil nichtlinearer Signalverzerrungen am Nutzsignal in Prozent an. Anders ausgedrückt ist der Klirrfaktor k ($k < 1$) ein Verhältnis der bei Verzerrung eines sinusförmigen Signals entstehenden Oberwellen zum Gesamtsignal.

Klirrfaktor:

$$k = \sqrt{\frac{U_2^2 + U_3^2 + \ldots}{U_1^2 + U_2^2 + U_3^2 + \ldots}}\ 100\ \% \tag{1.10}$$

Aber auch als Klirrdämpfung bekannt mit

Klirrdämpfung:

$$k_\mathrm{D} = 20 \log\left(\frac{k}{100\ \%}\right)\ [\mathrm{dB}] \tag{1.11}$$

Beispielsweise ist der Klirrfaktor bei dynamischen Mikrofonen gering. Nichtlineare Verzerrungen kommen bei sehr großen Schallpegeln vor. Bei Kondensator- und Elektretmikrofonen existiert außerdem ein quadratischer Zusammenhang zwischen der auf die Membran auftreffenden Kraft und der erzeugten Spannung. Zur Linearisierung wird eine Vorspannung eingesetzt.

In der Audiotechnik wird zur Signalanalyse der nichtlinearen Verzerrungen auch der Messwert bzw. der Verzerrungsfaktor **THD** (Total Harmonic Distortion; Oberschwingungsgesamtverzerrung) verwendet. Definiert ist er in der folgenden Formel:

$$\mathrm{THD} = \sqrt{\frac{U_2^2 + U_3^2 + U_4^2 + \ldots + U_n^2}{U_1^2}}$$

Zusätzlich zum THD-Wert (Brauner, 2021) gibt es den THD+N-Wert (N für Noise; Rauschen), in dem auch das Grundrauschen der Audiokomponenten mit eingeht.[6] Die Messung des THD+N ist einfacher als die Messung des THD. Bei der Messung des THD+N wird der gesamte hörbare Audiobereich zur Messung verwendet. In die Messung fließen die harmonischen Oberwellen und das Störspektrum sowie unharmonische Anteile (Brummen, Netzeinstreuungen, Rauschen) ein.

1.4.7 Rauschen

Rauschen in Mikrofonen wird durch den elektrischen Innenwiderstand der Kapsel erzeugt. Das Rauschen kann thermisch bedingt sein (Brownsche Molekularbewegung, weißes Rauschen). So kann eine Spannung an einem nicht beschalteten Widerstand berechnet werden mit:

$$U_{\mathrm{Rausch}} = \sqrt{4Rk_{\mathrm{B}}\Delta f\,(273,15 + \vartheta)}$$

bzw. der Strom kann dann berechnet werden zu

$$I_{\mathrm{Rausch}} = \sqrt{4\,(1/R)\,k_{\mathrm{B}}\Delta f\,(273,15 + \vartheta)}$$

mit k_B als Boltzmannkonstante

Bei dynamischen Mikrofonen wird das Rauschen durch den Widerstand der Tauchspule, beim Elektretmikrofon durch den Lastwiderstand hervorgerufen.

Bei aktiven Bauteilen wie Transistoren kommen Rauschanteile, die durch Strom und Spannung hervorgerufen werden, hinzu.

Sind Mikrofone sehr rauscharm, so trägt die Bewegung der Luftmoleküle auch zum Rauschen bei. Denn diese Bewegung der Luftmoleküle kann bei sehr rauscharmen Mikrofonen als Rauschanteil registriert werden. Dadurch ist eine untere physikalische Grenze zur Konstruktion rauscharmer Mikrofone vorgegeben.

Wenn die Empfindlichkeit verbessert wird, so kann ein großer Signal-Rausch-Abstand erreicht werden – also ein großer Dynamikbereich zur Nutzung. Die Aussteuerbarkeit hängt dann von der zulässigen Stromaufnahme oder dem Klirrfaktor ab.

---

6 *http://www.sengpielaudio.com/Rechner-klirr.htm*

1.4.8 Impedanz

Die Impedanz eines Mikrofons ist der elektrische Ausgangswiderstand des Mikrofons bei Wechselspannung im Übertragungsbereich (Übertragungsfunktion) des Mikrofons. Dynamische Mikrofone haben beispielsweise im Studiobereich Impedanzen von ca. 200 Ω.

Der Lastwiderstand bzw. der min. Eingangswiderstand des Verarbeitungsgerätes (Mischpult, Verstärker etc.) sollte mindestens den fünffachen Wert der Nennimpedanz haben, was näherungsweise dem Leerlauf bzw. der Spannungsanpassung entspricht.

1.5 Einfluss der Mikrofonabmessungen

Mikrofone bestehen prinzipiell aus einer Kapsel und dem Gehäuse. Betrachtet man beides als Einheit, so kann man leicht eine beachtliche Größe bei einzelnen Mikrofontypen feststellen. Mikrofone stellen ein Hindernis im Schallfeld dar, wenn ihre Abmessungen in die Größenordnung der Wellenlänge gelangen. Das führt zu Interferenzen beim seitlichen Schalleinfall. Gerade bei höheren Frequenzen ist das der Fall. So verändert sich beispielsweise bei Druckempfängern zu höheren Frequenzen hin auch deren Richtcharakteristik.

Aber auch bei sogenannten Großmembranmikrofonen als Druckempfänger kann es aufgrund der Bauform bei direktem Schalleinfall zu einem Druckstau kommen.

1.6 Digitale Mikrofonschnittstelle – digitales Mikrofon

Für neuere Mikrofone gibt es ein sogenanntes **Digitalmodul**. Dieses Modul wird statt eines XLR-Moduls am Mikrofonkopf befestigt. So steht dann das Audiosignal digital, nach erfolgter A/D-Wandlung (bpsw. 24-bit-Wandler mit Abtastraten bis 192 kHz), zur Verfügung. Mit dem Modul wird das Mikrofonsignal nach dem AES42-Standard gewandelt. So lassen sich Mikrofone auch auf den Takt des digitalen Systems synchronisieren. Sie erzeugt direkt einen digitalen Audiostrom. Dafür wurde die dafür notwendige Verarbeitungskette im Mikrofon integriert (Impedanzwandler, Mikrofonvorverstärker, A/D-Wandler). Eine Verbindung zur Weiterverarbeitung des digitalen Mikrofonsignals wird über einen XLR-Stecker hergestellt. Die Energieversorgung der integrierten Verarbeitungskette erfolgt über DPP (Digital Phantom Power (DPP), 10 V, max. 250 mA). Zusätzlich lassen sich auch Steuerdaten zwischen den jeweiligen Geräten (Mischpult, digitales Mikrofon) übertragen. Sind die Mischpulte nicht mit einer AES42-Schnittstelle ausgestattet, werden derzeit noch spezielle Steuergeräte zwischengeschaltet.

Weiterhin gibt es noch digitale Mikrofone mit einer USB-Schnittstelle (Funke, 2007), die annähernd Studioqualität erreichen können.

1.7 Mikrofonanschlüsse

Die Anschlüsse von Mikrofonen sind unterschiedlich in Abhängigkeit von der Anwendung und von der Signalführung gewählt. Für eine einkanalige, symmetrische Signalführung verwendet man drei Adern (zwei spannungsführende und eine Schirmader). Heute wird die Phantomspeisung mit 12 V oder 48 V Gleichspannung verwendet. Dabei wird je zur Hälfte der Strom über beide Adern zugeführt mit Rückfluss über den Schirm. Bei asymmetrischer Signalführung werden zwei Adern pro Kanal verwendet. Folgende Steck-Verbinder (Normen) findet man an den Mikrofonen: XLR-Cannon-Stecker, NAB 6,35 bzw. 3,5 mm Klinkenstecker, Groß-/Kleintuchelstecker, Chinchstecker, sowie LEMO-Steckverbindung (meist bei Messmikrofonen).

1.8 Mikrofonzubehör

Mikrofonzubehör beschränkt sich nicht nur auf den Windschutz und die Mikrofonspinne. Vielmehr gehören auch das Stativ, Stativhalterung, Stromversorgung, Kabel, eventuell Übertrager, Adapter (Steckverbinder), DI (Direct Injection Box) bzw. Symmetrierboxen etc. dazu.

1.8.1 Windschutz/Popschutz

Der Windschutz/Popschutz dient beim Mikrofon zur Unterbindung tieffrequenter Schallsignale durch starke Luftströmungen, die im Freien durch Wind entstehen oder beim Sprechen von Plosivlauten wie „B“ oder „P“. Dadurch können nachfolgende Verstärker übersteuern und ein Knallen entsteht. Druckempfänger sind weniger anfällig als Druckgradientenempfänger. Für die empfindlichen Druckgradientenempfänger werden Windschutzkörbe verwendet. Schaumstoff- oder Fellüberzüge (auch als Windjammer, Fell, tote Katze, Hund, Pudel oder Puschel bezeichnet) werden eher bei Druckempfängern zur Übersteuerungsfestigkeit (Wirkung als Tiefpass, Höhenabsorber) angebracht. In Tonstudios nutzt man auch Popschirme. Die meisten Mikrofone haben zum Schutz der Membran einen fest installierten Korb aus Metall- und Gazegeflecht, der auch Wind in Grenzen abhält. Bei den speziellen Studiomikrofonen hilft der Popschutz auch, die beim Sprechen und Singen entstehende Feuchtigkeit von den empfindlichen Kondensatormembranen fernzuhalten.

1.8.2 Mikrofonspinne

Um ein Rumpeln oder Poltern (Erschütterungen durch Körperschall) im Tonsignal zu vermeiden, werden beispielsweise Studiomikrofone am Stativ in einer elastischen Aufhängung, der Spinne, befestigt. Die Mikrofonhalterung wird durch ein im Zickzack gespanntes Gummiband gebildet, in der das Mikrofon frei schwingen kann.

1.9 Spezielle Anwendungen

Messmikrofone

Studiomikrofone haben unterschiedliche Frequenzgänge und sind damit für verschiedene Aufnahmesituationen und Instrumente geeignet. Die jeweils vorhandenen Richtcharakteristiken ermöglichen unterschiedliche Anwendungen. Die Anforderungen an Studio- und Messmikrofone (Liepins, 2009) sind ähnlich, denn von beiden wünscht man sich einen niedrigen Rauschpegel, einen linearen Frequenzgang, eine große Dynamik und einen kleinen Klirrfaktor. Jedoch unterliegen Messmikrofone anderen Standards und müssen kalibrierbar sein. Sie sind sehr empfindlich und im Vergleich zu Studiomikrofonen weniger robust. Messmikrofone weisen eine besondere Langzeitstabilität auf. Der Einfluss der Umgebungstemperatur, der Druck- oder der Feuchtigkeitsschwankungen soll möglichst gering sein. Messmikrofone sind zumeist als Kondensatormikrofone mit hoher Empfindlichkeit realisiert (optische Mikrofone als Spezialform der Messmikrofone mit optischer Abtastung der Auslenkung, bspw. wegen Explosionsgefahr etc.). Messmikrofone sind ungerichtet (Richtcharakteristik Kugel), um das Schallereignis am Messort möglichst wenig zu verfälschen. Mikrofonkapsel und Vorverstärker sind getrennte Geräte. Der Vorverstärker dient dann als Impedanzwandler zur Verringerung des Ausgangswiderstandes. Wie allgemein beim Druckempfänger wird die untere mechanische Grenzfrequenz des Messmikrofons (Kondensatormessmikrofon) von der Öffnung für den Druckausgleich (Kapillare, Haarröhrchen oder auch Druckausgleichskanal) bestimmt. Die untere Grenzfrequenz wird auch durch den Vorverstärker beeinflusst. Mikrofonkapsel, Koppelkondensator und Eingangsimpedanz des Vorverstärkers bilden einen RC-Hochpass, der die untere elektrische Grenzfrequenz bestimmt (Liepins, 2009). Die obere elektrische Grenzfrequenz ergibt sich aus einem RC-Tiefpass, bestehend aus dem Mikrofonausgangswiderstand und der Lastkapazität des angeschlossenen Kabels.

Einige Messmikrofone werden mit einer externen Vorspannung betrieben. Wenn diese Vorspannung anliegt, kann sich das benötigte elektrische Feld nach einer gewissen Zeit vollständig aufbauen. Dann sind der Übertragungsfaktor (1...50 mV/Pa) und der Frequenzgang optimal für die Messung. Messmikrofone müssen vor einer Messung kalibriert werden (z. B. mithilfe eines Pistonphons, das einen definierten Referenzschalldruck auf der Membran erzeugt). Die Kalibrierung dient der Ermittlung der Empfindlichkeit unter Berücksichtigung der Umgebungsbedingungen (statischer Luftdruck, Temperatur, Luftfeuchte). Nur durch dieses Vorgehen erreicht man genaue Messwerte bzw. Messergebnisse. In der Industrie werden Messungen hoher Genauigkeit mit Messmikrofonen bei der Bestimmung akustischer Parameter, bei Qualitätssicherungsmaßnahmen (Normen, Grenzwerbestimmungen, Lärmschutz etc.) eingesetzt. Aber auch bei professionellen Events für Orchester oder anderen Musikdarbietungen werden Messungen mit Messmikrofonen durchgeführt. Weiterhin kommen sie zur Optimierung von Lautsprechern bzw. Lautsprechersystemen und Räumen (Raum- und Bauakustik) zum Einsatz.

1.10 Anhang

Um die in Octave (bei Matlab Bestandteil des Programms) erstellten m-Files in bspw. Word einzubinden, ist es hilfreich, aus dem m-File ein html-File zu kreieren. Dazu kann ganz einfach die publish-Funktion von Octave verwendet werden – oder hier als kurzes Script-File:

```
%---------------------------------------------------------------------
% GNU Octave-Anhang (ausgabehtml.m)
% Ausgebe der jeweiligen m-Files von Octave als HTML-File
% Einbindung der HTML-Files in Word über Einfügen; Objekt;
% Text aus Datei und
% dann die entsprechende HTML-Datei auswählen bspw. mikpolar.html
% Die Formatierung des m-Files (Octave) bleibt so farbig erhalten !
% Autor: Dr.-Ing. Torsten Köhler
% Erstellungsdatum: 29.05.2023
% Variante für die einfache Konvertierung eins m-Files in ein HTML-File
% Zur Ausgabe dieses m-Files als HTML-File sollte die publish-Funktion
% verwendet werden !
% GNU Octave V 6.4.0
%_____________________________________________________________________
clc;
%   Der Befehl dient zur Bereinigung des "Command Window" und ist sinnvoll
%   zur Erhaltung der Übersichtlichkeit.
%   Ausgabe als html in octave_core_file_limit
publish ("ausgabehtml.m");
%   unter dem Verzeichnis html findet am die umgewandelte Datei mikpolar.html
close all;
%   schließt alle offenen Fenster
quit;
%   mit "QUIT" wird Octave geschlossen
```

```
%----------------------------------------------------------------------
% GNU Octave-Anhang zum Kapitel Mikrofone Punkt 1.2 Unterteilung nach
% dem Empfängerprinziep
% Beispiel zur prinzipiellen Darstellung der Richtcharakteristik von
% Mikrofonen im Polardiagramm
% Dateiname: mikpolar.m
% Eingabedaten: Wertevorgaben zur Richtfunktion
% Ausgabedaten: Polardiagramme bzw. Plots in 2D
% Autor: Dr.-Ing. Torsten Köhler
% Erstellungsdatum: 29.05.2023
% Variante für die einfache Erstellung eins m-Files
% Zur Ausgabe dieses m-Files als HTML-File sollte die publish-Funktion
% verwendet werden !
% GNU Octave V 6.4.0
%______________________________________________________________________
clc;
%  Der Befehl dient zur Bereinigung des "Command Window" und ist sinnvoll
%  zur Erhaltung der Übersichtlichkeit.
clear all;
%  Dieser Befehl löscht alle Variablen, Variableninhalte und Funktionen
%  aus dem Speicher, damit eine Doppelvergabe von Namen vermieden wird.
close all;
%  Dieser Befehl schließt alle Fenster
phi=0:0.1:2*pi;
%  Zahlenvektor mit Zahlen von 0 bis 2Pi in Schritten von 0.1
%  ODER (Endwert-Anfangswert)/Schrittweite = Anzahl der Datenwerte
r1=abs(0.63+0.37*cos(phi));
%  erste simulierte Richtcharakteristik (Breite Niere)
%  Quelle dazu: www.senpielaudio.com/MikrofoncharKugelBrNiere.pdf
r2=abs(0+1*cos(phi));
%  zweite simulierte Richtcharakteristik (Acht)
%  Quelle dazu: www.senpielaudio.com/MikrofoncharKugelBrNiere.pdf
r3=abs(1+0*cos(phi));
%   dritte simulierte Richtcharakteristik (Kugel)
%   Quelle dazu: www.senpielaudio.com/MikrofoncharKugelBrNiere.pdf
r4=abs(0.5+0.5*cos(phi));
%   vierte simulierte Richtcharakteristik (Niere)
%   Quelle dazu: www.senpielaudio.com/MikrofoncharKugelBrNiere.pdf
r5=abs(0.37+0.63*cos(phi));
%   fünfte simulierte Richtcharakteristik (Super-Niere)
%   Quelle dazu: www.senpielaudio.com/MikrofoncharKugelBrNiere.pdf
r6=abs(0.25+0.75*cos(phi));
%   fünfte simulierte Richtcharakteristik (Hyper-Niere)
%   Quelle dazu: www.senpielaudio.com/MikrofoncharKugelBrNiere.pdf
%-----------------Grafiken-----------------------------------
h=figure(1);
%  Zuordnung der Grafik
polar(phi,r1,'*r');
%  Darstellung der Berechnung im Polardiagramm
hold;
%  Ermöglicht es weitere Grafiken zu einem Grafikplot (Figure)
%  hinzuzufügen.
polar(phi,r2,'*b');
%  Darstellung der Berechnung der Richtfunktion im Polardiagramm
legend('r1 Breite Niere bei f1','r2 Acht bei f2', 'Location','NorthEastOutside');
%  Anweisung für eine Legende, die die Reihenfolge der Darstellungen in
%  der Grafik berücksichtigt.
```

```
title('Polardiagramm für Mikrofon-Richtcharakteristiken');
% Titel für die Darstellung in Figure1 oberhalb vom Polardiagramm
saveas(h,'C:\ScanPaperPort\richtcharakteristiken','tif');
%  Speichert ein Grafikobjekt h in der Datei richtcharakteristiken.tif
%  bei entsprechender Pfad-Angabe im Verzeichnis.
pause ('on');
%  Aktivierung der Pausenfunktion
pause (10);
%  Pause von 10s
pause ('off');
%  Deaktivierung der Pausenfunktion
close(h);
%  Schließt das Grafikfenster
%  Erstellung einer zweiten Grafik für die Kugelcharakteristik.
%--------------Grafiken-----------------------------------
h2=figure(2);
%  Zuordnung der Grafik
polar(phi,r3,'*g');
%  Darstellung der Berechnung im Polardiagramm
hold;
% Ermöglicht weiterer Grafiken zu einer vorhandenen hinzuzufügen.
legend('r3 Kugel bei f3', 'Location','NorthEastOutside');
% Anweisung für eine Legende, die die Reihenfolge d. Darstellungen
% in der Grafik berückschtgt.
title('Polardiagramm für Mikrofon-Richtcharakteristiken');
% Titel für die Darstellung in Figure1 im Polardiagramm.
saveas(h2,'C:\ScanPaperPort\richtcharatk_kugel','tif');
%  Speichert Grafikobjekt h in der Datei richtcharatk_kugel.tif bei ent-
%  sprechender Pfad-Angabe im Verzeichnis.
pause ('on');
%  Aktivierung der Pausenfunktion
pause (10);
%  Pause von 10s
pause ('off');
%  Deaktivierung der Pausenfunktion
close(h2);
%  Schließt das zweite Grafikfenster
%----------------------------Grafiken---------------------
h3=figure(3);
%  Zuordnung der Grafik
polar(phi,r4,'*r');
%  Darstellung der Berechnung im Polardiagramm (Niere)
hold;
% Ermöglicht weiterer Grafiken zu einer vorhandenen hinzuzufügen.
polar(phi,r5,'*b');
%  Darstellung der Berechnung der Richtfunktion im Polardiagramm (Super-Niere)
polar(phi,r6,'*g');
%  Darstellung der Berechnung der Richtfunktion im Polardiagramm (Hyper-Niere)
legend('r4 Niere bei f4','r5 Super-Niere bei f5','r6 Hyper-Niere bei f6','Location',
'NorthEastOutside');
%  Anweisung für eine Legende, die die Reihenfolge der Darstellungen in
%  der Grafik berücksichtigt.
title('Polardiagramm für Mikrofon-Richtcharakteristiken');
% Titel für die Darstellung in Figure1 im Polardiagramm.
saveas(h3,'C:\ScanPaperPort\richtcharatk_nieren','tif');
%  Speichert Grafikobjekt h in der Datei richtcharatk_nieren.tif bei ent-
%  sprechender Pfad-Angabe im Verzeichnis.
```

```
pause ('on');
%   Aktivierung der Pausenfunktion
pause (10);
%   Pause von 10s
pause ('off');
%   Deaktivierung der Pausenfunktion
close(h3);
%   Schließt das zweite Grafikfenster
clc;
%   Befehl zur Bereinigung des "Command Window" - sinnvoll für
%   die Übersichtlichkeit.
```

Übung zur Richtcharakteristik

Für das in Abschnitt 1.2 dargestellte Bild 1.1 ist ein Script-File (*richtmik.m*) erstellt worden. Damit lassen sich unterschiedliche Richtcharakteristiken darstellen bzw. simulieren. Diese werden normalerweise frequenzabhängig gemessen und in einem Polardiagramm dargestellt. Für die kleine Simulation ist das Script-File *richtmik.m* nachfolgend ausführlich kommentiert, sodass man die darauf folgende Erweiterung leichter nachvollziehen kann.

Kopiert man nun unser erweitertes Beispiel-Script *richtmik.m* in das in Octave angelegte Verzeichnis, so kann man das File mit seinem Namen *richtmik.m* direkt im Command Window von Octave aufrufen. Um es zu verändern, startet man den Editor in Octave mit edit *richtmik.m.* Anschließend erhält man den Inhalt des Script-Files, der ausführlich kommentiert ist. Aber auch mit Doppelklick auf das m-File, startet Octave mit dem Editor.

```
%--------------------------------------------------------------------
% GNU Octave-Anhang zum Kapitel Mikrofone Punkt 1.2 Unterteilung nach
% dem Empfängerprinzip%
% Beispiel zur prinzipiellen Darstellung der Richtcharakteristik von
% Mikrofonen im Polardiagramm
% Dateiname: richtmik.m
% Eingabedaten: Wertevorgaben zur Richtfunktion
% Ausgabedaten: Polardiagramme bzw. Plots in 2D
% Autor: Dr.-Ing. Torsten Köhler
% Erstellungsdatum: 29.05.2022
% Variante für die einfache Erstellung eins m-Files
% Zur Ausgabe dieses m-Files als HTML-File sollte die publish-Funktion
% verwendet werden !
% GNU Octave V 6.4.0
%____________________________________________________________________
clc;
%   Der Befehl dient zur Bereinigung des "Command Window" und ist sinnvoll
%   zur Erhaltung der Übersichtlichkeit.
clear all;
%   Dieser Befehl löscht alle Variablen, Variableninhalte und Funktionen
%   aus dem Speicher, damit eine Doppelvergabe von Namen vermieden wird.
werteAB=[1,0;0.63,0.37;0.5,0.5;0.37,0.63;0.25,0.75;0,1];
%   Erzeugung einer Matrix mit den Werten zur Bestimmung der
%   Richtcharakteristika mit der Richtfunktion G(phi)=A+Bcos(phi)
```

```
richtch=char(' Kugel',' Breite Niere',' Niere',' Superniere',' Hyperniere',' Acht');
%  Erzeugung einer Charakter-Felder (Matrix)
richtnum=double(richtch);
%  Das Charakter-Feld wird in eine numerische Matrix überführt
pfad1=double(char('C:\ScanPaperPort\richtmik'));
%  Ein String für den Ausgabepfad wird direkt in einen numerischen
%  Zeilenvektor gewandelt
farbfolge=double(char('*g','*r','*b','*k','*m','*c'));
%  Das Charakter-Feld für unterschiedliche Farbdarstellungen wird in
%  eine numerische Matrix überführt
phi=0:0.05:2*pi;
%  Zahlenvektor mit Zahlen von 0 bis 2Pi in Schritten von 0.05
%
%  Da mehrere Polardiagramme für verschiedenen Richcharakteristiken
%  ähnlich erzeugt werden, bietet es sich an hier eine for-Schleife zu
%  nutzen. Die Anzahl der Durchläufe richtet sich nach der Anzahl der zu
%  erzeugenden Polardiagramme aus den Wertepaaren für die Richtfunktion.
tic;
for i=1:length(werteAB)
    rfkt=abs(werteAB(i,1)+werteAB(i,2)*cos(phi));
    %  Einfache Richtfunktion mit Betragsbildung ABS(G(phi)=A+Bcos(phi))
    h=figure(1);
    %  Zuordnung der Grafik
    polar(phi,rfkt,char([farbfolge(i,:)]));
    %   Darstellung der Berechnung im Polardiagramm in Abhängigkeit von
    %   den berechneten Werten der Richtfunktion und den unterschiedlichen
    %   Vorgaben für die farbliche Darstellung.
    legend(char([richtnum(i,:)]), 'Location','NorthEastOutside');
    %  Anweisung zur Erzeugung einer Legende entsprechend der Reihenfolge
    %  der Darstellungen der Polardiagramme in der Grafik.
    title('Polardiagramm Richtcharakteristiken Mikrofone');
    %  Titel, der für alle erzeugten Polardiagramme verwendet wird.
    pause ('on');
    %  Aktivierung der Pausenfunktion
    pause (1);
    %  Pause von 1 s
    pause ('off');
    %  Deaktivierung der Pausenfunktion
    saveas(h,char([cat(2,pfad1,richtnum(i,:))]),'tif');
    %  Speichert ein Grafikobjekt h in der Datei richtmik*.tif
    %  bei entsprechender Pfad-Angabe.
end
%  Ende der for-Schleife
toc;
%  Angabe der Dauer der Berechnung der Octve-Sesssion mit der Ausgabe
%  im Befehlsfenster
close(h);
% Schließt das Grafikfenster
```

Für das in Abschnitt 1.2 dargestellte Bild 1.2 ist ebenfalls ein Script-File erstellt worden. Damit lassen sich unterschiedliche Richtcharakteristiken in 3D darstellen. Um es zu verändern, startet man den Editor in Octave mit edit *kugelmik.m*. Anschließend erhält man den Inhalt des Script-Files, der ebenfalls ausführlich kommentiert ist.

```
%-----------------------------------------------------------------------
% Kleines m-File für Octave 6.4.0 zum Kapitel Mikrofone Punkt 1.2 Mikrofone
% Beispiel zur prinzipiellen Darstellung der Richtcharakteristik von
% Mikrofonen im Polardiagramm
% Dateiname: kugelmik.m
% Eingabedaten: Wertevorgaben zur Richtfunktion
% Ausgabedaten: Polardiagramme bzw. Plots in 3D
% Autor: Dr.-Ing. Torsten Köhler
% Erstellungsdatum: 29.05.2022
%_______________________________________________________________________
clc;
%   Der Befehl dient zur Bereinigung des "Command Window" und ist sinnvoll
%   zur Erhaltung der Übersichtlichkeit.
clear all;
%   Dieser Befehl löscht alle Variablen, Variableninhalte und Funktionen
%   aus dem Speicher, damit eine Doppelvergabe von Namen vermieden wird.
close all;
%   Schließen aller Fenster
werteAB=[1,0;0.63,0.37;0.5,0.5;0.37,0.63;0.25,0.75;0,1];
%   Erzeugung einer Matrix mit den Werten zur Erzeugung der
%   Richtcharakteristik mit der Richtfunktion G(phi)=A+Bcos(phi)
richtch=char(' Kugel',' Breite Niere',' Niere',' Superniere',' Hyperniere',' Acht');
%   Erzeugung einer Charakter-Felder (Matrix)
richtnum=double(richtch);
%   Das Charakter-Feld wird in eine numerische Matrix überführt
pfad1=double(char('C:\ScanPaperPort\kugelmik3D'));
%   Ein String für den Ausgabepfad wird direkt in einen numerischen
%   Zeilenvektor gewandelt
[x,y,z]=sphere(30);
%   Erzeugt eine Einheitskugel
[alpha,phi,r]=cart2sph(x,y,z);
%   Umrechnung von karthesischen Koordinaten in Kugelkoordinaten
%
%   Da mehrere Polardiagramme für verschiedenen Richcharakteristiken
%   ähnlich erzeugt werden, bietet es sich an hier eine for-Schleife zu
%   nutzen. Die Anzahl der Durchläufe richtet sich nach der Anzahl der zu
%   erzeugenden Polardiagramme aus den Wertepaaren für die Richtfunktion.
for i=1:length(werteAB)
    richtchar=abs(werteAB(i,1)+werteAB(i,2)*cos(acos(z)));
    %   Richtfunktion für die Darstellung
    [xricht,yricht,zricht]=sph2cart(alpha,phi,richtchar);
    %   Umrechnung von Kugel- in karthesische Koordinaten
    h=figure(1);
    %   Zuordnung einer Grafik
    mesh(xricht,yricht,zricht);
    %   parametrische Oberflächendarstellung
    axis equal;
    %   Achsenskalierung
    view(-10,10);
    %   Blickpunkt auf die 3D Grafik
    legend(char([richtnum(i,:)]), 'Location','NorthEastOutside');
    %   Anweisung zur Erzeugung einer Legende entsprechend der Reihenfolge
    %   der Darstellungen der Polardiagramme in der Grafik.
    title('Richtcharakteristiken 3 D');
    %   Titel, der für alle erzeugten Polardiagramme verwendet wird.
```

```
    colorbar;
    %   Farbbalken neben der Grafik
    colormap 'rainbow'
    %   Farbverlauf nach Vorgaben; s. Tabelle in der Dokumentation von
    %   Octave 6.4.0
    pause ('on');
    %   Aktivierung der Pausenfunktion
    pause (1);
    %   Pause von 1 s
    pause ('off');
    %   Deaktivierung der Pausenfunktion
    saveas(h,char([cat(2,pfad1,richtnum(i,:))]),'tif');
    %   Speichert ein Grafikobjekt h in der Datei richtmik*.tif
    %   bei entsprechender Pfad-Angabe.
end
 %   Ende der for-Schleife
close(h);
 %  Schließt das Grafikfenster
```

Übung zum Lastwiderstand am Kondensatormikrofon

Das kleine Beispielprogramm zu Berechnung des Lastwiderstandes dient als Übung für die Anwendung des Programms Octave für eine einfache Formel bzw. lineare Funktion und deren grafische Darstellung des funktionalen Zusammenhangs.

```
%-----------------------------------------------------------------------
% GNU Octave-Anhang zum Kapitel Mikrofone Punkt 1.3.1 Kondensatormikrofone
% Beispiel zur Bestimmung der Kapselkapazität und des Lastwiderstands beim
% Kodensatormikrofon
% Dateiname: konmiklastwid.m
% Eingabedaten: Fläche, Membrandicke, Frequenz
% Ausgabedaten: Kapselkapazität, Lastwiderstand
% Autor: Dr.-Ing. Torsten Köhler
% Erstellungsdatum: 29.05.2023
% Variante für die einfache Erstellung eins m-Files
% Zur Ausgabe dieses m-Files als HTML-File sollte die publish-Funktion
% verwendet werden !
% GNU Octave V 6.4.0
%_______________________________________________________________________
%{
KOMMENTAR: Strings verhalten sich Octave anders als in Matlab.
Ebenso werden griechische Buchstaben nicht so dargestellt, wie dies in
Matlab der Fall wäre. Umlaute müssen in Octave als ae anstatt ä geschrieben
werden.
%}
clc;
%   Der Befehl dient zur Bereinigung des "Command Window" und ist sinnvoll
%   zur Erhaltung der Übersichtlichkeit.
clear all;
%   Dieser Befehl löscht alle Variablen, Variableninhalte und Funktionen
%   aus dem Speicher, damit eine Doppelvergabe von Namen vermieden wird.
%   Bestimmung der Kapselkapazität beim Kondensatormikrofon
disp('Berechnung der Kapselkapazität ');
%   Ausgabe eines Textes (Zeichenkette oder String zwischen 2 Hochkommata)
%   auf dem Bildschirm (Display-disp)
```

```
disp('   ');
%  Ausgabe einer Leerzeichkette
disp('Hinweise zu grossen Zahlen - arbeiten mit Vorsaetzen für Zehnerpotenzen in Oc-
tave');
%  Ausgabe eines Hinweistextes
disp('   ');
%  Ausgabe einer Leerzeichkette
disp('Vorsatz Zeichen Zahlenwert');
%  Ausgabe einer Zeichkette als Tabellenkopf
Vorsatz = ['Peta';'Tera';'Giga';'Mega';'Kilo';'Hekto';'Deka';'Dezi';'Zenti';'Mi-
li';'Mikro';'Nano';'Pico';'Femto'];
%  String für Vorsätze bei Zehnerpotenzen, wie sie bspw. bei
%  physikalischen Einheiten verwendet werden
Zeichen = ['    P';'    T';'    G';'    M';'    k';'    h';'    da';'    d';'    c';'
m';'    µ';'    n';'    p';'    f'];
%  Strig für die Kurzdarstellung von Zehnerpotenzen
Zahlenwert = ['  1e+15';'  1e+12';'  1e+9';'  1e+6';'  1e+3';'  1e+2';'    10';'
1e-1';'  1e-2';'  1e-3';'  1e-6';'  1e-9';'  1e-12';'  1e-15'];
%  String für die Darstellung der Zehnerpotenzen, wie sie im Matlab
%  angezeigt werden
str=[Vorsatz,Zeichen,Zahlenwert];
%  Ezeugung eines String bestehend aus Vorsatz, Zeichen und Zahlenwert
disp(str);
%  Ausagbe des Strings auf dem Bildschirm
disp('   ');
% Ausgabe einer Leerzeichkette
A=input('Bitte Flaeche A in m^2 eingeben (z.B. 0.000227) = ');
%  der input-Befehl dient der interaktiven Eingabe einer Zahl, die aber
%  nicht hinsichtlich der tatsächlichen Eingabe geprüft wird
d=input('Bitte Membran-Dicke d in m eingeben (z.B. 40*10^-6) = ');
%  A=0.000227 m^2; Kontrollwert zur Beispielrechnung im Kapitel
%  Mikrofone Punkt 1.3.1
%  d=40.0*10^-6 m; Kontrollwert zur Beispielrechnung im Kapitel
%  Mikrofone Punkt 1.3.1
%  Beginn der Berechnung der Kapselkapazität zum Kondensatormikrofon
disp('Gegeben sind die Werte epsilon_null=8,85*10^-12 F/m und epsilon_r~1,d=40*10^-6 m');
%  Ausgabe eines Textes zur Information über fest zugeordnete Größen
disp('Gegeben ist A in m^2 mit : ');disp(A);
%  Ausgabe des Textes zur visuellen Kontrolle der Eingabe der Fläche
disp('Gegeben ist d in m mit : ');disp(d);
%  Ausgabe des Textes zur visuellen Kontrolle der Eingabe der
%  Membran-Dicke
epsilon_null=8.85e-12;
%  einfache Variable mit einem fest zugewiesenen Zahlenwert
epsilon_r=1.0;
%  ebenfalls definierte Variable mit fest zugewiesenem Zahlenwert
C_null=(epsilon_null*epsilon_r*A)/d;
%  Anweisungen für Variablen bzw. einfache Berechnung der Kapselkapazität
%  durch die entsprechende Gleichung
disp('Die Kapselkapazitaet C_null in F betraegt : ');disp(C_null);
%  Ausgabe eines Textes und des Berechnungsergebnisses, das der
%  Variablen C_null zugewiesen ist
%  Nun folgt der zweite Berechnungsteil zur Bestimmung des
%  Lastwiderstandes auf der Grundlage der Kapselkapazität beim
%  Kondensatormikrofon
disp('Berechnung des Lastwiderstandes R_l');
%  Ausgabe eines Textes auf dem Display
```

```
disp('    ');
%   Ausgabe eine Leertextes bzw. Leerzeile
f=input('Bitte Frequenz f in Hz für die Berechnung der Kapselkapazitaet eingeben (z.B.
20) = ');
%   input-Befehl zur Eingabe der Frequenz; der Wert bzw. die Eingabe selbst
%   wird hier nicht weiter abgeprüft
%   Beginn der Berechnung des Lastwiderstandes auf der Basis der
%   Kapselkapazität zum Kondensatormikrofon
R_l=1/(2*pi*f*C_null);
%   Anweisungen für Variablen zur Berechnung des Lastwiderstandes
disp('Der Lastwiderstand R_l in Ohm betraegt : ');disp(R_l);
%   Ausgabe eines Textes und des Ergebnisses der Berchnung zum
%   Lastwiderstand
disp('Erzeugung einer Grafik zur frequenzabhaengigkeit des Lastwiderstandes von 20 Hz
bis 3 kHz ...  ');
%   Ausgabe eines Textes (Zeichenkette oder String zwischen 2 Hochkommata)
%   auf dem Bildschirm (Display-disp)
frequenzen=f:500:20000;
%   Frequenzen von einer zuvor eingegebenen unteren Frequenzgrenze in Hz
%   (als f = input eingegeben) bis 20 kHz in Schritten von 500 Hz
R_l=1./(2*pi*(frequenzen)*C_null);
%   Berechnung des Lastwiderstandes; Elementweise zu den gegeben
%   Frequenzen der Variablen frequenzen und der zuvor bestimmten
%   Kapselkapazität
h=figure(1);
%   Figure generiert ein Grafikobjekt, das dann in einer Datei gespeichert
%   werden kann. Diese Anweisung muss vor dem plot-Befehl stehen.
plot(frequenzen,R_l, 'r*:'); grid on;
%   Grafische Darstellung der Ergebnisse aus den Berechnungen, rot,
%   Punktlinie mit dem Stern zu jedem Datenpunkt aus der Berechnung -
%   als auch einem Gitternetz
%   Mit dem Befehl plot wird hier nur eine Grafik erzeugt; Die Be-
%   schriftung erfolgt nach dem plot-Befehl
text(5500,10000000,['Beispiel mit Kapselkapazität in Farad = ',num2str(C_null)],'Ed-
geColor','red');
%   Schreibt einen Text an die Position x,y in die Grafik
xlabel('Frequenz in Hz');
%   Bezeichnung der x-Achse der Grafik
ylabel('R in Ohm');
%   Bezeichnung der y-Achse der Grafik
title('Lastwiderstand in Abhängigkeit von der Frequenz');
% Titel  bzw. Überschrift der Grafik
pause ('on');
%   Aktivierung der Pausenfunktion
pause (5);
%   Pause von 10s
pause ('off');
%   Deaktivierung der Pausenfunktion
saveas(h,'C:\ScanPaperPort\konmiklastwidkurve','tif');
%   Speichert ein Grafikobjekt h in der Datei konmikkurve.tif bei
%   entsprechender Pfad-Angabe im Verzeichnis Daten.
close(h);
%   Schließen der Grafik
pause ('on');
%   Aktivierung der Pausenfunktion
```

```
disp('Alle Eingaben und Anzeigen zur Berechnung werden geloescht.....!');
%   Ausgabe eines Textes (Zeichenkette oder String zwischen 2 Hochkommata)
%   auf dem Bildschirm (Display-disp)
%   Schließt das Grafikfenster
pause (5);
%   Pause von 5s
pause ('off');
%   Deaktivierung der Pausenfunktion
clc;
%   Der Befehl dient zur Bereinigung des "Command Window" und ist sinnvoll
%   zur Erhaltung der Übersichtlichkeit.
clear all;
%   Dieser Befehl löscht alle Variablen, Variableninhalte und Funktionen
%   aus dem Speicher, damit eine Doppelvergabe von Namen vermieden wird.
%   Bestimmung der Kapselkapazität beim Kondensatormikrofon
```

Übung zur Bestimmung einer einfachen Funktion

Funktionen werden wie Skripte erzeugt und behandelt. Bei so erzeugten Funktionen lassen sich Parameter in Octave übergeben bzw. sowohl lokale und globale Variablen als auch lokale Unterprogramme erzeugen. Im folgenden Beispiel soll eine einfache lineare Funktion zur Bestimmung der Schallgeschwindigkeit in Luft in Abhängigkeit von der Lufttemperatur (Abschnitt 1.2.3.1, Formel 1.2) erzeugt werden. Hierzu muss ein Wert „theta" in °C übergeben werden.

Die Bezeichnung function ist ein Schlüsselwort und vluft die Ausgabevariable der Funktion mit dem Namen fcluftmik.m. Mit dem Funktionsnamen fcluftmik kann die Funktion fcluftmik bei richtig gesetztem Pfad in Octave aufgerufen werden. Mit help fcluftmik wird der Hilfstext angezeigt. Beispielsweise kann die Funktion aufgerufen werden als fcluftmik(22), wenn man der Funktion direkt den Wert der Temperatur, in diesem Fall 22 °C, übergibt. Oder man teilt Octave mit, dass theta = 22 ist und ruft die Funktion wie folgt auf fcluftmik(theta).

```
%-------------------------------------------------------------------
% Octave-Anhang bzw. Anhang für Octave 6.4.0 zum Kapitel Mikrofone
% Punkt 1.2.3.1 Interferenzempfänger
% Schallgeschwindigkeit
% Beispiel zur Schallgeschwindigkeit als Funktion in Abhängigkeit von
% der Temperatur - theta in °C als Übergabewert
% Dateiname: fcluft.m
% Eingabedaten: theta in °C
% Ausgabedaten: Wert zur Schallgeschwindigkeit in Luft in m/s
% Autor: Dr.-Ing. Torsten Köhler
% Erstellungsdatum: 29.05.2023
% Variante für die einfache Erstellung eins m-Files
%___________________________________________________________________
%{
KOMMENTAR:
Es erfolgt die Berechnung eines Wertes (vluft, Schallgeschwindigkeit in
Luft) aus einer einfachen linearen Funktion heraus. Die Formel findet man
im Kapitel 1.2.3.1.
```

```
Der einfach programmierten Funktion wird der Parameter der Temperatur
(theta) in Grad Celsius übergeben.
Aufgerufen wird NICHT run fcluft, sondern beispielsweise fcluft(20),
wobei die 20 der Temperatur in °C entsprechen. So wird die
Schallgeschwindigkeit bei einer Temperartur von 20°C berechnet.
%}
%______________________________________________________________________

function vluft=fcluft(theta)
%   Funktion berechnet die Luft-Schallgeschwindigkeit in Abhängigkeit
%   von der Temperatur (theta in °C)
clc;
%   Der Befehl dient zur Bereinigung des "Command Window" und ist sinnvoll
%   zur Erhaltung der Übersichtlichkeit für Ein- und Ausgabe bei
%   Funktionen.
str=sprintf('Die Temperatur zur Berechnung: theta = %d °C',theta);
%   Mit sprintf wird eine Zeichenkette erzeugt, um diese dann auf dem
%   Display auszugeben. Hier wird die Temperatur der Luft in °C zur
%   Anzeige gebracht.
disp(str);
%   Ausgabe eines Strings - hier für die Umgebungstemperatur der Luft
cl=(331.5+0.6*theta);
%   Berechnung der Schallgeschwindigkeit mit
%   theta (°C) mit vereinfachter Formel
vluft=cl;
%   Übergabe der berechneten Achallgeschwindigkeit
str=sprintf('Die Schallgeschwindigkeit in Luft betraegt: v = %d m/s',cl);
%   Mit sprintf wird eine Zeichenkette erzeugt, um diese dann auf dem
%   Display auszugeben. Hier wird die Schallgeschwindigkeit in Luft in m/s
%   zur Anzeige gebracht.
disp(str);
%   Ausgabe eines Strings - hier für die Schallgeschwindigkeit in Luft
disp('Antwort der Funktion ...');
%   Hinweis auf den Rückgabewert der Funktion
pause ('on');
%   Aktivierung der Pausenfunktion
pause (10);
%   Pause von 5s
pause ('off');
%   Deaktivierung der Pausenfunktion
clc;
%   Der Befehl dient zur Bereinigung des "Command Window" und ist sinnvoll
%   zur Erhaltung der Übersichtlichkeit für Ein- und Ausgabe bei
%   Funktionen.
endfunction
```

2 Lautsprecher

2.1 Allgemeines zu Lautsprechern

Allgemein wird oft von Lautsprechern (Weinzierl, 2009) gesprochen. Dabei sind meist die Chassis gemeint – also Lautsprecherchassis ohne Gehäuse (D'Appolito, 1999). Lautsprecherchassis sind ähnlich wie Mikrofone Schallwandler, i. d. R. für Hörfrequenzen im Schallfeld mit dem Medium Luft. Sie transformieren die elektrische Energieform in Schallenergie (kinetische Energie, Schalldruckänderungen) – also elektrische in akustische Signale. Bei der Wandlung in den Lautsprechern wird niederfrequente elektrische Energie (kleine Wechselspannungen) zunächst in mechanische Energie (kinetische Energie) und anschließend in Schallenergie (Schallwechseldruck in Luft) umgewandelt. Dabei spielen die Membranschnelle und der Strahlungswiderstand eine wesentliche Rolle, denn über den Strahlungswiderstand wird durch die Momentangeschwindigkeit der Membran eine Druckwelle erzeugt. Somit sind Lautsprecher Schallquellen. Ähnlich wie bei den Mikrofonen kann man die Lautsprecher auf der Wiedergabeseite nach den Wandlerprinzipien unterteilen. Dabei werden im Wesentlichen dynamische und elektrostatische Wandler als Lautsprecher realisiert. Verwendung findet bei den Lautsprechern meist das dynamische Wandlerprinzip.

Für die in der Praxis eingesetzten Lautsprecher werden spezielle **Membranen** verwendet, die flach oder trichterförmig bzw. konzentrisch zulaufend oder nach außen gewölbt sind. Dabei wird die Wirkungsweise durch das Modell eines Kolbenstrahlers angenommen (Abmessungen größer als λ, $f > 500$ Hz, Näherung der ebenen Welle), weil die von einem Kolbenstrahler in einer (theoretisch ∞) ausgedehnten Wand abgestrahlten Schallwellen (halb-) kugelförmig sind. Bei dieser Betrachtung der ausgedehnten Wand, die zur Vermeidung eines akustischen Kurzschlusses ($\underline{Z}_\mathrm{r} = 0$) so gewählt ist, werden die Übertragungseigenschaften durch den Lautsprecher bestimmt. Das „Gehäuse" spielt eine untergeordnete Rolle. Zur Frequenzgangbestimmung wird auf das Modell der starren Kolbenmembran (Kolbenstrahler), eingebaut in eine unendliche Schallwand, zurückgegriffen. Die mitschwingende Luft stellt einen Widerstand dar, der in die komplexe Strahlungsimpedanz $\underline{Z}_r$ eingeht. Die Berechnung[1)] der Wirkleistung P_W (akustische Leistung) erfolgt durch das Produkt aus dem Realteil der Strahlungsimpedanz $Re\,\{Z_r\}$, der Membranschnelle (Membrangeschwindigkeit) v_M und der Membranoberfläche A bzw. A_M mit

$$P_W = P_{ak} = Re\,\{Z_r\} \cdot v_M^2 \cdot A_M$$

und weiter mit

$$A = A_M = \pi \cdot a^2$$

Unterhalb der Resonanzfrequenz ω_{res}

$$\omega_{res} = \sqrt{\frac{s_M}{m_M}}$$

wird die Membranimpedanz durch die Steifigkeit s_M

$$s_M = c = C = \frac{1}{D} = \frac{F}{s}$$

bestimmt. Damit ergibt sich die Membranschnelle v_M zu

$$v_M = \omega v_M = \omega \cdot \frac{F}{s_M}$$

Oberhalb der Resonanzfrequenz dominiert die Membranmasse m_M mit

$$v_M = \frac{F}{\omega \cdot m_M}$$

Unterhalb der Grenzfrequenz

$$\omega_g = \frac{\sqrt{2} \cdot c}{a}$$

oder

$$k \cdot a = \sqrt{2}$$

ist der Realteil der komplexen Strahlungsimpedanz

$$Re\,\{Z_r\} \approx Z_0 \cdot \frac{k \cdot a^2}{2}$$

1 Vorlage der Gleichungen: Zwicker, Zollner Elektroakustik, 3. Auflage, 1993

Mit der Wellenzahl k

$$k = \frac{\omega}{c}$$

Für den ersten Teil des Frequenzgangs $\omega < \omega_{\text{res}}$ ergibt sich die Wirkleistung zu

$$P_{\text{W}} \approx \pi a^2 \cdot \omega^2 \frac{F^2}{s_{\text{M}}^2} \cdot Z_0 \cdot \frac{\omega^2 \cdot a^2}{2c^2} = Z_0 \cdot \frac{\pi F^2}{2c^2} \cdot \frac{a^4 \cdot \omega^4}{s_{\text{M}}^2}$$

und damit ein Leistungsanstieg proportional ω^4. Für den zweiten Teil $\omega_{\text{res}} < \omega < \omega_{\text{g}}$ ist die Wirkleistung frequenzunabhängig.

$$P_{\text{W}} \approx \pi a^2 \cdot \frac{1}{\omega^2} \frac{F^2}{m_{\text{M}}^2} \cdot Z_0 \cdot \frac{\omega^2 \cdot a^2}{2c^2} = Z_0 \cdot \frac{\pi F^2}{2c^2} \cdot \frac{a^4}{m_{\text{M}}^2}$$

Für den dritten Frequenzgangteil $\omega > \omega_{\text{g}}$ ist der Realteil der Strahlungsimpedanz mit Z_0 konstant und fällt mit ω^2 ab

$$P_{\text{W}} \approx \pi a^2 \cdot \frac{1}{\omega^2} \frac{F^2}{m_{\text{M}}^2} \cdot Z_0 = Z_0 \cdot \frac{\pi F^2}{m_{\text{M}}^2} \cdot \frac{a^2}{\omega^2}$$

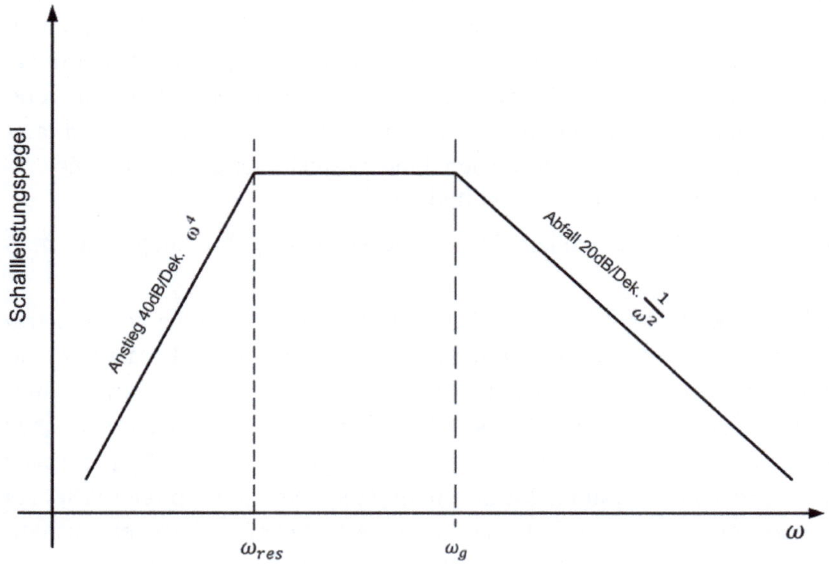

Bild 2.1 Übersicht zum frequenzabhängigen Schallleistungspegel

Der nutzbare, lineare Frequenzbereich liegt zwischen der Resonanz und der Grenzfrequenz. Bei dieser Betrachtung bleibt die Bündelung oberhalb der Grenzfrequenz unberücksichtigt. Die Wirkung der Parameter Membranmasse, Membransteifigkeit und

Membrandurchmesser lässt sich abschätzen. Um eine möglichst frequenzunabhängige Abstrahlung zu erreichen, sollte der Membrandurchmesser möglichst klein sein. Dies hat dann aber eine geringe Wirkleistung als Folge. Beide Anforderungen lassen sich nicht erfüllen. Der Ausweg sind Mehrwegeboxen mit verschiedenen Lautsprechergrößen.

Der nutzbare Frequenzbereich eines Lautsprechers liegt zwischen der Resonanzfrequenz (Frequenz, mit der ein nicht eingebauter Lautsprecher selbst schwingt bzw. mit geringster Leistung die größte Membranauslenkung erreicht. Das lokale Maximum der Impedanzkurve findet man bei dieser Frequenz) und der Grenzfrequenz, die durch den Durchmesser der Membran bestimmt wird. Man kann so auch von unterer (Resonanzfrequenz) und oberer Grenzfrequenz sprechen.

Die Schallabstrahlung soll möglichst gleichmäßig über die gesamte Membranfläche verteilt erfolgen. Meist findet man ein solches Verhalten bei tiefen Frequenzen (Wellenlänge λ groß gegenüber der Membranfläche bzw. Membrandurchmesser $2a = 2r_M$). Bei höheren Frequenzen treten Partialschwingungen auf der Membran auf $\left(\frac{\omega}{c} r_M > 1\right)$ und es gibt Gebiete, bei denen keine Schwingung zu verzeichnen ist. Dem kann durch besondere Werkstoffeigenschaften (hohe Steifigkeit) entgegengewirkt werden. Bei den meisten Lautsprechern erfolgt eine elektrische Ansteuerung der beweglichen Membran (z. B. elektrodynamisch, nichtlineares Übertragungsverhalten). Dennoch reichen diese Maßnahmen nicht aus, um den gesamten Hörfrequenzbereich über eine Membran (Lautsprecher mit seinem nichtlinearen Übertragungsverhalten) abstrahlen zu können. Aus diesem Grund werden sogenannte **Mehrweglautsprechersysteme** gebaut. Dort werden Lautsprecher mit unterschiedlichen Membrandurchmessern und zusätzlich vorgeschalteten Frequenzweichen (hoch-, mittel und tieftonoptimiert) eingesetzt, die meist vertikal angeordnet werden. Eine beispielhafte Darstellung für Frequenzweichen mit Filtern 1. Ordnung zeigt Bild 2.2.

Die Begriffe Monitore, Chassis, Treiber, Speaker bezeichnen auch Lautsprecher bzw. Kombinationen einzelner.

Durch den Einbau eines Lautsprechers in ein Gehäuse werden dessen Übertragungseigenschaften beeinflusst und können durch die Thiele-Small-Parameter charakterisiert werden. Diese beschreiben das elektrische und mechanische Verhalten des Lautsprechers, der aus diversen Einzelteilen (bspw. dynamischer Lautsprecher in Bild 2.4) besteht. So bilden die Sicke, die Zentrierspinne, Kalotte, Spulenträger und Spule ein Feder-Masse-System, das durch die Thiele-Small-Parameter (TSP) als „bewegte Masse“ mit m_{ms} und die „mechanische Steife der mechanischen Aufhängung“ als C_{ms} beschrieben werden. Oberhalb der Freiluft Resonanzfrequenz f_s erfolgt die Schallabstrahlung am Lautsprecher. Mit ihr lässt sich auch bestimmen, ob es sich bei dem Lautsprecher um einen Tief- oder Hochtöner (bspw. Bild 2.4) handelt.

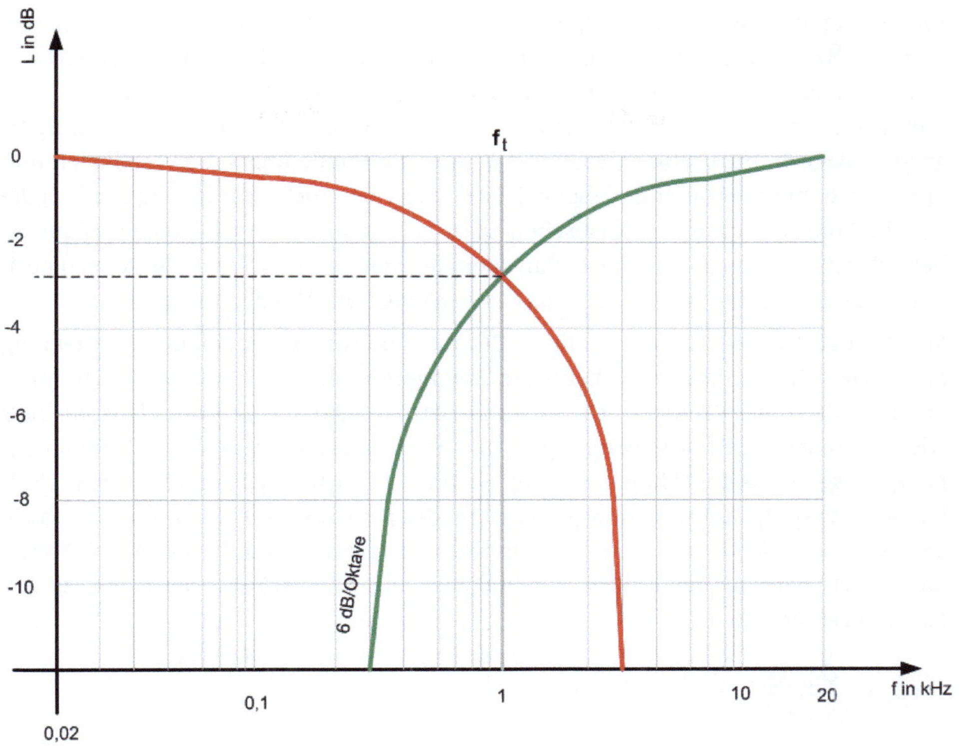

Bild 2.2 Frequenzverlauf der Weichen für ein Zwei-Wege-System (Trenn- oder Übernahmefrequenz f_t)

Bild 2.3
2-Wege-Koaxialbox ME 806 (musikelectronic geithain)

Die Verwendung solcher spezieller Lautsprecher für den gesamten Hörfrequenzbereich (20 Hz…20 kHz) ist sinnvoll, da man so eine möglichst gleichartige Richtcharakteristik (Rundcharakteristik) bei der Wiedergabe erreicht. Verbindet man diese zwei nach ihren Übertragungsfrequenzen hin optimierten Lautsprecher zu einer Strahlergruppe (Anordnung vertikal), verstärkt man so die Bündelung in der Vertikalen und erweitert damit die Horizontalebene (Hörebene). Aber auch Strahlergruppen, bei denen die Anordnung auf der akustischen Achse erfolgt (auf unterschiedliche Frequenzbereiche spezialisierte Wandler entlang der gleichen akustischen Achse, koaxial positioniert, Bild 2.3) sind heute gängig und haben eine hohe Wiedergabequalität.

Meist baut man den Lautsprecher in ein Gehäuse (akustische Aufhängung, Vermeidung akustischer Kurzschluss bspw. bei tiefen Frequenzen) ein. Dieses hat ein bestimmtes Volumen V_{as}. Dieses Volumen stellt auch eine Art Feder dar, da die eingeschlossene Luft wie eine Feder der Bewegung der Spule und der Membran entgegenwirkt. Das im Gehäuse eingeschlossene Volumen der Luft (Luftdruck) variiert. Es muss also mehr Kraft für die Bewegung aufgebracht werden, wenn das Lautsprecherchassis in ein Gehäuse eingebaut ist. Die Gesamtgüte (Eignung des Lautsprechers für bestimmte Gehäusebauformen) wird aus den elektrischen und mechanischen Verlusten des Lautsprecherchassis bestimmt zu

$$Q_{ts} = \frac{Q_{ms}\, Q_{es}}{Q_{ms} + Q_{es}}$$

Eine Übersicht zu den Parametern gibt Tabelle 2.2 in Abschnitt 2.6.

Da ein Lautsprecher nicht alle Frequenzen im Hörfrequenzbereich (20 Hz…20 kHz) bei unveränderter Membrangröße gleich gut abstrahlen kann, wird der Hörfrequenzbereich unterteilt. Mit der Variation der Membranfläche und der Verwendung mehrerer Chassis mit vorgeschalteten Frequenzweichen ändert sich auch die Abstrahlcharakteristik (kugelförmig, nierenförmig). So kommen mehrere Chassis für den Hörfrequenzbereich (bspw. ein Chassis für hohe Frequenzen und ein Chassis für tiefe Frequenzen als Zweiweg-System oder analog dazu Drei- oder Vierweg-Systeme) zum Einsatz – sogenannte **Mehrweglautsprechersysteme**.

Lautsprecher baut man in Gehäuse, um den akustischen Kurzschluss zu vermeiden. Er wird hervorgerufen, wenn die Membran des Lautsprechers nach vorn schwingt, wird die Luft in dieser Richtung nach vorn verdichtet, es entsteht ein höherer Druck. An der Rückseite des Lautsprechers entsteht ein geringerer Druck. Diese Druckänderungen vor und hinter dem Lautsprecher sind entgegengesetzt. Es besteht so eine Phasendifferenz von 180°. Findet die Luftströmung, besonders zu beachten bei tieffrequenten Schwingungen, ausreichend Zeit zum Druckausgleich zwischen der Vorder- und Rückseite, also zum Hin- und Herströmen, dann kommt es zum Ausgleich der Druckverhältnisse, dem akustischen Kurzschluss. Das heißt, die gegenläufigen Wellen eliminieren sich. Es kommt zu keiner Schallabstrahlung. Aus diesem Grund wird die Lautsprechervorder- und -rückseite akustisch isoliert durch eine einfache offene Schallwand, bspw.

eine Platte, in der der Lautsprecher eingebaut ist. Der Abstand zur Membranmitte sollte dann $\frac{1}{4}\lambda$ betragen, um Auslöschungen zu vermeiden. Bei tiefen Frequenzen (75 Hz o. ä.) würde sich der Abstand vergrößern, was unhandlich bei der Realisierung wäre. Mit den Lautsprechergehäusen kann so Abhilfe geschaffen werden, denn sie vermeiden den Druckausgleich zwischen Lautsprechervorder- und -rückseite.

Bild 2.4
3-Wege-Koaxial-Standlautsprecher ME 804 K (musikelectronic geithain)

In unterschiedlichsten Bauformen werden dann Lautsprecher für bestimmte Anwendungen eingesetzt, wie beispielsweise in Telefonen, Mobiltelefonen, Freisprecheinrichtungen, bei Personal Computern, Multimediaplattformen, Car-Entertainment-Systemen, Funklautsprecherchassis (u. a. Kopfhörer), Hörgeräten, Diktiergeräten, Küchenradio, Fernsehgeräten, Funkgeräten, Gegensprechanlagen, HiFi-Anlagen, Public Adress (PA)-Anlagen und in der akustischen Messtechnik, auch bei Array-Anwendungen (Richtwirkungen bzw. Beamforming). Mit diesen unterschiedlichen Bauformen trägt man der wiederzugebenden Schallleistung und den entsprechenden Tonhöhen Rechnung. Jede dieser unterschiedlichen Bauformen von Lautsprechern ist innerhalb einer Übertragungskette das letzte Glied. Dieses liefert uns wieder akustische Informationen, die zuvor verschiedene Bearbeitungsprozesse durchlaufen. Zur Einteilung von **Lautsprecherchassistypen** gibt es unterschiedliche Möglichkeiten:

- Betrachtet man den Übertragungs-Frequenzbereich, so können Lautsprecherchassis in Tiefton-, Mittelton-, Hochton- und Breitbandlautsprecherchassis eingeteilt werden.
- Nach der Abstrahlcharakteristik unterscheidet man zum Beispiel Lautsprechersysteme mit kugelförmiger oder nierenförmiger Abstrahlcharakteristik. Auch sogenannte Schallzeilen, die in großen Räumen bis hin zu in Kirchen genutzt werden,

fallen in diese Kategorie. Andere haben eine spezifisch gerichtete Abstrahlcharakteristik.

- Aber auch das Wandlerprinzip kann zur Unterscheidung von Lautsprecherchassistypen herangezogen werden. Dabei findet man dynamische Lautsprecherchassis, elektrostatische Lautsprecherchassis, piezoelektrische und magnetische Lautsprecherchassis. Am häufigsten genutzt ist das dynamische Lautsprecherchassisprinzip bzw. elektrodynamische Prinzip (Ton- und Beschallungstechnik), da mit der entsprechenden Bauform des Lautsprechergehäuses kostengünstig ein guter Wirkungsgrad erreicht werden kann.
- Lautsprechertypen wie Konus-, Kalotten- und Druckkammerlautsprecher, sind speziell für Abschnitte des Übertragungsfrequenzgangs im Lautsprechergehäuse bzw. für das Abstrahlverhalten optimiert.

Das Lautsprechergehäuse mit Chassis ist ein Schallsender – ein schwingungsfähiges System. Ein solches schwingungsfähiges System besitzt neben dem Lautsprechergehäuse und Chassis Frequenzweichen, die das elektrische Signal in Abhängigkeit von der Frequenz aufteilen und sich je nach Wandlerart proportional zu den dynamischen elektrischen Größen bewegen.

Eine Übertragungskette in der Akustik beginnt mit der Schallaussendung (Schallquelle) und dem darauffolgenden Schallfeld, dem Mikrofon zur Schallaufnahme, der Signalverarbeitung. Innerhalb einer solchen Übertragungskette befindet sich die Lautsprecherbox mit dem Chassis nach der Signalverarbeitung als Schallsender für die Beschallung bzw. für die Ausgabe von Schallereignissen. Aus diesem Grund sind die Lautsprecherboxauswahl (Klangeigenschaften) und die Anforderungen an die Beschaffenheit, die Übertragungseigenschaften und die Qualitätsmerkmale (DIN 45570 u. a.) wichtig. Dabei spielen der nutzbare Frequenzbereich, die Empfindlichkeit (Sensitivity bzw. Kennschalldruck zwischen 125 Hz…8 kHz für Sprache), die Richtcharakteristik, die Größe und der mechanische Aufbau eine Rolle für die jeweilige Anwendung. Auch die Positionierung des Schallwandlers im Raum bzw. der Umgebung zum abzustrahlenden Schallereignis beeinflusst das Wiedergabeergebnis.

2.2 Unterteilung nach dem Wandlerprinzip

Die Einteilung der Lautsprecherchassis nach dem Wandlerprinzip (Klinger, 1973) ist davon abhängig, wie ihr technischer Aufbau realisiert wurde. So unterscheidet man elektrodynamische, elektrostatische, piezoelektrische und magnetische Lautsprecherchassis. Bei der Wandlung von elektrischer Energie in Schallwellen werden flache Membranen verwendet. Ihre Form ist kreis- und trichterförmig. Als Membranmaterial verwendet man beispielsweise eine konzentrisch zulaufende dünne Pappe, die am Kreisrand eine ringförmige Wulst hat. In dieser Bauform kann die Membran zu mechanischen Schwingungen angeregt werden. Entsprechend der Membranschnelle (Geschwindigkeit bzw. Momentangeschwindigkeit der Membran) werden die Schallwellen erzeugt und nicht durch die meist auch sichtbare Membranauslenkung. Die abgestrahlte Leistung hängt von der Membran selbst (Membranfläche, Membrananbindung), der Membranschnelle und vom Medium ab (und den damit verbundenen Impedanzverhältnissen).

2.2.1 Dynamischer Lautsprecher

Das dynamische Lautsprecherchassis (Konus-, Kalotten- und Flachlautsprecherchassis) verfügt überwiegend über einen zentralen Antrieb (Tabel, 2010). Das ist in der Zeichnung für den Konuslautsprecher in Bild 2.5 ersichtlich. Er besteht aus dem Magnetsystem, einem Korb, einer Zentriermembran, einer Schwingspule, der Membran und einem Staubschutz (Abdeckkappe).

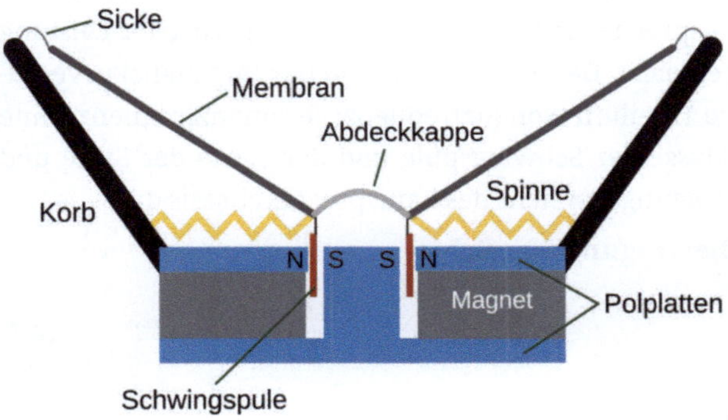

Bild 2.5 Einzelteile eines elektrodynamischen Lautsprechers (Quelle: Wikimedia Commons, Urheber: Benutzer: Ulfbastel, CC BY-SA 3.0, https://creativecommons.org/licenses/by-sa/3.0/deed.de)

Das elektrodynamische Lautsprecherchassis (elektrodynamischer Wandler: stromdurchflossene Spule im Magnetfeld) mit

$$B = \mu_r \, \mu_0 \, \frac{N}{l} I = \mu_r \, \mu_0 \, H$$

ist meist als Tauchspulenlautsprecherchassis konstruiert. Die Membran ist mit der Schwingspule (stromdurchflossener Leiter nicht zu großer Masse im Magnetfeld; Lorenzkraft: Kraft auf einen stromdurchflossenen Leiter, der quer zum Magnetfeld liegt) zu einem schwingfähigen System verbunden. Durch die Wechselwirkung zwischen elektrischem Strom, der durch eine schwingungsfähige Spule fließt, und dem magnetischen Gleichfeld eines Magneten (Überlagerung beider Magnetfelder) wird die Membran entsprechend der Bewegung der Schwingspule (Lorenzkraft F bei dazu senkrecht verlaufenden Magnetfeldlinien) angetrieben. Die Luftspaltinduktion soll möglichst groß sein, damit die Länge der Spule nicht zu lang gewählt werden muss. Durch die Bewegung der Schwingspule wird an den Enden der Schwingspule durch das Magnetfeld eine Spannung induziert, die über den festen ohmschen Widerstand (geschlossene Spule) abfällt, aber der angelegten Spannung durch den induzierten Strom i entgegenwirkt (Formel 2.1).

Bewegung eines Leiters im Magnetfeld (vereinf. Wandlergleichung des dynamischen Wandlers):

$$u = (-B) \cdot l \cdot v \tag{2.1}$$

bzw.

$$F = B \cdot l \cdot i$$

$$i = \frac{u}{R} = \frac{(-B)\ l\,v}{R}$$

Der klassische elektrodynamische Lautsprecher hat eine zentrale Schwingspule (Tauchspulenlautsprecherchassis mit Konusmembran). Die Resonanzfrequenz ist die Frequenz, mit der ein nicht eingebauter Lautsprecher selbst schwingt bzw. mit geringster Leistung die größte Membranauslenkung erreicht. Das lokale Maximum der Impedanzkurve findet man bei dieser Frequenz. Sie (Freiluftresonanzfrequenz; Resonanzfrequenz ohne Gehäuse) ist abhängig von der Masse der Schwingspule und der Härte der Sicke und stellt die untere Grenze des Übertragungsbereichs des Lautsprecherchassis dar.

Untere Frequenzgrenze des Übertragungsbereichs:

$$f_{\text{res}} = f_{\text{u}} = f_{\text{S}} = \frac{1}{2\pi\sqrt{D/m}} \tag{2.2}$$

mit m Massestück; D Steife der Feder

Der Konuslautsprecher (Bild 2.5) ist die gebräuchlichste Bauform. Ähnlich aufgebaut ist der Kalottenlautsprecher (Bild 2.6 links), bei dem die Konusmembran durch eine Kalotte ersetzt ist.

Bild 2.6 Treiber (li.) und Hornhals mit Phasenkorrekturkörper

Anders dagegen der Druckkammerlautsprecher (Bild 2.6 und 2.7), der über eine Druckkammer verfügt. Diese ist nach einer Seite durch eine kleinere Austrittsöffnung gekennzeichnet. Daran schließt ein Schalltrichter an. Durch diese spezielle Bauweise kann ein höherer Schalldruck (Geschwindigkeitstransformation) und damit ein höherer Wirkungsgrad erreicht werden.

Bild 2.7 Rückseite mit Hornhals und gefaltetes Horn eines Druckkammerlautsprechers (12,5 VA)

2.2.2 Magnetostatische Lautsprecher, Bändchenlautsprecher

Das elektromagnetische Wandlerprinzip ist dem elektrodynamischen Wandlerprinzip ähnlich. Beim Bändchenlautsprecher ist nach dem elektromagnetischen Wandlerprinzip die schallabstrahlende Membran elektrisch leitfähig und selbst Schwingspule (z. B. Aluminiumbändchen zwischen zwei entgegengesetzt gepolten Magneten am Punkt großer Homogenität).

Das Magnetfeld wirkt direkt auf die Membran. Das heißt, die Bewegung wird durch die Induktion hervorgerufen, die ein magnetisches Feld verursacht. Beim Bändchenlautsprecherchassis erfolgt der Stromfluss durch das Bändchen (Membran), das von einem Permanentmagnetfeld umgeben ist. Fließt ein Strom, wird das Bändchen in die eine oder andere Richtung ausgelenkt. Da Spule (Bändchen) und Membran (Bändchen) identisch sind, eine Einheit bilden, ist sowohl die Masse der Membran als auch die Impedanz des Lautsprecherchassis sehr klein und erfordert deshalb einen Übertrager. So kann dieser Lautsprecherchassistyp sehr schnellen Änderungen folgen. Damit hat er beispielsweise eine obere Grenzfrequenz von 40 kHz und mehr. Er wird daher als Mitten- und Hochtonlautsprecherchassis verwendet.

Beim Magnetostaten wird eine Kunststofffolie, auf der Leiterbahnen mäanderförmig aufgebracht sind, als Membran verwendet. Die Schwingspule befindet sich so direkt auf der Membran (Abschnitt 2.2.5).

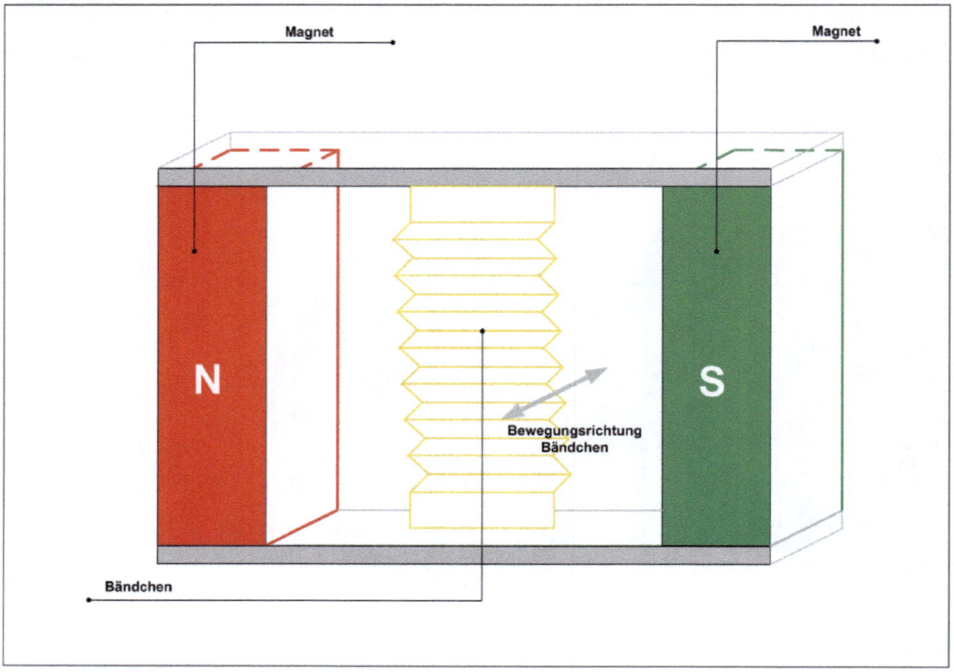

Bild 2.8 Schematische Darstellung eines Bändchenlautsprechers

Wird hingegen eine große Platte mit hoher Spannung, umgeben von einem elektrischen Feld, zwischen zwei Metallgitter gespannt, spricht man von einem Elektrostaten (Abschnitt 2.2.4).

Das magnetische bzw. magnetostatische Lautsprecherchassis wird auch als Flächenstrahler bezeichnet, da die Schallabstrahlung über eine große Fläche erfolgt. Er ist wie das elektrostatische Lautsprecherchassis ein Dipolstrahler – ein Lautsprecherchassis, das nach zwei Seiten Schall abstrahlt. Aufgrund des verwendeten Bändchens als Membran, das unterschiedliche Formen (gefaltet, rund bis 10 cm) haben kann, existiert ebenfalls die Bezeichnung Bändchenlautsprecherchassis bzw. Bändchen-Magnetostat.

2.2.3 Piezoelektrische Lautsprecher

Beim piezoelektrischen, auch ferroelektrischen Lautsprecherchassis wird der inverse piezoelektrische Effekt zur Schallabstrahlung genutzt. Dabei werden entsprechend dem anliegenden Spannungssignal Kristalle verformt und diese mechanische Bewegung auf eine Membran übertragen. Die Membran bewegt sich sehr gering, wegen der geringen Größe der Verformung des Kristalls. So können nur hohe Frequenzen wiedergegeben werden. Er eignet sich besonders als Hochtöner und kann ohne Frequenzweiche (bei tiefen Frequenzen oder bei Gleichstrom Kondensatorverhalten der Impedanz) mit anderen Lautsprecherchassis betrieben werden.

2.2.4 Elektrostatischer Lautsprecher

Beim elektrostatischen Lautsprecher (elektrostatischer Wandler: Kraftwirkung zwischen zwei Kondensatorplatten, eine davon beweglich oder dazwischen gespannte mit metallischem Werkstoff beschichtete Folie = Membran) bewegt sich eine Membran, die stark polarisiert (hohe Gleichspannung zwischen den Kondensatorplatten unter Ausbildung eines homogenen elektrischen Feldes bzw. Polarisationsspannung) ist.

Durch die Polarisationsspannung (z. B. 4000 V) wird der Arbeitspunkt eingestellt und ein Schwingen in Ruhelage verhindert. In der Sandwichbauform befindet sich eine leichte bewegliche Membran zwischen zwei perforierten festen Platten. Die Bewegung erfolgt zwischen beiden Platten entsprechend dem Audiosignal, das durch einen Übertrager aufgebracht wird.

Zum Beispiel in der Push-Pull-Methode, in der das Audiosignal so angelegt ist, dass eine Seite drückt und die andere zieht. Durch die Kapazitätsänderung des elektrischen Feldes bewegt sich die Membran. Für einen idealen Wandler gelten nachfolgende Gleichungen:

$$Q = CU$$

und

$$C = \varepsilon U \frac{A}{d}$$

$$E = \frac{U}{d}$$

Elektrostatische Kraft am Plattenkondensator:

$$F = -\frac{1}{2} QE \tag{2.3}$$

$$F = -\frac{\varepsilon_0 A U^2}{2d^2}$$

mit

$$\varepsilon_0 = 8,85 \cdot 10^{-12} \frac{\mathrm{As}}{\mathrm{Vm}}$$

Solche Lautsprecher bezeichnet man als Elektrostaten (gerade oder gebogene Flächenstrahler). Ihr Vorteil ist das gute Impulsverhalten, da die Membranmasse klein ist. Sie können fast über den gesamten Hörfrequenzbereich abstrahlen. Außerdem weisen sie geringe Verzerrungen durch Frequenzintermodulationen auf. Die Basswiedergabe wird verringert, da es durch den Druckausgleich der Vorder- und Rückseite zum akustischen Kurzschluss kommt. Dem kann durch die Verwendung großer Plattenflächen entgegengewirkt werden. Besondere Bauformen (große Flächen zur guten Basswiedergabe, Krümmung für die ungerichtete Abstrahlung, Segmentierung etc.) werden für unterschiedliche Frequenzbereiche zur Schallaussendung verwendet, um einer gerichteten Schallabstrahlung entgegenzuwirken. Bei der Verwendung von elektrostatischen Lautsprecherchassis (Dipolstrahler) sind gewisse Anforderungen in Abhängigkeit vom verwendeten Lautsprecherchassissystem (auch bei Hybridsystemen) bei der Aufstellung (Abstände zu Wänden und Boden) zu beachten.

2.2.5 Isodynamische Lautsprecher

Hierbei handelt es sich nicht um eine klassisches Bändchenlautsprecherchassis (Abschnitt 2.2.2). Die Membran besteht aus Kunststoff mit eingebrachten Leiterbahnen. Dann spricht man von einem Folien-Magnetostaten oder auch von isodynamischen Lautsprecherchassis. Deren Impedanz bewegt sich zwischen 4…8 Ohm. Sie werden wegen ihrer hohen Belastbarkeit im PA-Bereich eingesetzt.

2.2.6 Hornlautsprecher

Hornlautsprecherchassis (Trichterlautsprecherchassis oder Druckkammerlautsprecherchassis) sind ihrer Bauform nach ähnlich einem Trichter, wobei die Form vom Inneren zur Öffnung hin exponentiell verläuft. Für die Schallverbreitung wird der Schalldruck in einer Druckkammer von einem elektrodynamischen Schwingsystem (Abschnitt 2.2.1) erzeugt und über die Membran bzw. die Trichteröffnung abgestrahlt. Die Luft wird an der Druckkammer komprimiert, sodass sie an der Austrittsöffnung eine hohe Strömungsgeschwindigkeit (Geschwindigkeitstransformation) besitzt. Trichterlautsprecherchassis haben einen höheren Wirkungsgrad (bessere Impedanzanpassung).

2.2.7 Magnetischer Lautsprecher

Der magnetische Wandler besteht aus einer Spule um einen Permanentmagneten und einem federnd gelagerten Anker über bzw. vor dem Permanentmagneten, der die magnetisch leitfähige Membran ist. Wird die Spule mit einem Audiosignal belegt, bewirkt dies eine Änderung des Magnetfeldes. Entsprechend bewegt sich die Membran. Der Permanentmagnet wird zur Linearisierung verwendet (beispielsweise bei

Telefonhörern etc.). Die Spule um den Permanentmagneten bewegt sich nicht. Dieses Wandlerprinzip wird heute, obwohl es kostengünstig bei relativ gutem Wirkungsgrad ist, weniger genutzt.

2.3 Kenndaten von Lautsprecher

Die akustischen Eigenschaften von Lautsprecherchassis lassen sich durch ihre technischen Parameter, elektrische oder akustische Kenngrößen, also die Kenndaten beschreiben. Als Empfehlung zu Bestimmung solcher Parameter bzw. Kenndaten sei auf die DIN EN 60268-5 und die AES2–1984 verwiesen. Für Beschallungsanlagen ist die DIN EN 60489 heranzuziehen. In der DIN EN 60268-5 wird eine klare Empfehlung zu den zu dokumentierenden Kenndaten eines Lautsprechers oder eines Lautsprechersystems (Kombination einzelner Chassis) gegeben (DIN EN 60268-5, S. 41–42). Passive Lautsprechersysteme bestehen aus Gehäuse, Dämpfungsmaterial, Frequenzweiche und Chassis – aktive haben zusätzlich Leistungsverstärker.

Von den in der DIN EN 60268-5 empfohlenen 21 bis 39 Kennwerten findet man in den Datenblättern der Lautsprecherchassis meist nur eine kleinere Anzahl von Kenndaten – meist 7 bis 10. An dieser Stelle sollen die in den Datenblättern benannten Kennwerte näher betrachtet werden. So befinden sich häufig folgende Angaben u. a. auf den Datenblättern:

- Dauerbelastbarkeit,
- Frequenzbereich,
- Frequenzgang (Übertragungsfunktion),
- Impedanz,
- Empfindlichkeit,
- maximaler Schallpegel,
- Abstrahlwinkel,
- Anschlüsse,
- Maße.

Weniger findet man Kennwerte wie den Wirkungsgrad, der über den Kennschalldruckpegel bestimmt werden kann. Selten findet man auch die Richtcharakteristik (Balloondaten) und den Klirrfaktor (oder Total Harmonic Distortion (THD) bzw. THD+Noise) eines Lautsprecherchassis auf einem Datenblatt. Ausgangspunkt zur Bestimmung der meisten Kennwerte eines Lautsprecherchassis ist die Impulsantwort. Aus ihr lassen sich die fast alle Kenndaten bestimmen.

2.3.1 Belastbarkeit

Ein Lautsprecherchassis besitzt meist nur einen geringen Wirkungsgrad (= 0,2...5...10 %), sodass ein großer Teil der Energie im Feder-Masse-System (Antriebssystem des Lautsprecherchassis, Magnet und Spule) in Wärme umgewandelt wird. Das kann bei Nichtbeachtung von Eingangsgrößen zur Zerstörung des Lautsprecherchassis führen. Damit verbunden kann auch eine zu große Auslenkung zur mechanischen Zerstörung des Lautsprecherchassis führen (bspw. bei tiefen Frequenzen). Aus diesen genannten Gründen setzt man die Grenzen fest, indem man die Belastbarkeit des Lautsprecherchassis prüft. Mit der Belastbarkeit (Nennbelastbarkeit bzw. Nenn-Rauschleistung vgl. DIN EN 60268-2) ist die maximale Leistung in Watt, die ein Lautsprecherchassis verarbeiten kann, gemeint. Wird mehr Leistung dem Lautsprecherchassis zugeführt, so kommt es zu Verzerrungen im Klangbild oder zu Beschädigungen. Es wird weiter zwischen Dauerbelastbarkeit (spezielles Signal nach DIN 45573, das für 300 Stunden am Lautsprecher anliegt) und Impulsbelastbarkeit (Leistung am Lautsprecher für zwei Sekunden) unterschieden. Diese beiden Kennwerte müssen mindestens so groß sein wie die Nennleistung bzw. die Impulsleistung des angeschlossenen Verstärkers. Je größer die Kennwerte sind, desto belastbarer ist ein Lautsprecherchassis.

2.3.2 Frequenzbereich

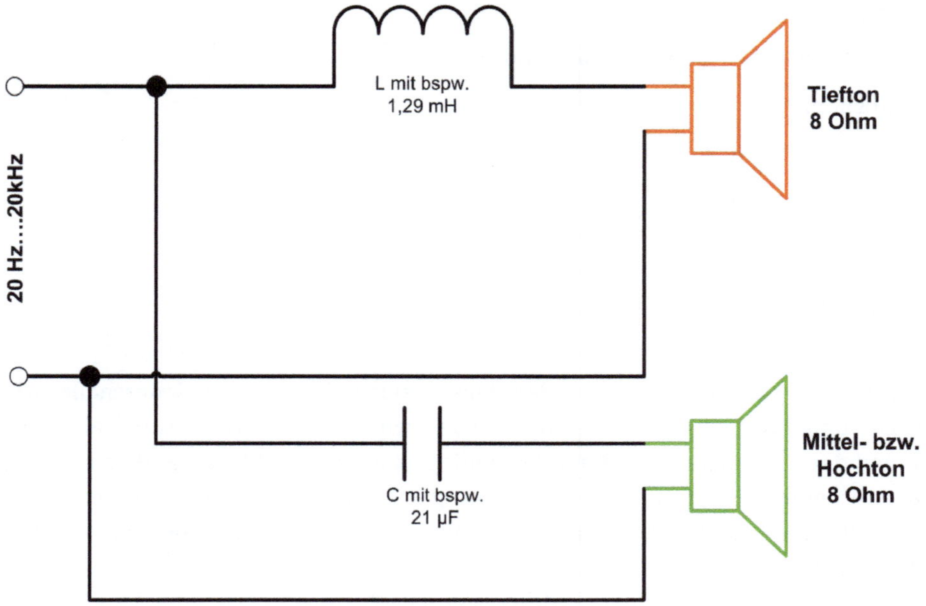

Bild 2.9 Zweiwege-Lautsprechersystem (passive Frequenzweiche)

Mit dem Frequenzbereich wird angegeben, zwischen welchen (Eck-)Frequenzen das Chassis arbeiten soll (bspw. im Bereich zwischen 40 Hz bis 16 kHz). Dieser sogenannte Nenn-Frequenzbereich kann vom Übertragungsbereich des Lautsprechers abweichen. Der Übertragungsfrequenzbereich eines Lautsprechersystems kann größer sein als sein Nenn-Frequenzbereich. So z. B., wenn das Lautsprecherchassis als Hoch- oder Tieftöner verwendet werden soll.

2.3.3 Übertragungsfunktion (Frequenzgang)

Bei den meisten Lautsprecherchassis führt eine schwingende Membran zur Schallabstrahlung und wirkt wie ein Kolben, der vor und zurückschwingt. Bei der Schallabstrahlung wird Energie aus dem schwingenden System entzogen und als akustische Energie an die Luft (Schall) abgegeben. Der komplexe Strahlungswiderstand Z_r gibt die Umwandlung von mechanischer in akustische Energie an. Er teilt sich auf in:

- Wirkanteil (Schallabstrahlung) und
- Blindanteil (kann als Luftzug vor Basslautsprecherchassis wahrgenommen werden, trägt nicht zur Schallabstrahlung bei).

Der Strahlungswiderstand einer Membran hängt von der Membranfläche (je größer die Fläche, desto größer der Strahlungswiderstand) ab. Er ist auch frequenzabhängig. Aber auch die von der Membran abgestrahlte akustische Leistung ist für den Frequenzgang zu beachten. Diese ist abhängig vom realen Strahlungswiderstand Z_r und der Membrangeschwindigkeit v_M. Es gilt folgender Zusammenhang für die **akustische Leistung P_{ak}**:

$$P_{ak} = Z_r \cdot v_M^2 \cdot A = I \cdot A \qquad (2.4)$$

Die Übertragungsfunktion (Frequenzgang) zeigt den frequenzabhängigen Verlauf des Schalldruckpegels des Lautsprecherchassis und ist bestimmend für den Klang des Chassis. Er kann mit verschiedenen Messverfahren bestimmt werden (gleitender Sinus, gewobbelter Sinus, rosa Rauschen, Maximalfolgenmesstechnik). Als ideal gilt ein linearer Frequenzgang, der keine Pegelunterschiede über den betreffenden Frequenzbereich aufweist.

Abweichungen von der Norm- oder Bezugsfrequenz von 1 kHz zeigt der Frequenzgang. Diese können ab etwa 3 dB wahrgenommen werden. Man fordert daher Abweichungen von ≤ ±2 dB. Gezielte Veränderungen des Frequenzganges erfolgen mit Filtern bei der Signalzuführung zum Lautsprecherchassis.

2.3.4 Impedanz

Die Impedanz eines Lautsprecherchassis ist der Innen- bzw. Eingangswiderstand, der als Mittelwert für den Wechselstromwiderstand (Nennimpedanz) 2, 4, 8 oder 16 Ω betragen kann. Das bedeutet, dass bei einer Nennimpedanz von 2 Ω ein höherer Strom vom Verstärker fließt als bei einer Nennimpedanz von 4 Ω. Die Impedanz bzw. der Scheinwiderstand wird beispielsweise bei 1kHz und weiteren markanten Frequenzen gemessen. Daraus kann dann die Gesamtimpedanz des Lautsprecherchassis bestimmt werden. Da in der Audiotechnik mit Spannungsanpassung gearbeitet wird ($R_i \ll R_a$), wird die Impedanz des Lautsprecherchassis (vom Wandlerprinzip abhängig!), wenn man die o. g. Werte zugrunde legt, immer größer sein als die Ausgangsimpedanz des Verstärkers. Die Impedanz ist der frequenzabhängige komplexe Widerstand eines Lautsprecherchassis, der in Abhängigkeit von der Frequenz zwischen bspw. für einen Lautsprecher mit der Nennimpedanz von 8 Ω zwischen 5 Ω und 50 Ω schwanken kann.

2.3.5 Phasengang und Laufzeitverhalten

Der Phasengang lässt sich aus dem komplexen Frequenzspektrum der Impulsantwort bestimmen. Er ist direkt mit dem Amplitudenfrequenzgang verknüpft und stellt die Phasenwinkel in Abhängigkeit von der Frequenz dar. Man erhält so Informationen über die zeitliche Lage der Schwingungen. Besonders interessant ist das Phasenverhalten bei Mehrwegsystemen (starke Phasendrehungen lassen auf Laufzeitdifferenzen der jeweiligen Wege zueinander schließen). Die Gruppenlaufzeit erhält man durch Differenzieren der Phase nach der Frequenz. Mit der Gruppenlaufzeit wird die Laufzeit der jeweiligen Frequenz durch das Chassis angegeben. Hörbare Auswirkungen treten eher bei tiefen Frequenzen bei Mehrwegesystemen auf.

2.3.6 Impulsantwort

Betrachtet man das Lautsprecherchassis als kausales LTI-System, so wird das System bzw. sein Übertragungsverhalten vollständig durch seine Impulsantwort beschrieben. Ein lineares, zeitinvariantes System (LTI-System; L: linear, TI: time-invariant) funktioniert unabhängig von der Zeit und für Ein- und Ausgangssignale gibt es lineare Zusammenhänge. Die Antwort eines Lautsprecherchassis auf einen Impuls am Eingang ist die Impulsantwort des Lautsprecherchassis am Ausgang. Sie kann mit unterschiedlichen Messverfahren gewonnen werden (MLS, Impuls etc.). Durch Filterung dieser und anschließender DFT oder FFT können das komplexe Frequenzspektrum bzw. der Amplitudenfrequenz- und Phasengang sowie das kumulative Zerfallsspektrum (Wasserfalldiagramm) bestimmt werden. Damit lassen sich Aussagen zur akustischen Wiedergabe, den Grenzen des Übertragungs- bzw. Nennfrequenzbereiches über dem Hörfrequenzbereich feststellen.

Schalldruckpegel

Der Schalldruckpegel in Dezibel (dB) bestimmt sich aus dem Produkt des zwanzigfachen Logarithmus des Quotienten aus Schalldruck und Bezugsschalldruck. Es ist die Druckänderung der schwingenden Luftmoleküle. Das menschliche Gehör kann Schalldrücke von 10^{-5} Pa bis 10^{2} Pa bzw. 10^{2} N/m^{2} schmerzfrei aufnehmen. Das entspricht einem Faktor von 10 000 000. Um leichter und übersichtlicher rechnen zu können, wird der Logarithmus der Verhältnisgröße in Dezibel verwendet. Der Bezugsschalldruck ist bei der sogenannten Hörschwelle mit $2 \cdot 10^{-5}$ Pa gewählt. Bei einem Ton von 1 kHz entspricht dann der Schalldruckpegel 0 dB.

Schalldruckpegel in dB:

$$L = 20 \cdot \log_{10}\left(\frac{p}{p_0}\right) = 20 \cdot \log_{10}\left(\frac{p}{2 \cdot 10^{-5}\,\text{Pa}}\right) \tag{2.5}$$

2.3.7 Wirkungsgrad und Kennschalldruckpegel

Beim Lautsprecher wird nicht der Übertragungsfaktor wie beim Mikrofon, sondern der Wirkungsgrad betrachtet. Der Wirkungsgrad eines Lautsprechers ist das Verhältnis von abgestrahlter akustischer Leistung zur elektrischen Eingangsleistung in Prozent. Er wird allgemein nach Formel 2.6 berechnet. Da bei den Chassis der Wirkungsgrad nicht explizit angegeben wird (sehr kleiner Wert), soll nun der Kennschalldruckpegel in dB/W/m betrachtet werden. Aus dem Kennschalldruckpegel kann dann der Wirkungsgrad errechnet werden, der aber wegen der nicht guten Anpassung von elektrischer Impedanz an die Schallimpedanz sehr gering ist. Die Berechnung erfolgt nach Formel 2.7. Definiert ist der Kennschalldruckpegel als der mittlere Schalldruck zwischen 125...4000 Hz bei gegebenem Abstand von 1 m mit der zugeführten Leistung von 1 W. (Das heißt, der Kennschalldruckpegel[2)] ist der Schalldruckpegel, der in einem Meter Abstand bei einer zugeführten Leistung von einem Watt erzeugt wird.) Dabei bezieht sich die Leistung von 1 W auf die Nennimpedanz – also 2, 4, 8 oder 16 Ω (Abschnitt 2.3.4). Das heißt, dass bei einer effektiven Spannung von 2 V bei einer Nennimpedanz von 4 Ω 1 W Leistung zugeführt wird.

Wirkungsgrad Lautsprecherchassis:

$$\eta = \frac{P_{\text{ak}}}{P_{\text{el}}} \tag{2.6}$$

mit $P_{\text{el}} = UI = \frac{U^2}{R}$.

Kennschalldruck eines Lautsprecherchassis:

$$L_{\text{Kenn}} = 112 + 10 \log_{10}(\eta) \left[\frac{\text{dB}}{\text{W}}/\text{m}\right] \tag{2.7}$$

[2] *https://www.sengpielaudio.com/Rechner-wirkungsgrad.htm*

2.3.8 Abstrahlwinkel

Der Abstrahlwinkel ist der Bereich, in dem der Schalldruckpegel um weniger als 6 dB abfällt. Anders ausgedrückt ist das der Schalldruckpegel innerhalb eines Winkels im Messabstand gegenüber dem Schalldruckpegel auf der Bezugsachse, der sich um weniger als 6 dB verringert. Der Abstrahlwinkel muss aus dem Nenn-Frequenzbereich des Richtdiagramms (Polardiagramm, Richtcharakteristik, Abschnitt 2.3.9) entnommen werden. Der ermittelte Abstrahlwinkel wird u. a. für die Cluster-Bildung von Lautsprecherchassis benutzt. Die Anordnung soll so erfolgen, dass Abstrahlwinkel überlappen. Die Pegel der Lautsprecherchassis addieren sich (bei konstruktiver Interferenz), und man erhält eine überwiegend gleichmäßige Pegelverteilung über den gewünschten Abstrahlwinkel.

2.3.9 Richtcharakteristik

Die Richtcharakteristik eines Lautsprecherchassis wird mithilfe eines Richtdiagramms (Polardiagramm, Darstellung einer Ebene für eine Frequenz) dargestellt. Zur Messung wird ein Lautsprecherchassis in einem reflexionsarmen Raum auf einem Drehteller einmal um seine eigene Achse gedreht (Hauptstrahlachse) und für festgelegte Frequenzen der Pegel in Abhängigkeit vom Winkel an einer Ebene (horizontal oder vertikal) aufgezeichnet. Durch Verbinden der gewählten Punkte auf dem Diagramm erhält man die Richtcharakteristik des Lautsprecherchassis. Ähnlich wie beim Mikrofon findet man die Kugelcharakteristik, Richtcharakteristik (z. B. Keule) oder die Achtcharakteristik. Jede dieser Charakteristika kann für spezielle Anwendungen herangezogen werden.

Zur Erstellung der Ballondaten geht man ähnlich vor. Dabei wird der Schalldruckpegel entsprechend seines Wertes dreidimensional als Entfernung zum Mittelpunkt des Lautsprecherchassisgehäuses aufgetragen. Die Messwerte werden auf konzentrischen Kreisen um das Lautsprecherchassis in einem 5°-Raster aufgenommen. Anschließend neigt man den folgenden Umlauf um 5°, sodass sukzessive Messwerte über eine Kugeloberfläche zusammengetragen werden. Ein solch vollständiger Daten-Ballon gilt dann für eine vorher festgelegte Frequenz.

2.3.10 Klirrfaktor

Die Schwingspule im Lautsprecherchassis bewegt sich nicht völlig linear zum Eingangssignal. Ist beispielsweise der Hub der Membran sehr groß, kann die Spule das homogene Magnetfeld verlassen. Aber auch die Sicke kann den Hub mechanisch begrenzen. Daraus resultiert eine Abflachung der Spitzen der Auslenkung (lineare Verzerrung). Bei nichtlinearen Verzerrungen entstehen Obertöne oder Harmonische, zum Beispiel bei 100 Hz (Vielfache der Grundfrequenz, also 200 Hz, 300 Hz, ...), die sich messtechnisch nachweisen lassen (Klirrverzerrungen).

Der Klirrfaktor (DIN 45403) ist der Anteil der Oberwellen in Prozent. Das menschliche Ohr nimmt diese erst ab Verzerrungen > 1 % wahr. Lautsprecherchassis haben meist einen Klirrfaktor, der sich zwischen 2...6 % bewegt. Bis ca. 10 % ist ein Klirrfaktor für den Hörer hinnehmbar. Ein Klirrfaktor von 10 % entspricht dann einer Klirrdämpfung (Formel 2.9) von –20 dB. Meist wird aber eine Klirrdämpfung von –40 dB, also ein Klirrfaktor von 1 % gefordert. Denn nur ein kleiner Klirrfaktor sorgt für eine hohe Klangqualität (bei Lautsprechern, Mikrofonen, Audioverstärkern, Mischpulten). Messtechnisch bestimmt man die Klirranteile, indem man ein Sinussignal auf das Lautsprecherchassis bringt und man das Wiedergabesignal mithilfe einer DFT oder FFT analysiert. Um den Klirrfaktor (THD, Total Harmonic Distortion) zu berechnen, werden alle Harmonischen ins Verhältnis zum Gesamtsignal (harmonische und Grundschwingung) gesetzt. Da bei manchen Lautsprecherchassis die Klirrdämpfung in dB angegeben wird, muss man diese umrechnen, um den **Klirrfaktor** K zu erhalten.

$$K = \sqrt{\frac{U_2^2 + U_3^2 + U_4^2 + \ldots}{U_1^2 + U_2^2 + U_3^2 + U_4^2 + \ldots}}\, 100\ \% \tag{2.8}$$

oder als Näherungsgleichung für $K < 10\ \%$

$$THD_{\text{audio}} = K = \sqrt{\frac{U_2^2 + U_3^2 + U_4^2 + \ldots}{U_1^2}}\, 100\ \%$$

und **Klirrdämpfung** k_{D}:

$$k_{\text{D}} = 20 \log \frac{K}{100\ \%}\ [\text{dB}] \tag{2.9}$$

Der Klirrfaktor und der THD sind für kleine Verzerrungen ($K < 10\ \%$) ähnlich. Daher können beide bis zu dieser Grenze als quasi gleich angesehen werden. Übersteigt K jedoch den Wert von ca. 10 %, dann sind die Verzerrungen stärker und die beiden Messwerte weichen auch voneinander ab.

Nimmt man den Klirrfaktor von 10 % als obere Grenze für eine bestimmte Frequenz, so kann man auch den maximalen Schalldruckpegel eines Lautsprecherchassis messtechnisch bestimmen. Man speist also das Lautsprecherchassis mit einem Sinuston und erhöht dessen Amplitude so lange, bis ein THD von 10 % erreicht ist. Das wäre dann der maximale Schalldruckpegel, der messtechnisch bei einer Frequenz bestimmt werden kann. Man findet aber auch die Angabe THD+N. Das bedeutet für die Formel 2.8 eine Erweiterung um den Rauschanteil wie folgt mit

$$THD + N\ [\%] = \sqrt{\frac{U_2^2 + U_3^2 + U_4^2 + \ldots + U_{\text{Noise}}^2}{U_1^2}}\, 100\ \% = \sqrt{\frac{\left\{\sum_{\text{m}=2}^{\infty} U_{\text{m}}^2\right\} + U_{\text{Noise}}^2}{U_1^2}}\, 100\ \%$$

2.3.11 Anschlüsse

Bei der Angabe der Anschlüsse ist auf die richtige Bezeichnung (positiver Anschluss rot oder mit „+“, DIN EN 60268-1 und -2, -5) zu achten.

2.3.12 Maße

Die äußeren Maße der Lautsprechergehäuse und eventuelle die Montagemaße des Lautsprecherchassis müssen im Datenblatt (lt. DIN EN 60268-14) angegeben werden.

2.4 Signalverarbeitung für Lautsprecherchassis

Die Signalverarbeitung bei Lautsprecherchassis wird beispielsweise zur Korrektur der Übertragungsfunktion verwendet. Aber auch Frequenzweichen spielen bei der Verwendung mehrerer Lautsprecherchassis in einem Lautsprechersystem (Mehrwegesystem) eine wesentliche Rolle. Das Lautsprecherchassis in einem Lautsprechersystem wird in einem bestimmten Frequenzbereich angesteuert, in dem es optimal arbeiten kann. Bei den Frequenzweichen wird nach aktiven und passiven Weichen unterschieden. Aktive Weichen werden überwiegend in großen Lautsprechersystemen eingesetzt.

2.4.1 Frequenzweichen für Lautsprechersysteme

Prinzipbedingt kann ein Lautsprecherchassis nicht über den gesamten Hörfrequenzbereich gleich gut arbeiten, da beispielsweise ein dynamisches Lautsprecherchassis ein Resonanzsystem darstellt.

In Anhängigkeit vom Wandlerprinzip kann ein Lautsprecherchassis für bestimmte Frequenzbereiche mithilfe von Frequenzweichen (z. B. analoge oder digitale Filter) optimiert werden. Diese Frequenzweichen bzw. Filter sind dann in der Lage, das vom Verstärker kommende Signal für einzelne Frequenzbereiche zu trennen. Analoge Filter, die als Frequenzweichen für Lautsprecher verwendet werden, befinden sich zwischen Endverstärker und Lautsprecher.

Die Trennfrequenz bzw. Übernahmefrequenz ist die Frequenz, die bei Mehrwegesystemen von zwei unterschiedlichen Orten zeitgleich ausgesendet wird. Die Filtereckfrequenz liegt bei ca. –3 dB.

Beispielsweise kann ein Tieftonlautsprecherchassis mit einer Vorfilterung Frequenzen bis 200 Hz wiedergeben. Höhere Frequenzen als 200 Hz werden nicht mehr wiedergegeben. An dieser Stelle trennt das erste Wiedergabesystem vom zweiten, dem Mitteltonbereich. Nun können aber Filter nicht so aufgebaut werden, dass eine absolut steile und exakte Trennung einzelner Frequenzbereiche erfolgt. Es gibt also Bereiche in denen sowohl das eine Tieftonsignal als auch das Mittentonsignal auftreten, beispielsweise beide mit 6, 12, 18 oder 24 dB Dämpfung/Oktave (meist 12 dB/Oktave Flankensteilheit – als Filter zweiter Ordnung, Bild 2.10).

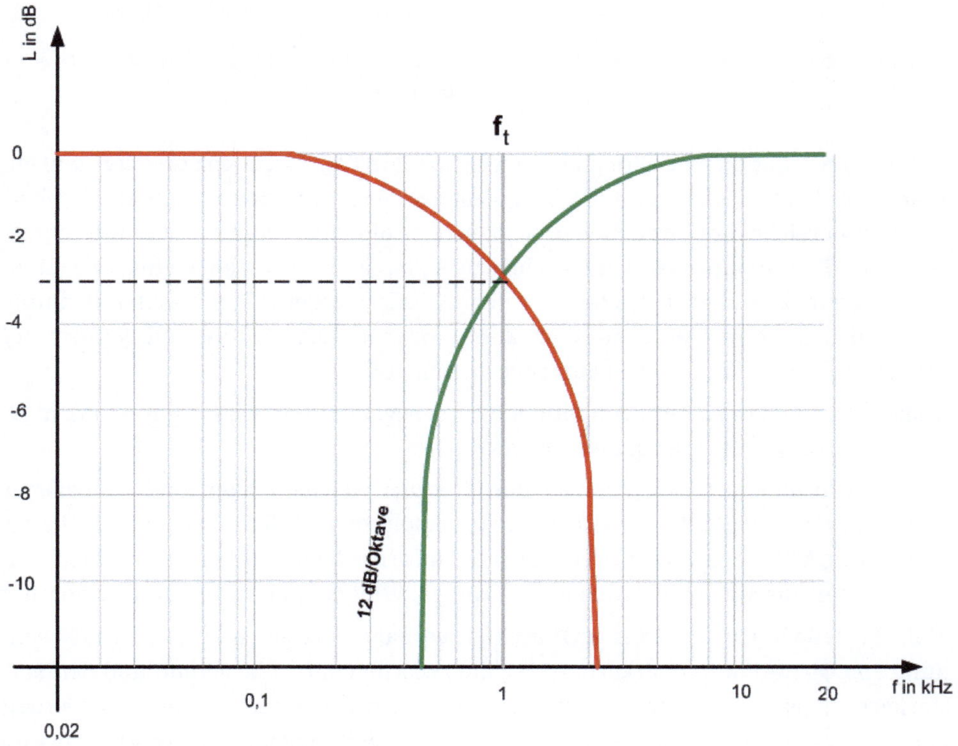

Bild 2.10 Darstellung Trennfrequenz (1 kHz) für Filter 2. Ordnung

Der Schnittpunkt beider gedämpfter, angrenzender sich überlappender Frequenzbereiche bezeichnet man dann als Übernahmefrequenz bei –3 dB (Bild 2.10, Übernahme- oder Trennfrequenz). Frequenzweichen bzw. Filter höherer Ordnung können die einzelnen Frequenzbereiche schärfer voneinander trennen. Sie beeinflussen den Direktschallfrequenzgang oder eher indirekt das Abstrahlverhalten.

Grob kann man die in Tabelle 2.1 aufgeführten Bereiche betrachten. Diese aufgeführten Bereiche sind nicht fix. Sie werden dem jeweilig verwendeten Lautsprecherchassis angepasst, um ein optimales Mehrwegesystem in Abhängigkeit von den verwendeten Lautsprecherchassis zu erstellen.

Tabelle 2.1 Grobe Einteilung Frequenzbereiche für Lautsprecherchassis

Bezeichnung	Frequenzbereich (Trennfrequenzen)	Bemerkung
Tieftonbereich	30...200 Hz	Hier ist eine weitere Unterteilung möglich. Frequenzweiche als Tiefpass.
Mitteltonbereich	200...4000 Hz	In diesem Bereich sind alle mittleren Töne vertreten. Frequenzweiche als Bandpass.
Hochtonbereich	4000...20 000 Hz	Klarer Bereich für hohe Töne. Frequenzweiche als Hochpass.

Bei der Konstruktion einer Frequenzweiche sind die Trennfrequenz und die Flankensteilheit besonders wichtig. In Abhängigkeit von der Filterordnung können die Überlappungsbereiche eingegrenzt werden. Je größer die Filterordnung ist, desto schmaler ist der Überlappungsbereich zwischen zwei Chassis, die in einem Mehrwegesystem über Frequenzweichen betrieben werden. Häufig werden Filter zweiter Ordnung verwendet. Diese werden zumeist als Bessel- oder Butterworthfilter ausgeführt und weisen ein gutes Phasen- und Laufzeitverhalten auf.

Angestrebt sind ein linearer Amplitudenfrequenzgang (Übertragungsfunktion), niedrige Verzerrung und eine passende Richtcharakteristik.

Am einfachsten lassen sich passive Filter (Frequenzweichen, Filter unterschiedlicher Ordnung, z. B. Allpassfilter) zwischen dem Verstärker und dem Lautsprecherchassis einbringen. Meist werden sie direkt in die Gehäuse des Lautsprechersystems montiert. Sie bestehen aus diskreten Bauteilen wie Spulen, Widerständen und Kondensatoren.

Mehr Vorteile hinsichtlich des gewünschten Verhaltens zeigen aktive Filter (Verwendung von Operationsverstärkern, DSPs), die zwischen einem Mischpult und den Verstärkern angeschlossen bzw. in ein aktives Lautsprechersystem integriert werden können. In Abhängigkeit von der Audiosignalverarbeitung gibt es diskret aufgebaute Filter oder digitale Filter.

Zur Lautsprecherentzerrung werden meist analoge Filter oder digitale FIR-Filter verwendet. Die Beschränkung auf FIR-Filter resultiert aus deren Eigenschaften im Vergleich zu IIR-Filtern. Bei der Aufteilung des Hörfrequenzspektrums auf die entsprechenden Chassis verarbeitet in der Regel nur ein Chassis Frequenzen bis zur höchsten Abtastfrequenz. So kann die Abtastrate bei Tief- und Mitteltöner verringert werden, um Rechenzeit und Speicher zu sparen. Zu beachten ist dabei aber, dass das SNR sich verringert. Pro Chassis wird ein Bandpass mit festgelegten Grenzfrequenzen für den Entwurf mithilfe der IFFT in den Zeitbereich transformiert und mit einer Fensterfunktion der Länge des FIR-Filters multipliziert. Die Länge der Fensterfunktion hängt von der tiefsten zu übertragenden Frequenz ab (mindestens eine halbe Wellenlänge). Nachdem der Bandpass in den Zeitbereich transformiert wurde, erfolgt nun die Multiplikation mit der Fensterfunktion. Anschließend wird das Produkt zurück in den Frequenzbereich transformiert und durch das Spektrum des Chassis dividiert. Der Bandpass besitzt damit den invertierten Frequenzgang des Chassis. Durch Reihenschaltung von FIR-Filter und Chassis erhält man den gewünschten Frequenzgang.

2.4.2 Beispielberechnung für einfache Frequenzweichen

Die Frequenzweiche (Kirchner, 2007) teilt das Signal auch zum Schutz des jeweiligen Lautsprecherchassis auf. Meist werden für Berechnungen solcher Frequenzweichen Näherungen verwendet, da das Lautsprecherchassis als komplexer Widerstand interpretiert wird. Das ist aber nur für Näherungsberechnungen sinnvoll.

Bei Mehrwegelautsprecherboxen werden diese Boxen schon speziell auf die verwendeten Lautsprecherchassis abgestimmt. So kann im einfachsten Fall mit RLC-Schaltungen gearbeitet werden. Dabei muss die Drahtstärke bei Spulen in Abhängigkeit von der Leistung, die übertragen werden soll, berücksichtigt werden (beispielsweise kann der Drahtdurchmesser 1 mm bei 150 W betragen). Bei den Kondensatoren ist auf Durchschlagsfestigkeit und Güte zu achten.

Bei einem Dreiwegesystem kann dann beispielsweise eine Spule mit der Impedanz $Z = j\omega L$ für einen Tiefpass mit der Grenzfrequenz bzw. Trennfrequenz f_g (Bild 2.11) und ein Kondensator mit der Impedanz $Z = \frac{1}{j\omega C}$ mit einem Widerstand in Reihe

$$\text{Impedanz } |Z| = \sqrt{Z \cdot Z^*} = \sqrt{(a + jb)\,(a - jb)} = \sqrt{a^2 + b^2}$$

und Phase

$$\varphi = \arctan\left(\frac{b}{a}\right)$$

für den Hochpass (Bild 2.13) verwendet werden. Für den Mitteltöner kann eine Bandpass-Schaltung von Kondensator und Spule ($Z = j\omega L$) mit parallelem Widerstand als Filter dienen (Filter 2. Ordnung, Bild 2.15). Die Steilheit solch einfacher Filter (1. Ordnung) ist begrenzt mit ca. 6 dB/Oktave. Meist ist deren Steilheit jedoch nicht ausreichend, sodass man besser mit LC-Schaltungen arbeitet, die einen Abfall von ca. 12 dB/ Oktave aufweisen. Solche LC-Schaltungen (Reihenschwingkreise (Hävecker, 2004)) müssen dann noch auf das Lautsprecherchassis bzw. die Lautsprecherbox angepasst werden (Eigenresonanz des Lautsprechergehäuses), um störende Resonanzen zu vermeiden. Dabei sollten die in der Lautsprecherbox verwendeten Chassis reelle Lastwiderstände sein und frequenzunabhängig arbeiten. Im Folgenden werden drei einfache analoge Filter betrachtet und berechnet, ohne auf die Phasenlagen einzugehen.

Das in Bild 2.11 dargestellte passive Netzwerk stellt ein Filter 1. Ordnung (Butterworth-Filter) dar. Das Lautsprecherchassis für den Tieftonbereich wird mit einer Drosselspule (magnetkernlose Luftspule, meist aus Kupferlackdraht) betrieben. Sie besitzt bei hohen Frequenzen einen großen Widerstand (Impedanz). Damit werden nur niedrige Frequenzen bzw. Signalanteile zum Lautsprecherchassis (Tieftöner) abgegeben. Das heißt, es werden tieffrequente Signalanteile quasi unverändert übertragen, die hochfrequenten Signalanteile werden in ihrer Amplitude gedämpft und die Phase nimmt mit steigender Frequenz bis auf 90° zu.

Tiefpass

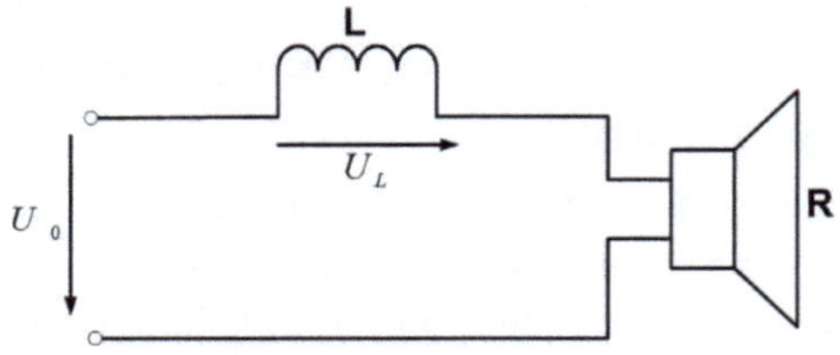

Bild 2.11
Einfacher Tiefpass (Frequenzweiche, Filter 1. Ordnung) für ein Lautsprecherchassis

Zur Bestimmung der Übertragungsfunktion des einfachen LR-Tiefpasses wird das Verhältnis von Ausgangsspannung U_L zu Eingangsspannung U_0, der Spannungsteiler in komplexer Form, bestimmt. Das ist in der nachstehenden Formel mit $G(j\omega) = \frac{U_L}{U_0}$ notiert und vereinfacht.

$$G(j\omega) = |G|\, e^{j\varphi} = \frac{U_L}{U_0} = \frac{R}{j\omega L + R} = \frac{1}{1 + \frac{j\omega L}{R}}$$

Nun können der Betrag der Übertragungsfunktion, die Phasenfunktion durch Zerlegung und die Grenzfrequenz bestimmt werden. Allerdings erfolgt hier eine Beschränkung auf den Frequenzgang der Übertragungsfunktion. Zur Bestimmung der 3-dB-Grenzfrequenz geht man davon aus, dass der Spannungspegel um $20 \log\left(\frac{1}{\sqrt{2}}\right) \approx (-3)$ dB gefallen ist. Für eine Betragsbestimmung in dB verwendet man dann die Form:

$$20\ \log_{10} |G(j\omega)| = 20 \log_{10} \frac{|U_L|}{|U_0|}(j\omega) = 20 \log_{10}\left(\frac{1}{\sqrt{1 + \left(\frac{\omega L}{R}\right)^2}}\right)$$

Damit gilt für die Übertragungsfunktion an diesem Punkt wie folgt:

$$|G(j\omega)| = \sqrt{\frac{1}{1 + \frac{\omega^2 L^2}{R^2}}} = \frac{1}{\sqrt{2}}$$

$$\sqrt{1 + \frac{\omega^2 L^2}{R^2}} = \sqrt{2}$$

$$\frac{\omega^2 L^2}{R^2} = 1$$

$$R^2 = (\omega L)^2$$

Durch weitere Umstellung kann dann die Grenzfrequenz bestimmt werden zu:

$$f_g = \frac{R}{2\pi L}$$

Möchte man nun mit realen Werten rechnen, so kann man einen Widerstand für Z von 4 Ω annehmen und die Grenzfrequenz auf 200 Hz festlegen. Sodann erhält man den Wert für die Spule mit

$$L = \frac{R}{2\pi f_g} = \frac{4\,\Omega}{2\pi\ 200\ \text{Hz}} = 0,003183\ \text{H} \approx 3,2\ \text{mH}$$

Mit diesen Werten kann man nun den grafischen Verlauf (Bild 2.12, Bode-Diagramm ohne Phasenverlauf bzw. Amplitudenverstärkung bzw. -dämpfung) in logarithmischer Darstellung simulieren unter Nutzung der nachstehenden Formel:

$$|G\,(j\omega)| = 20 \log \left(\frac{1}{\sqrt{1 + \left(\frac{\omega L}{R}\right)^2}} \right)$$

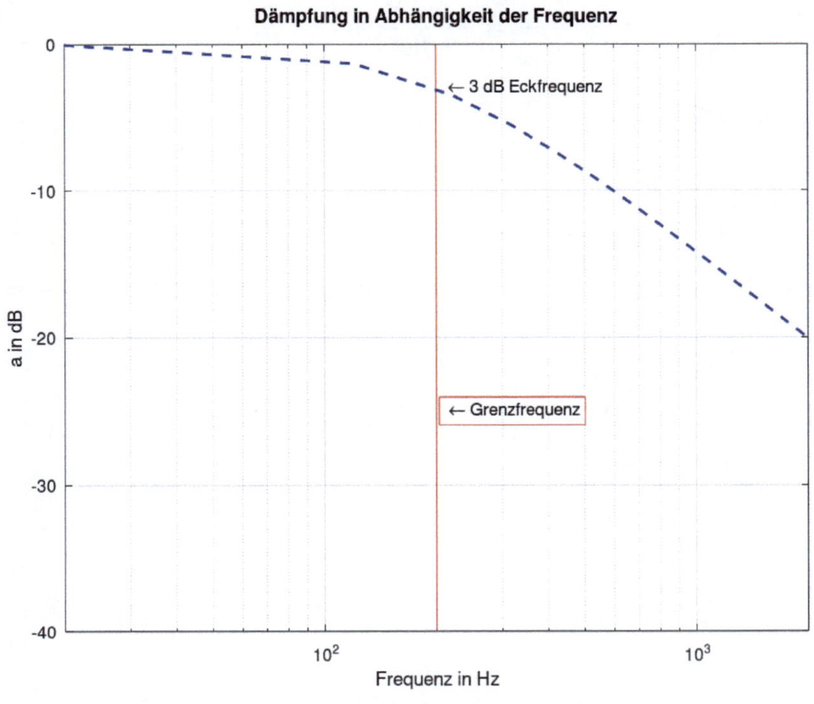

Bild 2.12 Dämpfungsverlauf eines einfachen Tiefpasses

Ein **Bode-Diagramm** stellt die komplexe Übertragungsfunktion als Betrag über der Frequenz für die Amplitude und die Phasenverschiebung dar. Der Betrag dieser Übertragungsfunktion (Bild 2.12) entspricht der Amplitudenverstärkung. In diesem Fall ist bei tiefen Frequenzen $< f_g$ der Betrag der Übertragungsfunktion ca. 0 dB, für $> f_g$ werden die Signalanteile gedämpft. An der Grenzfrequenz beträgt die Dämpfung ca. –3 dB.

Angelehnt an Bild 2.11, kann für einen Hochtöner ein einfacher RC-Hochpass (Hävecker, 2004) durch die Verwendung eines Kondensators anstelle der Spule aus Bild 2.13 erreicht werden (Filter 1. Ordnung mit ca. 6 dB/Oktave). Der Kondensator ist für hohe Frequenzen niederohmig. Die Bestimmung der Übertragungsfunktion erfolgt ähnlich zur Bestimmung der Übertragungsfunktion des RL-Tiefpasses.

Hochpass

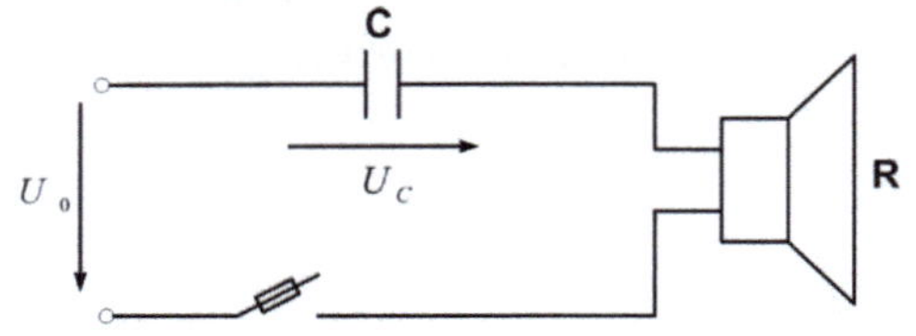

Bild 2.13 Einfacher Hochpass (Frequenzweiche, Filter 1. Ordnung) für ein Lautsprecherchassis

$$G(j\omega) = \frac{U_L}{U_0} = \frac{R}{\frac{1}{j\omega C} + R} = \frac{1}{1 + \frac{1}{j\omega CR}} = \frac{j\omega CR}{1 + j\omega CR}$$

Übertragungsmaß in dB:

$$|G(j\omega)| = 20 \log \left(\frac{\omega CR}{\sqrt{1 + (\omega CR)^2}} \right)$$

Die Bestimmung der Grenzfrequenz für den RC-Hochpass kann wie folgt vorgenommen werden:

$$|G(j\omega)| = \sqrt{\frac{1}{1 + \frac{1}{(\omega CR)^2}}} = \frac{1}{\sqrt{2}}$$

$$\frac{1}{\sqrt{1 + \frac{1}{(\omega CR)^2}}} = \frac{1}{\sqrt{2}}$$

$$\sqrt{1 + \frac{1}{(\omega CR)^2}} = \sqrt{2}$$

$$\frac{1}{(\omega CR)^2} = 1$$

$$1 = (\omega CR)^2$$

$$f_g = \frac{1}{2\pi CR}$$

Möchte man auch hier mit realen Werten rechnen, so kann man einen Widerstand von 4 Ω annehmen und die Grenzfrequenz auf 2 kHz festlegen. Sodann erhält man den Wert für den Kondensator mit

$$C = \frac{1}{2\pi\, f_g\, R} = \frac{1}{4\,\Omega \cdot 2\pi \cdot 2\,\text{kHz}} = 1,98 \cdot 10^{-5}\,\text{F} \approx 20\,\mu\text{F}$$

Mit diesen Werten kann man nun den grafischen Verlauf (Bild 2.14) simulieren unter Nutzung der nachstehenden Formel:

$$|G\,(j\omega)| = 20 \log \left(\frac{\omega CR}{\sqrt{1 + (\omega CR)^2}} \right)$$

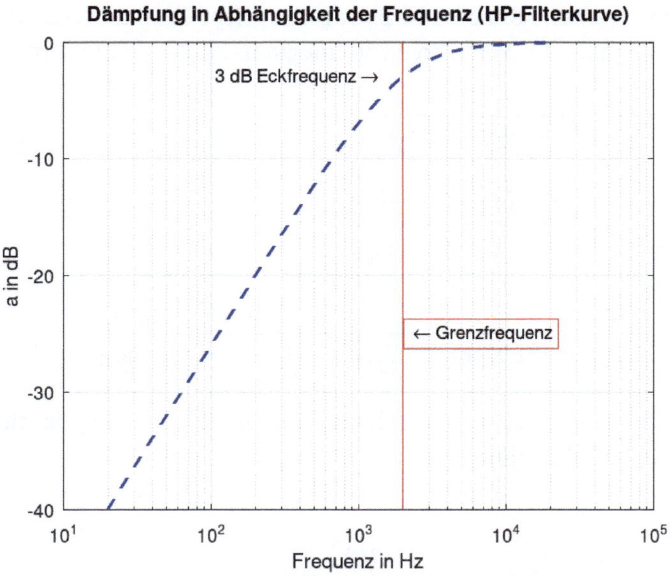

Bild 2.14 Verlauf der Dämpfungsfunktion des Hochpasses

Durch die Reihenschaltung eines Hoch- und eines Tiefpasses erhält man einen Bandpass; RC-Netzwerk als Kombination von Tiefpass und Hochpass liefert einen Bandpass 2. Ordnung (Tietze, 2010). Seine Ausgangsspannung wird für hohe und tiefe Frequenzen quasi Null.

Bandpass

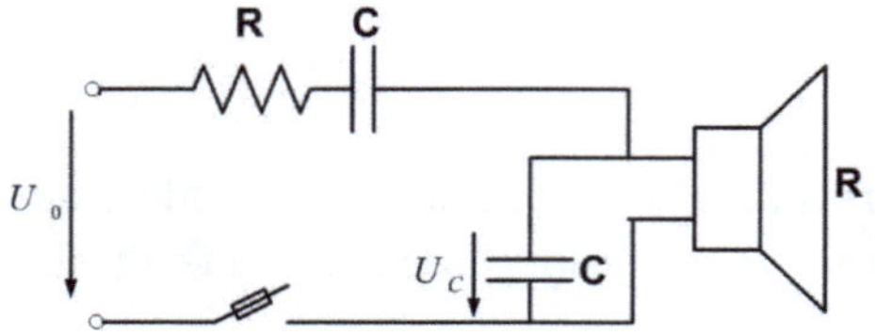

Bild 2.15
Bandpass 2. Ordnung als Kombination von Hoch- und Tiefpass

Entsprechend Bild 2.15 ergibt sich folgende Übertragungsfunktion:

$$G(j\omega) = \frac{\frac{1}{\frac{1}{R}+j\omega C}}{\frac{1}{\frac{1}{R}+j\omega C} + R + \frac{1}{j\omega C}} = \frac{1}{3 + j\omega RC + \frac{1}{j\omega RC}} = \frac{j\omega RC}{(j\omega RC+1)^2 + j\omega RC}$$

$$|G(j\omega)| = \frac{1}{\sqrt{\left(\frac{1}{\omega RC} - \omega RC\right)^2 + 9}}$$

Die Übertragungsfunktion weist als Lösung komplexe Zahlen aus, die auch in Polarkoordinaten geschrieben werden können. Der Betrag entspricht dann der Verstärkung. An der Grenzfrequenz muss das Verhältnis von Imaginär- zu Realteil ±1 sein.

$$G(j\omega) = \frac{1}{3 + j\omega RC + \frac{1}{j\omega RC}} = \frac{1}{3 + j\left(\omega RC - \frac{1}{\omega RC}\right)}$$

$$G(j\omega) = \frac{1}{3 + j\left(\omega RC - \frac{1}{\omega RC}\right)} \cdot \frac{3 - j\left(\omega RC - \frac{1}{\omega RC}\right)}{3 - j\left(\omega RC - \frac{1}{\omega RC}\right)}$$

$$G(j\omega) = \frac{3 - j\left(\omega RC - \frac{1}{\omega RC}\right)}{9 + \left(\omega RC - \frac{1}{\omega RC}\right)^2} = \frac{3}{9 + \left(\omega RC - \frac{1}{\omega RC}\right)^2} - j\frac{\left(\omega RC - \frac{1}{\omega RC}\right)}{9 + \left(\omega RC - \frac{1}{\omega RC}\right)^2}$$

Nun wird das Verhältnis Imaginär- zu Realteil gebildet und gleich 1 gesetzt, da die Ausgangsspannung maximal wird bei $\omega RC = 1$:

$$\frac{-\left(\frac{\left(\omega RC - \frac{1}{\omega RC}\right)}{9 + \left(\omega RC - \frac{1}{\omega RC}\right)^2}\right)}{\left(\frac{3}{9 + \left(\omega RC - \frac{1}{\omega RC}\right)^2}\right)} = \frac{-\left(\omega RC - \frac{1}{\omega RC}\right)}{3} = \frac{1 - (\omega RC)^2}{3\omega RC} = 1$$

Mit der quadratischen Gleichung in der allgemeinen Form

$$Z^2 + pZ + q = 0$$

erhält man Lösungen derart

$$Z_{1,2} = \left(-\frac{p}{2} \pm \sqrt{\frac{p^2}{4} - q} \right)$$

Durch Umstellung auf die Form der allgemeinen Lösungsgleichung folgt:

$$-(\omega RC)^2 - 3\omega RC + 1 = 0$$

mit $p = (-3)$, $q = 1$. Man erhält dann zwei Lösungen:

$$(\omega RC)_{1,2} = -\frac{(-3)}{2} \pm \sqrt{\frac{9}{4} - 1}$$

$$(\omega RC)_1 = 1,5 + 1,12 = 2,62$$

$$(\omega RC)_2 = 1,5 - 1,12 = 0,38$$

$$f_{o1} = \frac{2,62}{2\pi RC}$$

$$f_{u2} = \frac{0,38}{2\pi RC}$$

Die Mittenfrequenz erhält man mit

$$f_m = \sqrt{f_{o1} f_{u2}} = \frac{1}{2\pi RC}$$

Oder aus der Umstellung von

$$-(\omega RC)^2 - 3\omega RC + 1 = 0$$

zu

$$\frac{1 - (\omega RC)^2}{3\omega RC} = 0$$

$$f_m = \frac{1}{2\pi RC}$$

Gibt man sich die Werte $f_m = 1$ kHz, $R_1 = R_2 = 4\ \Omega$ vor,

$$C = \frac{1}{2\pi \cdot 4\ \Omega \cdot 1000\ \text{Hz}} = 0,00003979\ \text{F} \approx 39,8\ \mu F$$

$$f_{o1} = \frac{2,62}{2\pi \cdot 4\ \Omega \cdot 0,0000398\ \text{F}} = 2,62\ \text{kHz}$$

$$f_{u2} = \frac{0,38}{2\pi \cdot 4\ \Omega \cdot 0,0000398\ \text{F}} = 0,38\ \text{kHz}$$

Die 3-dB-Bandbreite bestimmt man zu:

$$f_{o1} - f_{u2} = 2620\ \text{Hz} - 380\ \text{Hz} = 2240\ \text{Hz}$$

Mit

$$|G(j\omega)| = \frac{1}{\sqrt{\left(\frac{1}{\omega RC} - \omega RC\right)^2 + 9}}$$

und

$$\omega RC = 1$$

lässt sich die Verstärkung bei der Mittenfrequenz bestimmen zu

$$20 \log_{10} |G(j\omega)| = 20 \log_{10} \frac{1}{\sqrt{\left(\frac{1}{1} - 1\right)^2 + 9}} = (-9{,}54)\ \text{dB}$$

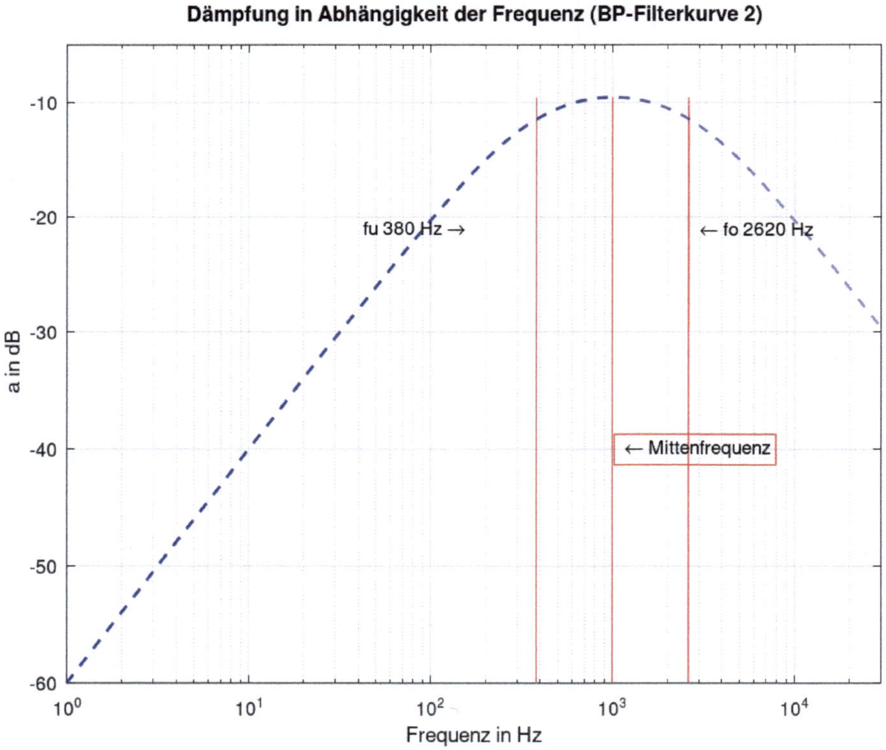

Bild 2.16 Verlauf der Dämpfungsfunktion des Bandpasses (Kombination TP und HP)

Mit speziellen Softwaretools können Frequenzweichen für Lautsprecherboxen mit entsprechenden Chassis genauer berechnet werden, da diese bei den Lautsprecherchassis den Schalldruck- und Impedanzfrequenzgang berücksichtigen. Um die Frequenzweichen genau an das entsprechende Lautsprecherchassis anzupassen, müssen Messungen durchgeführt werden. Die Flankensteilheit der einzelnen Frequenzweichen wird so gewählt, dass möglichst gute Übergänge an den Trennfrequenzen entstehen.

Ist der Schalldruckverlauf z. B. bei einem Tieftöner oberhalb der angestrebten Trennfrequenz recht unruhig, so wird ein steil abfallendes Filter nötig sein, um den oberen Bereich ausreichend zu dämpfen. Bei Hochtonchassis ist die Belastbarkeit auch ein Kriterium. Ein steil abfallendes Filter dämpft die tiefen Frequenzen viel schneller ab als ein Filter niedriger Ordnung, daher kann meist eine tiefere Übernahmefrequenz gewählt werden. Natürlich haben Filter auch einen Einfluss auf das Phasenverhalten, dadurch kann es möglich sein, dass ein Chassis (meist Hochtöner) umgepolt werden muss, damit sich die Schallanteile im Übernahmebereich richtig addieren. Hier liegt auch der Vorteil von guten Dreiwegesystemen, die meist durch die größere Überlappung der einzelnen Frequenzbereiche mit Filtern erster Ordnung auskommen und somit der Einfluss auf die Phase minimal ist. Optimal im Phasenverhalten sind Breitbandchassis, da keine Frequenzweiche benötigt wird. Ebenfalls nicht zu vernachlässigen ist die Wahl der richtigen Bauteile. Vor allem bei Induktivitäten und Kondensatoren gibt es ein großes Angebot. In erster Linie muss sichergestellt sein, dass das Bauteil die abfallende Spannung und den durchfließenden Strom verkraftet. Besonders Spulen, die in Serie zum Chassis liegen, sollten einen möglichst geringen ohmschen Widerstand besitzen und einen hohen Stromfluss zulassen. Luftspulen sind hierfür gut geeignet, haben aber den Nachteil, dass sie bei hohen Induktivitätswerten sehr groß und teuer werden. Einen Kompromiss stellen dann Spulen mit Ferrit- oder Weicheisenkern dar, die aber ab einer gewissen Stromhöhe in die Sättigung gehen. Auch in Serie liegende Kondensatoren sollten einen niedrigen ohmschen Widerstand haben. Geeignet sind dann vor allem Folienkondensatoren, die bis in den höchsten Audiofrequenzbereich einen niedrigen Verlustfaktor besitzen. Elektrolytkondensatoren sind für den oberen Frequenzbereich nicht optimal geeignet, haben aber hohe Kapazitätswerte bei kleiner Baugröße.

2.4.3 Aktive analoge Filter

Aktive RC-Filter bestehen aus Widerständen, Kapazitäten und Verstärkerelementen (meistens monolithisch integrierte Schaltkreise, beispielsweise Operationsverstärker oder kurz OPV). Man verwendet sie vorzugsweise bei tiefen und mittleren Frequenzen, wo Induktivitäten groß und teuer sind. Die Grenzen der aktiven RC-Filter sind durch die Eigenschaften der Operationsverstärker gegeben: Bandbreite, Verzerrung, Rauschen und Stromverbrauch bestimmen die Einsatzmöglichkeiten (bis ca. 100 MHz). Aktive analoge Filter sind also Übertragungsglieder mit einem Operationsverstärker (OPV), die bestimmte Frequenzanteile durchlassen und andere dämpfen. Da sie analoge Signale filtern, werden sie als analoge oder kontinuierliche Filter bezeichnet. Ein solches Filter kann man mittels eines Widerstandes R und eines Kondensators C (beides zusammen nennt man RC-Glied) mit der in Bild 2.17 gezeigten Schaltung realisiert werden.

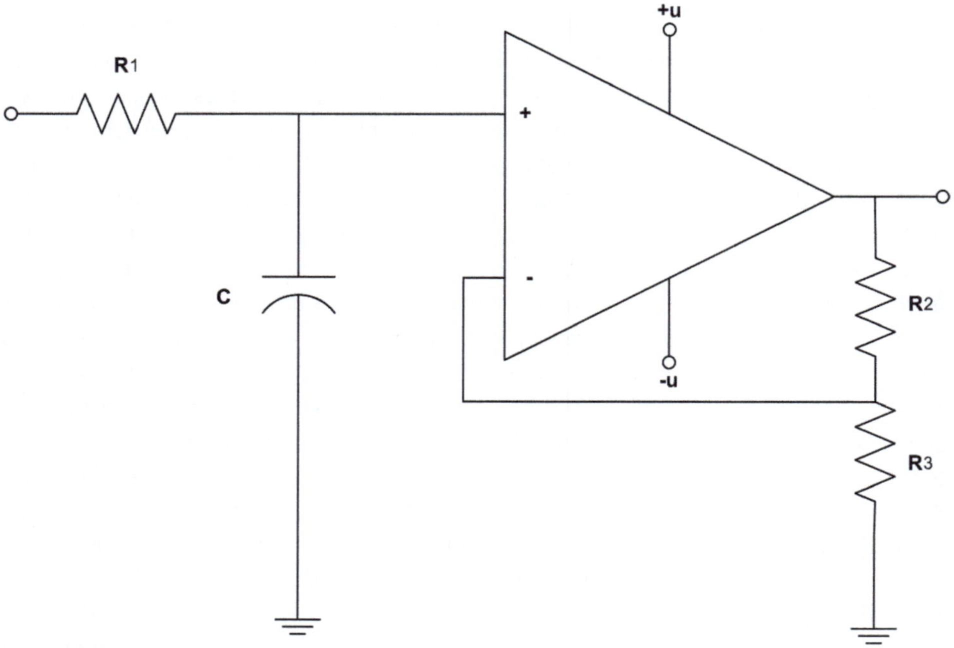

Bild 2.17 Aktives Tiefpass-Filter

$$G\left(j\omega\right)=\frac{\frac{(R_3+R_2)}{R_3}}{1+j\omega R_1C_1}$$

Der OPV nach dem RC-Glied macht das Filter belastungsunabhängig. Die Bestimmung solcher Filter ist auch nach Tabellen möglich.

2.4.4 Beispielberechnung zu digitalen Filtern

Ein digitales Filter arbeitet mit einem zeitdiskreten Eingangssignal. Das Ausgangssignal entsteht dann durch die Faltung des Eingangssignals mit der Impulsantwort des Filters. Sie werden ähnlich wie die analogen Filter verwendet, um eine Dämpfung ab einer bestimmten Frequenz eines digitalen Signals zu berechnen. FIR-Filter sind nichtrekursiv und werden meistens in der Transversalstruktur bzw. der Direktform 1 realisiert. Mit FIR-Filtern kann man vollständig lineare Phasengänge realisieren (symmetrisch oder asymmetrisch), daher sind diese immer stabil. Ein FIR-Filter der Ordnung N besitzt N+1 Filterkoeffizienten mit $a_\mathrm{n}, \mathrm{n}=0,1,2,\ldots,\mathrm{N}$. Die Gruppenlaufzeit kann bestimmt werden zu $t_\mathrm{gr}=\frac{N}{2}t_\mathrm{a}$.

In der Regel weisen FIR-Filter höhere Filterordnungen auf als vergleichbare IIR-Filter und benötigen damit mehr Realisierungsaufwand. Da fast immer linearphasige FIR-Filter eingesetzt werden, soll hier nur der Entwurf von linearphasigen FIR-Filtern, insbesondere mit der Fenstermethode, Gegenstand sein. Die Fenstermethode ist weniger rechenintensiv als andere. Auch bei der Fenstermethode müssen die Filterkoeffizienten bestimmt werden, die die Impulsantwort des FIR-Filters selbst sind. Aus der Impulsantwort des FIR-Filters kann der Frequenzgang bestimmt werden. Liegt für Referenzfilter die analoge Stoßantwort vor, so kann diese abgetastet und normiert werden. Für den idealen Tiefpass ergibt sich die Impulsantwort mit entsprechender Grenz- f_g und Abtastfrequenz f_a und der normierten Grenzfrequenz f_G

$$f_G = \frac{f_g}{f_a}$$

zu der Impulsantwort *h(n)*

$$h(n) = 2f_a \cdot si\left(2\pi\left(n - \frac{N}{2}\right)f_G\right)$$

für

$$0 \leq n \leq N$$

mit

$$si(x) = \frac{\sin(x)}{x}$$

Die Impulsantwort zeigt den Verlauf einer si-Funktion, die schneller abklingt, je größer der Durchlassbereich ist.

Die Filterordnung N und ein Wunschfrequenzgang werden dann wie folgt vorgegeben. Für die Berechnung des Tiefpasses ist die Grenzfrequenz bestimmt zu

$$f_G = \frac{f_g}{f_a}$$

und der Betragswunschfrequenzgang mit

$$|H_W(f)| = \{1 \text{ für } -f_G < f < f_G \text{ und sonst } 0\}$$

Ohne auf die Herleitung einzugehen, erhält man

$$h(n) = 2f_a \cdot si\left(2\pi\left(n - \frac{N}{2}\right)f_G\right)$$

für $0 \leq n \leq N$.

Mit $f_G = 0{,}02$ und $N = 60$ erhält man dann Bild 2.18 für die Impulsantwort mit

$$h(n) = a_\mathrm{n}$$

für n = 0, 1, 2, ..., N

also die Filterkoeffizienten des FIR-TP-Filters.

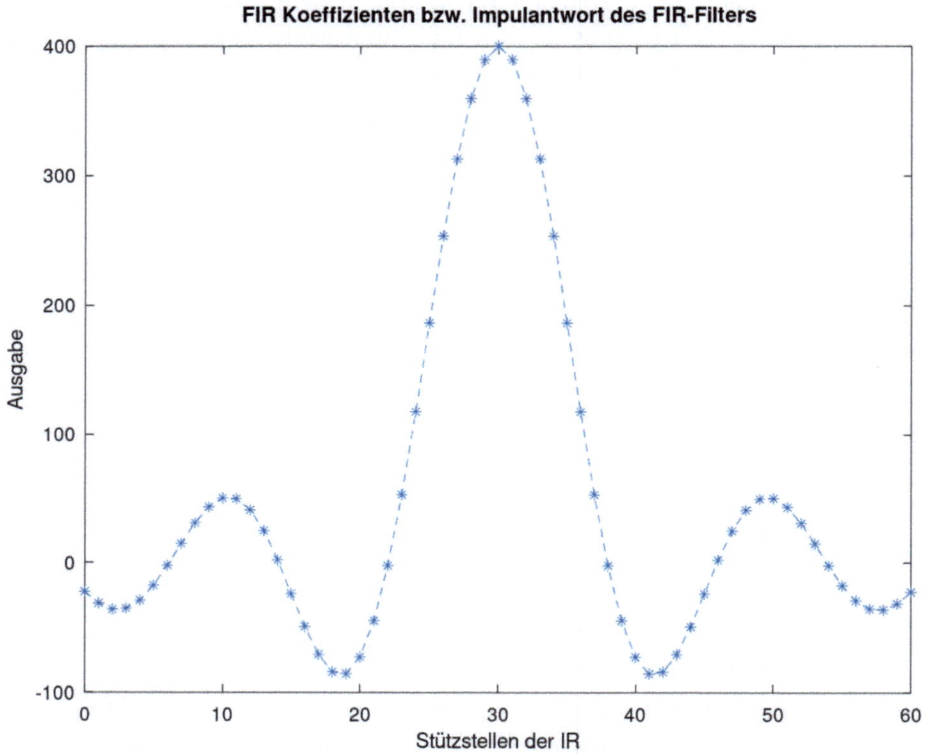

Bild 2.18 FIR-Koeffizienten eines FIR-TP-Filters mit 60 Koeffizienten

2.5 Verstärker

Ganz allgemein soll ein Verstärker ein niederfrequentes Signal (hier ein Audiosignal im hörbaren Frequenzbereich) mit geringen Verzerrungen ($K < 0{,}1$ % gewünscht), wenig Rauschen, hoher Bandbreite, linear, mit hohem Wirkungsgrad und geringen Kosten in seiner Leistung verstärken.

Dieses meist stufenlos verstärkbare Signal wird einer Last (Lautsprecherchassis mit i. d. R. 4...8 Ω Impedanz) zugeführt. Das verstärkte Signal kann dann über das Lautsprechersystem wiedergegeben werden. Mit der Impedanz des Lautsprecherchassis und der gewünschten Leistung der Endstufe können Strom und Spannung bestimmt werden. Besteht zwischen Ein- und Ausgangsspannung ein linearer Zusammenhang, dann kann der Spannungsverstärkungsfaktor V bestimmt werden.

Spannungsverstärkungsfaktor:

$$V = \frac{U_\mathrm{a}}{U_\mathrm{e}} \tag{2.10}$$

Das Verstärkungsmaß ist berechenbar mit

$$G = 20 \log \left(\frac{U_\mathrm{a}}{U_\mathrm{e}} \right)$$

Richtlinien findet man beispielsweise in der DIN IEC 268.

Verstärkerarten wie Vorverstärker, Zwischenverstärker, Steuerverstärker und Leistungsverstärkern etc. gibt es für die unterschiedlichsten Anwendungen. Man spricht in diesem Zusammenhang von Verstärkerklassen, die mit Buchstaben gekennzeichnet werden (A, B, AB, C, D, E, F, H, S und T).

Anwendungsgebiete für die meist verwendeten Audioverstärker der Klassen B, AB und D sind die Studiotechnik, Heimtechnik, Musikverstärker, Bühnenverstärker, Beschallungsverstärker o. ä.

2.5.1 Klasse A

Bei einem Verstärker der Klasse A (Bild 2.19) wird mit einem **Transistor** gearbeitet. Transistoren sind Stromverstärker. Eine Spannungsverstärkung kann durch Transformation eines Stroms in einen Spannungsabfall über dem Lastwiderstand erreicht werden. Je größer der Strom ist, desto höher wird die Spannungsverstärkung. Der maximal erreichbare Stromfluss ist nach dem ohmschen Gesetz durch das Verhältnis von Betriebsspannung zu Lastwiderstand begrenzt. Um einen hohen Stromfluss zu erhalten, sollte der Lastwiderstand also klein sein. Bei einem Verstärker der Klasse A erfolgt eine symmetrische Aussteuerung um den Arbeitspunkt. Das heißt, dass sich der Arbeitspunkt in der Mitte des dynamischen Aussteuerbereiches befindet. Dadurch fließt immer ein bestimmter Ruhestrom, der eine hohe Verlustleistung und damit einen schlechten Wirkungsgrad aufweist. Durch diese Schaltung werden sehr geringe Verzerrungen erreicht. Nachteil ist der niedrige Wirkungsgrad von maximal 25 % (hohe Verluste durch Wärme). Da der Verstärker immer die gleiche Stromaufnahme aufweist, verbraucht er immer unabhängig von Lastbetrieb oder Leerlauf die gleiche Leistung. Anwendungen sind Audioverstärker im Frequenzbereich von 10...20 000 Hz für Mikrofon- oder Kopfhörerverstärker.

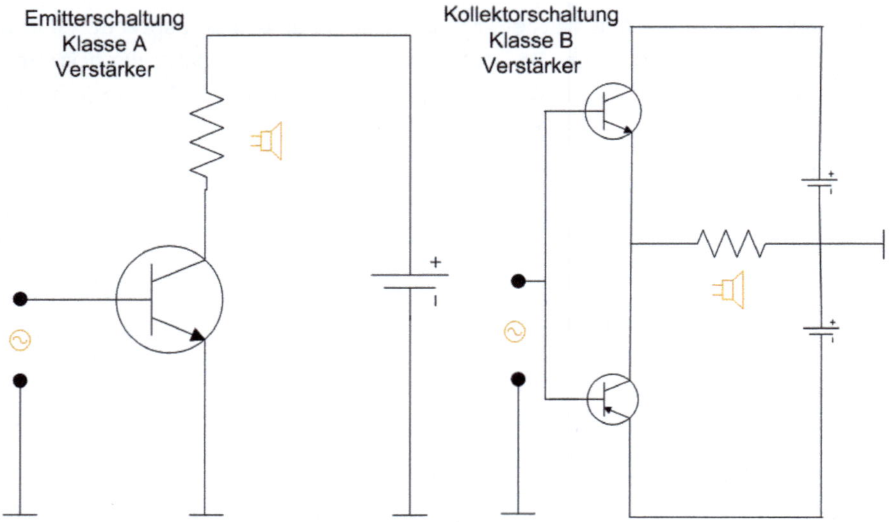

Bild 2.19 Einfache Verstärkerschaltungen

2.5.2 Klasse B

Bei Klasse-B-Verstärkern liegt der Arbeitspunkt an der Reststromgrenze, d. h. im Leerlauf ohne Eingangssignal fließt nur ein vernachlässigbar kleiner (Kollektor-) Strom. Der Verstärker arbeitet erst, wenn ein Eingangssignal bestimmter Größe anliegt. Der Vorteil dabei ist der erreichbare höhere Wirkungsgrad (ca. 60 %). Der Nachteil besteht in der Verstärkung nur einer Halbwelle mit jedem Transistor. Man benötigt also zwei Transistoren für einen Gegentaktbetrieb, um abwechselnd je eine Halbwelle zu verstärken. Nachteilig sind aber auch die Übernahme-Verzerrungen in der Umgebung des Nulldurchganges. Diese können durch den AB-Betrieb vermieden werden. Das heißt, dass der AB-Betrieb eine Mischform zwischen dem B-Betrieb (kein Ruhestrom) und dem A-Betrieb (halber Maximalstrom als Ruhestrom) ist. Im Mischbetrieb wird der Ruhestrom geringfügig erhöht, um den entsprechenden Wirkungsgrad zu erzielen. Im NF-Bereich gibt es bereits Schaltkreise, die bis zu einer Leistung von 150 W arbeiten.

2.5.3 Klasse AB

Verstärker mit AB-Betrieb haben eine geringe Vorspannung und damit einen geringen Ruhestrom, ähnlich wie der A-Verstärker. Die in Komplementärschaltung angeordneten Transistoren steuern in den Emitterkreisen direkt den Lautsprecher an. Die

AB-Schaltung zeichnet sich durch eine gute Linearität und einen Wirkungsgrad bis 60 % aus. Die Klasse der AB Verstärker wird relativ häufig eingesetzt.

2.5.4 Klasse D

Klasse D Verstärker können auch Breitbandverstärker (10...500 Hz) für tiefe Frequenzen bei hohen Leistungen sein. Aber auch als Audioverstärker können Klasse D Verstärker eingesetzt werden, weil die Audioverstärker der Klasse A oder AB eine sehr hohe Verlustwärme erzeugen und vergleichsweise ineffizient sind. Aus diesem Grund strebt man die Verwendung von Klasse-D–Verstärkern an. Dabei werden die analogen Audiosignale in einem A/D-Wandler in digitale Signale gewandelt; diese werden pulsweitenmoduliert, verstärkt und in einem nachgeschalteten D/A-Wandler wieder in Analogsignale gewandelt. So lässt sich ein Wirkungsgrad zwischen 65...80 % oder sogar mehr als 90 % erzielen. Bisherige Nachteile hoher Verzerrungen (Klirrfaktor) konnten mit entsprechenden technischen Aufwand stark verringert werden. Man unterscheidet drei Abschnitte bei einem solchen Verstärker ohne A/D-Wandler:

1. Im ersten Abschnitt befindet sich der Eingang für das Audiosignal, ein (Dreiecks-) Signal-Generator (Trägersignal) und ein Komparator.
2. Die Schalt-Verstärkungsstufe im zweiten Abschnitt enthält einen Controller sowie die Transistoren (meist MOSFETs), um das vom Komparator kommende PWM-Signal zu verstärken.
3. Zuletzt findet man im dritten Abschnitt das Tiefpass-Filter, welcher das generierte Eingangssignal (Trägerfrequenz) herausfiltert.

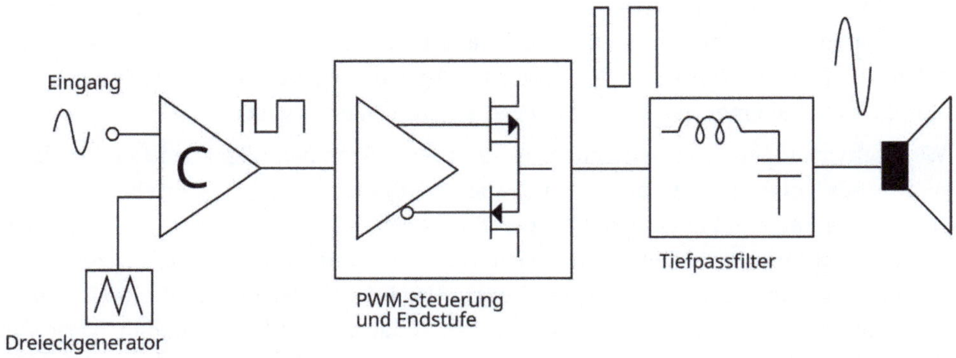

Bild 2.20 Blockschaltbild eines Klasse-D-Verstärkers

Die Klasse-D–Verstärker werden heute in portablen oder mobilen Anwendungen (z. B. Mobiltelefonen, tragbaren Audiogeräten) eingesetzt. Wegen des Wirkungsgrades und dem geringen Platzbedarf (als IC oder Verwendung kleiner Bauteile) eignet sich dieser Verstärkertyp besonders für solche Anwendungsfälle.

2.6 Bauformen von Lautsprechergehäusen

Die Wiedergabequalität hängt im Wesentlichen vom Lautsprecherchassis und der an ihn angepassten Bauform (Gehäuse) ab. Gehäuse (D'Appolito, 1999) sind erforderlich, um den akustischen Kurzschluss zu vermeiden. Bei Lautsprecherchassis ohne Gehäuse strahlt jede Membranseite ungerichtet Schall ab. Auf der Ebene der Membran findet ein Aufeinandertreffen der ungerichteten Schallanteile beider Membranseiten statt. Entsprechend den vorherrschenden Phasenlagen kann es zu unterschiedlichsten Interferenzerscheinungen (konstruktive und destruktive Interferenzen) kommen. Dieses bezeichnet man auch als akustischen Kurzschluss. Der Frequenzbereich dafür kann abgeschätzt werden mit dem Verhältnis aus der Weglänge zwischen den gegenphasigen Druckgebieten (näherungsweise durch Schallwandradius r und der Wellenlänge λ). Ist der Schallwandradius kleiner als ein Viertel der Wellenlänge, treffen die Schallanteile gegenphasig aufeinander, es kommt zum akustischen Kurzschluss (destruktive Interferenzen). Die **Kurzschlussfrequenz** kann abgeschätzt werden durch

$$f_{\mathrm{AKS}} = \frac{c}{4r} \tag{2.11}$$

Um den akustischen Kurzschluss zwischen Membranvorderseite und Membranrückseite zu beseitigen, wird ein Lautsprecherchassis in ein meist geschlossenes Gehäuse montiert. Die Lautsprechergehäuse können unterschiedlich in ihrer Form aufgebaut sein. Diese Unterschiede bei den Lautsprecherboxen (Klinger, 1973) führen zu Klangänderung und zu Unschärfen bei der Lokalisation. Integriert man beispielsweise in eine solche Lautsprecherbox einen Verstärker zur Ansteuerung der Lautsprecherchassis, so spricht man von einer Aktivbox – anderenfalls von einer Passivbox.

Wechselwirkungen zwischen Lautsprecherchassis (Schallwandler) und Gehäuse können durch **Thiele-Small-Parameter** (Tabel, 2010) erfasst und beschrieben werden. Diese Parameter geben Auskunft über das mechanische (schwingungsfähiges Feder-Masse-System) und elektrische Verhalten eines Lautsprecherchassis nahe seiner Resonanzfrequenz nach festgelegten Regeln (Heß, 2004). Hierzu wird ein Modell in Form eines Ersatzschaltbildes genutzt, aus dem dann die entsprechenden Werte für die Parameter, in Abhängigkeit von der Gehäusebauform, berechnet werden können.

Die wichtigsten Parameter in diesem Zusammenhang sind die Q-Parameter (Klinger, 1973) und die Resonanzfrequenz bzw. Freiluftresonanzfrequenz. Bei dieser Frequenz ist die Impedanz des Lautsprecherchassis am höchsten und es besteht eine Balance zwischen dem Gewicht der bewegten Masse (bspw. Membran mit Schwingspule) und der Gegenkraft (bspw. Sicke und Zentriereinheit) der Aufhängung. Bei niedriger Resonanzfrequenz ist der Lautsprecherchassis für die Tieftonwiedergabe geeignet.

Die Güteparameter *Q* (Dietze, 2009) beschreiben die elektrische und mechanische Güte des Lautsprecherchassis (Tabel, 2010). Im Einzelnen wird unterschieden zwischen der mechanischen Güte des Lautsprecherchassis (Quality mechanical speaker, Q_{ms}), der elektrischen Güte des Lautsprecherchassis (Quality electrical speaker, Q_{es}) und der Gesamtgüte des Chassis bzw. Gesamtdämpfung (Quality total speaker, Q_{ts}). Die Gesamtgüte (Gesamtdämpfung) wird aus Q_{ms} und Q_{es} berechnet. Q_{ms} ist meist ein großer Wert und abhängig von den Verlusten, die durch Sicke und Zentriereinheit als mechanische Bestandteile entstehen. Dagegen ist Q_{es} meist ein kleiner Wert, der für den Antrieb durch Spule und Magnet bestimmt wird.

Das akustische Volumen des Lautsprecherchassis wird mit V_{as} bezeichnet (Volume-acoustic-speaker). Das V_{as} wird auch Äquivalenzvolumen genannt. Es ist ein gedachtes Maß für das Luftvolumen, das der Membran durch Verdichtung der Luft hinter ihr entgegenwirkt, so wie die Rückstellkraft durch Sicke und Zentriereinheit.

Der Gleichstromwiderstand R_e ist ein fester Wert für den Widerstand bei Gleichstrom, der ca. 30 % geringer als die Nennimpedanz ist. Er ist der ohmsche Widerstand der Spule. Die Induktivität der Schwingspule wird mit L_e angegeben und ruft bei steigender Frequenz eine steigende Impedanz hervor. Mit dem Kraftfaktor *BL* wird die Kraft angegeben, die durch ein Ampere (Strom *I*) auf die Membran ausgeübt wird, wenn sie festgehalten werden würde. Je größer *BL* ist, umso kräftiger ist der Antrieb.

Die bewegte Masse m_{md} bestimmt sich aus den Massen der bewegten Teile, wie Membran, Sicke, Zentriereinheit, Abdeckkappe (Dustcap) und Spule. Die effektive bewegte Masse m_{ms} (Mass mechanic speaker) ergibt sich aus m_{md} und der zu bewegenden Luftmasse auf der Membran. Der Membranhub bzw. die maximale lineare Auslenkung der Membran wird mit X_{max} bezeichnet. X_{max} ist die Weglänge, die die Spule zurücklegen kann, ohne aus dem Magnetfeld herauszutreten. X_{max} entspricht ungefähr 1/2 (Schwingspulenhöhe – Polplattendicke). Eine Übersicht zu den Parametern gibt die Tabelle 2.2.

Tabelle 2.2 Thiele-Small-Parameter

Parameter	Bezeichnung
Mechanische Thiele-Small-Parameter	
m_{ms}	bewegte Membranmasse und mitschwingende Luftmasse
m_{mi}	mitschwingende Mediumsmasse
m_{md}	gesamte bewegte Masse der Membran
S_d	Membranfläche
X_{max}	maximale Auslenkung

Tabelle 2.2 Thiele-Small-Parameter (*Fortsetzung*)

Parameter	Bezeichnung
C_{ms}	mechanische Steifigkeit der mechanischen Aufhängung
R_{ms}	mechanischer Widerstand der Reibung der Membranaufhängung
f_{SA}	Freiluft-Resonanzfrequenz des Chassis
f_s	Resonanzfrequenz nicht eingebautes Chassis
f_c	Resonanzfrequenz mit eingebautem Lautsprecherchassis
L	Länge des Drahtes der Schwingspule im Magnetfeld des Luftspaltes
V_{as}	Volumen vom Lautsprechergehäuse mit gleicher akustischer Nachgiebigkeit der Membranaufhängung (Äquivalentvolumen)
V_b	erwartetes Gehäusevolumen mit eingebauten Lautsprecherchassis (Verschiebevolumen)
Q_{ms}	mechanische Güte bei Resonanzfrequenz (mech. Reibung Sicke und Zentrierung)
Akustische Thiele-Small-Parameter	
m_{AS}	akustische Membranmasse und mitschwingende Luftmasse
R_{AS}	akustischer Widerstand der Reibung der Membranaufhängung
C_{AS}	akustische Steifigkeit der Membranaufhängung
Elektrische Thiele-Small-Parameter	
R_{es}	reflektierter elektrischer Widerstand der Reibungsverluste der Membranaufhängung
R_x	Widerstand der Kabel bzw. Frequenzweichen
R_e	Gleichstromwiderstand der Spule
L_e	Induktivität der Spule
B	magnetische Flussdichte im Luftspalt
Bl	Kraftfaktor (Antriebsfaktor, Wandlerkonst.)
EBP	Efficiency Bandwith Product
η	Wirkungsgrad
Q_{es}	elektrische Güte bei Resonanzfrequenz (elektrische Dämpfung)
Q_e	wirksame Q_{es} eines Lautsprecherchassis
Q_{ts}	Gesamtgüte des Lautsprecherchassis bei Resonanzfrequenz (0,26...0,6...)

Zur Eignung eines Lautsprecherchassis für einen bestimmten Gehäusetyp (Tabelle 2.3) wird der Wert *EBP* (Efficiency Bandwith Product) berechnet mit

$$EBP = \frac{f_s}{Q_{ts}}$$

Tabelle 2.3 EBP zur Gehäusetypauswahl

EBP (Efficiency Bandwith Product)	Gehäusetyp
< 40	Transmission-Line-Gehäuse
≥ 40...80	geschlossenes Gehäuse
80...120	Bassreflexgehäuse
> 120	Hornkonstruktion
Quelle: *https://www.jobst-audio.de/tool/frequenzweiche/cb-gehaeuse-rechner*	

Aber auch mit der Gesamtgüte Q_{ts} kann die Auswahl der zu verwendenden Box als Basis herangezogen werden (Tabelle 2.4) mit

$$Q_{ts} = \frac{Q_{ms} Q_{es}}{Q_{ms} + Q_{es}}$$

Tabelle 2.4 Güteparameter Q_{ts} zur Auswahl von Lautsprecherchassis und Gehäusebauform

Bereich	Bemerkung
0 ≤ 0,4	Gehäuse mit Öffnung (Bassreflexgehäuse, Hornkonstruktion)
0,4 ≤ 0,7	geschlossene Gehäuse (Transmission-Line-Gehäuse)
0,7 ≤ 1	offene Gehäuse oder großvolumige Gehäuse (Dipole)

Ausgewählte Thiele-Small-Parameter in Abhängigkeit vom gewählten Modell für Lautsprecherchassis sind folgende:

Membranfläche mit 50 % Anteil der Sicke:

$$S_d = \{[(r_{Sicke} - r_{Membran})\, 0,5] + r_{Membran}\}^2 \pi$$

Membranfläche aus vorgegeben Parametern: $S_d = \frac{V_{as}}{\sqrt{c^2 C_{ms}}}$

Luftvolumen mit gleicher Federsteife der Membranaufhängung: $V_{as} = S_d^2 C_{ms} c^2$

Effektiver Membrandurchmesser: $D_d = 2\sqrt{\frac{S_d}{\pi}}$

Freiluftresonanzfrequenz (Resonanzfrequenz in nicht eingebautem Zustand):

$f_{SA} = \frac{1}{2\pi\sqrt{m_{ms}C_{ms}}}$

mit

$m_{ms} = m_{md} + m_{mi} = m_{md} + \left(0,394 \cdot (2 \cdot r_{Membran})^3\right)$ und $m_{md} = \frac{m}{\left(\frac{f_s}{f_{s\_neu}}\right)^2 - 1}$

Ermittlung von $f_{\_neu}$ durch Aufbringen einer Masse auf die Membran-Resonanzfrequenz:

$f_s = \frac{1}{2\pi\sqrt{m_{ms}C_{ms}}} = \frac{1}{2\pi}\sqrt{\frac{k}{m}}$

Zu beachten ist bei der Resonanzfrequenz, dass die Federkonstante k in die mechanische Steifigkeit (Nachgiebigkeit) umgerechnet wird mit $C_{ms} = \frac{1}{k} = \frac{1}{(2f_S)^2\, m_{ms}}$. Die Masse m kann durch die gesamte bewegte Masse beschrieben werden.

Effektive Bandbreite: $EBP = \frac{f_s}{Q_{es}}$

Verhältnisgleichung Resonanzfrequenzen und Qualitäten: $\frac{f_c}{f_s} = \frac{Q_{tc}}{Q_{ts}}$

Gehäusevolumen: $V_b = \frac{V_{as}}{\left(\frac{f_c^2}{f_s^2} - 1\right)} = \frac{V_{as}}{\alpha} = 11\, V_{as} Q_{ts}^{2,87}$ mit $\alpha = \left(\frac{Q_{tc}}{Q_{ts}}\right)^2 - 1$

Mechanische Güte: $Q_{ms} = \frac{1}{R_{ms}}\sqrt{\frac{m_{ms}}{C_{ms}}} = 2f_S \frac{m_{ms}}{C_{ms}}$

Mit diesem Parameter wird der Abklingvorgang beschrieben, sodass man bei hoher Dämpfung durch R_{ms} einen kleinen Gütewert erhält. Damit kann auch die sogenannte Dämpfungsrate bestimmt werden.

Elektrische Güte: $Q_{es} = \frac{R_e}{(Bl)^2}\sqrt{\frac{m_{ms}}{C_{ms}}}$

Wirksame Güte: $Q_e = \frac{Q_{es}(R_e + R_x)}{R_e}$

Masse: $m = \frac{m_{ms}}{m_b^2}$

Gesamtgüte: $Q_{ts} = \frac{Q_{ms}Q_{es}}{Q_{ms}+Q_{es}} = \frac{1}{Q_{es}} + \frac{1}{Q_{ms}}$

Abstimmfaktor: $A = \left(\frac{Q_{tc}}{Q_{ts}}\right)^2 - 1$

Einbaugüte: $Q_{tc} = Q_{ts}\sqrt{\frac{V_{as}}{V_b} + 1}$

Reflexrohrlänge: $l_{Rohr} = \frac{1176490\, S_{Rohr}}{39,4784\, F_b^2\, V_b} - 0,5\sqrt{S_{Rohr}}$

Resonanzfrequenz mit eingebautem Lautsprecherchassis: $f_c = f_s\left(\frac{Q_{tc}}{Q_{ts}}\right) = f_S\sqrt{\frac{V_{as}}{V_b} + 1}$

Helmholtz-Resonanzfrequenz: $f_b = \sqrt{\frac{3000\, S_{Rohr}}{V_b l_{Rohr} + V_b 0,846\sqrt{S_{Rohr}}}}$ bzw. auch genannt als Tuningfrequenz mit

$Q_{tc} < 0,7$, dann Faktor 0,75 (Faktor lt. Hogeschem Näherungsverfahren)

$Q_{tc} > 0,7$, dann Faktor 0,6
und daraus berechnet zu f_b = Faktor $f_c = 0,6 f_c$ etc.; Kraft $F = Bil$

Die Thiele-Small-Parameter[3)] lassen sich messtechnisch mithilfe zweier elektrischer Impedanzfrequenzgangmessungen bestimmen. Im ersten Fall wird das Lautsprecherchassis in einem Gehäuse mit bekanntem Volumen gemessen. Diese Methode ist sinnvoll, wenn das Lautsprecherchassis eine niedrige Resonanzfrequenz aufweist. Im zweiten Fall befindet sich das Lautsprecherchassis nicht in einem Gehäuse, seine Membran ist aber mit einem bestimmten Gewicht beschwert. Hierbei kann eine Verschiebung der Resonanzfrequenz zu tiefen Frequenz erfolgen, was bei der Messung beachtet werden muss. Für die Messung der Thiele-Small-Parameter gibt es schon entsprechende Software, sodass der Messverlauf in Abhängigkeit von der eingesetzten Software und dem eingesetzten Messgerät variieren kann. Im Folgenden sollen die Abläufe daher nur vereinfacht dargestellt werden.

Gehäuse mit bekanntem Volumen

Das bekannte Volumen des Gehäuses richtet sich nach der Größe des Lautsprecherchassis. Nach der Vorbereitung des Messsystems kann zunächst die Messung des Lautsprecherchassis erfolgen. Anschließend wird das Lautsprecherchassis im Gehäuse gemessen. Die Software weist dann die entsprechenden Parameter aus.

Masse auf die Membran des Lautsprecherchassis

Hier wird in Abhängigkeit von der Membranfläche eine Testmasse festgelegt. Dabei muss die Testmasse so beschaffen sein, dass eine Verschiebung der Resonanzfrequenz zwischen 20...50 % erreicht werden kann. Ist die Testmasse in etwa so groß wie die Membranmasse, so kann eine Verschiebung bzw. Senkung der Resonanzfrequenz von ca. 30 % erreicht werden. Auch hier wird nach der Kalibrierung des Messsystems das Lautsprecherchassis gemessen, um es dann mit der Testmasse auf der Membran noch einmal zu messen.

2.6.1 Geschlossene Gehäusebauform

Wird ein Lautsprecherchassis in eine geschlossene Gehäusebauform (Heß, 2004) verbaut, so verhindert das abgeschlossene Luftvolumen hinter der Membran den akustischen Kurzschluss. Die Wiedergabe tiefer Frequenzen kann so verbessert werden. Die schwingende Luftmasse wird größer, da es zu keinem Ausgleich mehr kommt. Der Parameter m_{ms} wird dadurch größer, die Resonanzfrequenz verringert sich, sodass die Güte steigt. Wird die Nachgiebigkeit der Luft im Gehäuse geringer, so ergibt sich eine zusätzliche Federwirkung durch die Luft im Gehäuse. Die in der Gehäusebauform eingeschlos-

---

[3] *https://de.wikipedia.org/wiki/Thiele-Small-Parameter*

sene Luft wirkt wie eine zusätzliche Federkraft auf die Membran. Die Federwirkungen von Gehäuse und Membranaufhängung addieren sich also, wobei die Resonanzfrequenz des Lautsprechersystems (Chassis und Gehäuse) steigt. Dies führt neben der Änderung der Resonanzfrequenz auch zur Veränderung der unteren Grenzfrequenz. Setzt man das Volumen der äquivalenten Luftfedersteife mit dem Gehäusevolumen ins Verhältnis, so erhält man $\alpha = \frac{V_{as}}{V_b}$. Mit diesem Wert kann dann beispielsweise die Einbaugüte berechnet werden mit $Q_{tc} = Q_{ts}\sqrt{\alpha + 1}$. Die Einbauresonanzfrequenz ist somit berechenbar zu $f_c = f_s\left(\frac{Q_{tc}}{Q_{ts}}\right) = f_{SA}\sqrt{\alpha + 1}$. Ist dann die Wellenlänge groß hinsichtlich der Gehäusebauform bzw. deren Außenmaßen, entsteht durch das Lautsprecherchassis eine kugelförmige Abstrahlcharakteristik. Diese kugelförmige Abstrahlcharakteristik resultiert aus der Verhinderung der rückwärtigen Schallabstrahlung des Lautsprecherchassis.

Neigt ein Gehäuse zu starken Resonanzen bzw. stehenden Wellen, so kann man dies durch das Einbringen von speziellem Füllmaterial (Glasfaserfließ, Schaumstoff, Filz oder verschiedenartige Wolle) verringern. Dabei erhöhen sich die bewegte Masse und das akustisch wirksame Volumen des Gehäuses. Die akustische Nachgiebigkeit bestimmt sich zu $C_{AB} = \frac{V_b}{c^2}$. Das Material zur akustischen Bedämpfung vergrößert die Dichte des Mediums im Gehäuse und verringert die Schallgeschwindigkeit im Gehäuse. Das Produkt aus der Dichte und der quadrierten Schallgeschwindigkeit soll bei einem Gehäuse mit Füllmaterial immer kleiner sein als bei einem Gehäuse ohne dieses. In einem Gehäuse mit Füllmaterial wird so das akustische Volumen vergrößert.

Beispielrechnung 1

Gegebene Chassis-Daten für das DYH-1530 sind in Tabelle 2.5 aufgeführt.

Mit der gegebenen Resonanzfrequenz $f_S = 35\,\text{Hz}$, $Q_{ts} = 1,63$ und $V_{as} = 270\,\text{l}$ soll die Resonanzfrequenz für das in ein geschlossenes Gehäuse eingebaute Chassis und die Einbaugüte berechnet werden. Dieses Chassis soll in ein Lautsprechergehäuse mit $V_b = 80\,\text{l}$ eingebaut werden. Somit kann man die Eigenresonanzfrequenz und die Güte bestimmen mit

$$f_c = f_s\sqrt{\frac{V_{as}}{V_b} + 1} = 35\,\text{Hz}\sqrt{\frac{270\,\text{l}}{80\,\text{l}} + 1} = 73,2\,\text{Hz}$$

$$Q_{tc} = Q_{ts}\sqrt{\frac{V_{as}}{V_b} + 1} = 1,63\sqrt{\frac{270\,\text{l}}{80\,\text{l}} + 1} = 3,41$$

Der Wert der Güte ist sehr groß (großvolumiges Gehäuse), was auf ein nicht so gutes Impulsverhalten schließen lässt. Sinnvoll ist das Vorschalten einer entsprechen Frequenzweiche. Dabei werden Gleichstromwiderstand der Spule und Gleichstromwiderstand des Chassis addiert.

Tabelle 2.5 Technische Daten für das DYH-1530

Parameter	Werte
Sinus	150 W
Max. Belastbarkeit (Musik)	250 W
Impedanz	4 Ω
Frequenzbereich	20...4000 Hz
Resonanzfrequenz	35 Hz
Schalldruck	88,6 dB
V_{AS}	270 l
Q_{TS}	1,63
Außen-/Korbdurchmesser	380 mm
Einbau-Durchmesser	350 mm
Einbau-Tiefe	130 mm
Gewicht	2910 g
Quelle: *https: //lautsprecher-technik.com/HiFi-Boxenbau/Lautwsprecher-Chassis/Tieftoener/Rockwood-DY-H.1530-15-zoll-4-Ohm-Ersatz-Lautsprecher.htmls?language=de* (abgerufen am 15.04.2025)	

Beispielrechnung 2

Sind aber die relativen Konstanten Schallgeschwindigkeit und Dichte der Luft neben den Werten für die Nachgiebigkeit der Membranaufhängung und der Membranfläche gegeben, so kann das Volumen wie folgt, bestimmt werden. Wenn die Federsteife der Luft (im Gehäuse eingeschlossenes Luftvolumen) und Federsteife der Membranaufhängung (Nachgiebigkeit) gleich sind mit:

$$V_{\mathrm{as}} = S_{\mathrm{d}}^2 C_{\mathrm{ms}} \varrho c^2 = \left(0,0143\mathrm{m}^2\right)^2 \cdot \left(0,00102\frac{\mathrm{m}}{\mathrm{N}}\right) \cdot 1,189\frac{\mathrm{kg}}{\mathrm{m}^3}\left(343\ \frac{\mathrm{m}}{\mathrm{s}}\right)^2$$

$$= 0,0292\ \mathrm{m}^3 \approx 29\ \mathrm{l}$$

$$m_{\mathrm{ms}} = m_{\mathrm{md}} + m_{\mathrm{mi}} = m_{\mathrm{md}} + \left(0,394 \cdot (2 \cdot r_{\mathrm{Membran}})^3\right)$$

$$= m_{\mathrm{md}} + 0,0015\ \mathrm{kg} = 0,0065\ \mathrm{kg}$$

$$f_{\mathrm{s}} = \frac{1}{2\pi\sqrt{C_{\mathrm{ms}} m_{\mathrm{md}}}} = \frac{1}{2\pi\sqrt{\frac{0,00102\ \mathrm{m}}{\mathrm{N}} 0,005\ \mathrm{kg}}} = 70,5\ \mathrm{Hz}$$

$$f_{\mathrm{c}} = f_{\mathrm{s}}\sqrt{\frac{V_{\mathrm{as}}}{V_{\mathrm{b}}} + 1} = 70,5\ \mathrm{Hz} \cdot \sqrt{\frac{0,0292\ \mathrm{m}^3}{0,01\ \mathrm{m}^3} + 1} \approx 140\ \mathrm{Hz}$$

$$f_c = f_s\sqrt{\frac{V_{as}}{V_b}+1} = 70{,}5\ \text{Hz}\cdot\sqrt{\frac{0{,}0292\ \text{m}^3}{0{,}01\ \text{m}^3}+1} \approx 140\ \text{Hz}$$

2.6.2 Gehäusebauform mit Öffnungen

Meist haben solche Gehäuse eine Öffnung, die nach dem Helmholtz-Resonator-Prinzip auf eine Resonanzfrequenz abgestimmt sind (Tabel, 2010). Gehäusebauformen mit mehreren Öffnungen werden ebenfalls hergestellt. Eine solche Gehäusebauform an deren Rückwand und/oder Seite sich mit Dämmmaterial bzw. akustischem Füllmaterial abgedeckte große Öffnungen befinden, enthalten sogenannte akustische Laufzeitglieder. Diese halboffene Gehäusebauform wird auch als Nierenlautsprecherchassis bezeichnet. Durch diese Öffnungen wird der Schall nach hinten gedämpft (Phasendrehung), aber nach vorn verstärkt. Dies führt zu einer ausgeprägten Richtwirkung.

2.6.3 Bassreflexgehäusebauform

Ein solches Bassreflexgehäuse besteht aus einem abgeschlossenen Luftvolumen V mit meist einer Öffnung (meist kreisrundes Loch mit Rohr der Länge l). Bei dieser Bauform (Bild 2.21 meist auch mit Dämpfungsmaterial) wird der durch das Lautsprecherchassis nach hinten abgegebene in der Phase gedrehte Schall für tiefere Frequenzen mit genutzt, sodass es bei Überlagerung zu einer Verstärkung kommt. So kann der nutzbare Frequenzbereich erweitert werden.

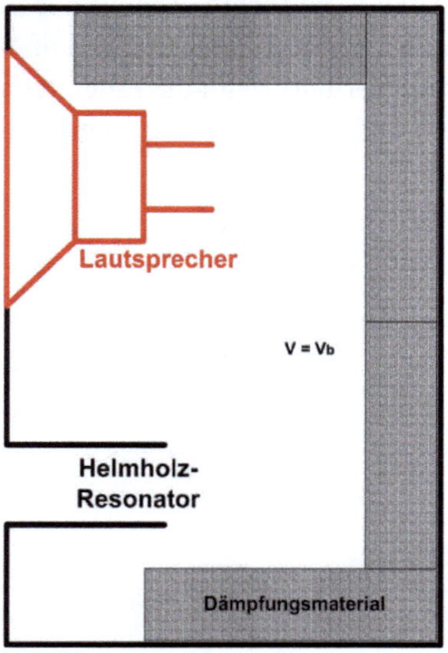

Bild 2.21
Bassreflexgehäusebauform

Aufgrund seiner Bauform gibt es eine Resonanzfrequenz (**Abstimmfrequenz f_b**), die sich aus der Fläche des Lochs S und den Abmessungen des Gehäuses V errechnen lässt:

$$f_b = f_{res} = \frac{c}{2\pi}\sqrt{\frac{S}{V(l + 2\Delta l)}} \tag{2.12}$$

mit der Mündungskorrektur Δl

$$\Delta l \approx \frac{\pi}{4}R$$

Durch die Rückwärtsbewegung der Membran wird das Luftvolumen zum Schwingen angeregt. Maximaler Schalldruckpegel wird so bei der Resonanzfrequenz erreicht. Liegt die Resonanzfrequenz unter der des Tieftonlautsprecherchassis, ist eine optimale Tieftonwiedergabe möglich. In Bassreflexgehäusebauformen werden für die Tieftonwiedergabe Helmholtz-Resonatoren verwendet. Allgemein, wie oben benannt, ist ein akustischer Resonator ein hohler Körper mit einer Öffnung. Die Luft in der Öffnung federt auf dem Luftpolster des Resonanzkörpers, das eine Federsteifigkeit darstellt, die vom Körpervolumen abhängt. Diese Federsteifigkeit nutzt man, um die Bassreflexbox abzustimmen. Als Resonanzkörper wird häufig ein Rohr verwendet, dessen Resonanzfrequenz so berechnet wird, dass die Tieftonwiedergabe verstärkt wird. Dabei ist die Berechnung ausschlaggebend, ob es zu Phasenauslöschungen kommt und der Wirkungsgrad entsprechend verändert wird.

Näherungsrechnung:

Gegebene Werte für diese Beispielrechnung (Näherung) einer Bassreflexgehäusebauform sind an ein reales Lautsprecherchassis angelehnt: $Q_{ts} = 0,37$, $f_s = 27$ Hz, $C_{ms} = 0,0014\ \frac{m}{N}$, $S_d = 0,0246\ m^2$.

Mit diesen Werten lassen sich die folgenden Berechnungen anstellen:

$$V_{as} = S_d^2 C_{ms} \varrho c^2 = \left(0,0246\ m^2\right)^2 \cdot \left(0,0014 \frac{m}{N}\right) \cdot 1,189\ \frac{kg}{m^3} \left(343\ \frac{m}{s}\right)^2$$

$$= 0,1185\ m^3 = 118,5\ l$$

$$V_b = 11\ V_{as} Q_{ts}^{2,87} = 11 * 118,5\ l \cdot 0,37^{2,87} = 75,13\ l \approx 75\ l$$

Durch das Einbringen von Absorptionsmaterial vergrößert sich das akustische Volumen, sodass prinzipiell das Gehäusevolumen bis zu 20 % reduziert werden kann. Nimmt man in der Beispielrechnung 10 % an, so ist $V_b = 67,5$ l.

$$f_c = f_s\sqrt{\frac{V_{as}}{V_b} + 1} = 27\ Hz \cdot \sqrt{\frac{118,5\ l}{67,5\ l} + 1} = 44,82\ Hz$$

$$Q_{tc} = Q_{ts}\sqrt{\frac{V_{as}}{V_b} + 1} = 0,37 * \sqrt{\frac{118,5\ l}{67,5\ l} + 1} = 0,6142$$

$$f_b = 0,60\, F_c\, (Q_{tc} > 0,7)$$

entfällt in der Betrachtung.

$$f_b = 0,75 F_c\, (Q_{tc} < 0,7) = 0,75 \cdot 44,82\ \text{Hz} = 33,615\ \text{Hz}$$

Die Werte für Q_{tc} und f_c bestimmt man genauso wie bei der geschlossenen Gehäusebauform. Für die Tunnellänge (kreisrundes Loch mit Rohr der Länge l in cm) kann die folgende Gleichung genutzt werden unter der Annahme von $r = 3$ cm ($d = 2r = 6$ cm) des Rohrradius:

$$l = \frac{10c^2r^2}{4\pi^2 f_b^2 V_b} - 0,5\sqrt{(r^2)} = \frac{10\ \left(343\ \frac{\text{m}}{\text{s}}\right)^2 \cdot 9\ \text{cm}^2}{4\pi^2 \cdot (67,5\ \text{l}) \cdot (33,615\ \text{Hz})^2} - 0,5\sqrt{\pi^2 \cdot 9\ \text{cm}^2}$$

$$= 6,343\ \text{cm}$$

2.6.4 Erweiterte Bassreflexgehäusebauform

Eine ähnliche oder erweiterte Bauweise zum Bassreflexgehäuse ist die Transmission-Line-Gehäusebauform. Sie hat eine ähnliche Wirkungsweise wie die Bassreflexgehäusebauform. Allerdings gibt es hier mehrere Resonanzfrequenzen wegen der Röhrenbauform. Die Resonanzfrequenz ist von der Rohrlänge und den Öffnungen im Gehäuse abhängig.

2.6.5 Bandpassgehäusebauform

Bei der Bandpassgehäusebauform befindet sich das Lautsprecherchassis immer im Inneren der Gehäusebauform (Subwoofer mit akustischem Tiefpassfilter, bspw. bis 150 Hz). Die Bandpassgehäusebauform ist eine Kombination aus geschlossener Gehäusebauform und Bassreflexgehäusebauform. In der klassischen Bauform aus Bild 2.21 wird die Abstimmfrequenz der Resonanzfrequenz des Lautsprecherchassis im geschlossenen Gehäuse gleichgesetzt mit $f_b = f_c$. Bei der Bandpassgehäusebauform sieht die Rückseite des Lautsprecherchassis immer auf eine geschlossene Wand. Für eine gute Abstimmung eines Bandpassgehäuses ist von großen Volumina auszugehen. Um zu einer ersten Abschätzung zu gelangen, sei auf die weiter unten folgenden Formeln verwiesen.

Nun gibt es bei der Bandpassgehäusebauform verschiedene Arten. Sie unterscheiden sich durch Anzahl und Anordnung der Öffnungen. Betrachtet man die einfachste Art (Bild 2.22), den geschlossenen Reflex-Bandpass, so befindet sich der Lautsprecherchassis im Inneren der Gehäuseform. Seine Rückseite befindet sich in einem geschlossenen Volumen V_r. Die Vorderseite des Lautsprecherchassis zeigt in ein Volumen V_f, das eine Öffnung besitzt. Diese Öffnung wird auch Reflexionskanal genannt.

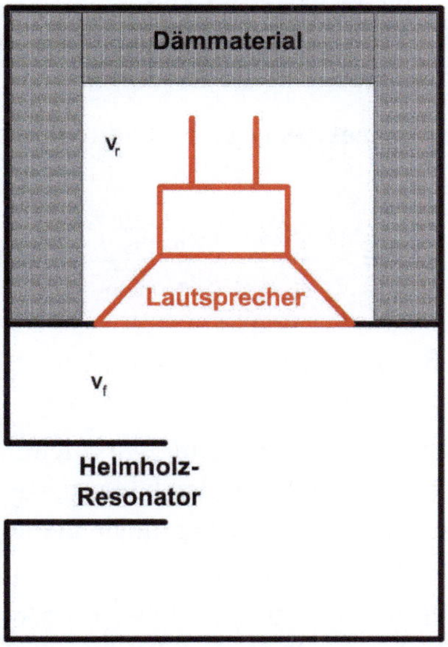

Bild 2.22
Bandpassgehäusebauform

Das Verhalten dieser Box entspricht dem eines Bandpasses, wobei die Wiedergabe der tiefen Töne von der Konstruktion des Resonanzraumes abhängt. Die Übertragungsbandbreite (Bandpass) geht von der unteren Grenzfrequenz f_u (untere –3-dB-Eckfrequenz) über die Mittenfrequenz f_m zur oberen Grenzfrequenz f_o (–3-dB-Eckfrequenz). Der Dämpfungsfaktor S (breit 0...1 schmal) hat einen Einfluss auf die Bandbreite. Wird der Dämpfungsfaktor klein gewählt, ist die Bandbreite groß, aber der Frequenzgang relativ uneben neben einem geringen Wirkungsgrad.

Möchte man eine solche Gehäuseform für ein bestimmtes Übertragungsverhalten eines Lautsprecherchassis mit den gegeben Werten Q_{ts} Gesamtgüte (Freiluftgüte) und V_{as} Äquivalentvolumen erstellen, benötigt man die Volumina. Das **Volumen der Vorderseite** mit einer Öffnung kann bestimmt werden zu:

$$V_f = (2 \cdot S \cdot Q_{ts})^2 \ V_{as} \tag{2.13}$$

Das **rückwärtige Volumen** bestimmt das Frequenzverhalten mit $Q_{tc} = Q_{ts}\sqrt{\frac{V_{as}}{V_b} + 1}$ und $V_b = 15\ V_{as} Q_{ts}^{2,87}$ oder $Q_{tc} = \frac{f_c}{f_S} Q_{ts}$ (Q_{tc} Einbaugüte > Q_{ts} Gesamtgüte) wesentlich mit

$$V_r = \frac{V_{as}}{\left(\left(\frac{Q_{tc}}{Q_{ts}}\right)^2 - 1\right)} \tag{2.14}$$

Die **Mittenfrequenz** der Bandpassgehäusebauform bestimmt sich nach Formel 2.15, und ist die Resonanzfrequenz des eingebauten Lautsprecherchassis (geschlossenes Volumen). f_s ist die Freiluftresonanzfrequenz des Lautsprecherchassis.

$$f_c = Q_{tc} \cdot \left(\frac{f_s}{Q_{ts}} \right) \quad (2.15)$$

Anschließend berechnet man die **Länge des Reflexrohres** bei gegeben Radius r des Rohres.

$$l_{Rohr} = \frac{30000\pi \cdot r^2}{V_f \cdot f_c^2} - 0,9\sqrt{\pi}\, r = \frac{94248 \cdot r^2}{V_f \cdot f_c^2} - 1,6r = \frac{168939\, S_{Rohr}\, Q_{ts}^{1,8}}{f_s^2 V_b - 0,88\sqrt{S_{Rohr}}} \quad (2.16)$$

Zur Veränderung des Übertragungsverhaltens der Bandpassgehäusebauform können der Dämpfungsfaktor S und die Einbaugüte Q_{tc} variiert werden.

Die Bandpassgehäusebauform wird im Wesentlichen zur Reduzierung von nichtlinearen Verzerrungen des Subwoofers, die bei großen Pegeln entstehen können, verwendet. Aber auch der Schalldruck kann mit einer solchen Gehäusebauform besser in einem bestimmten Frequenzbereich ausgenutzt werden. Strömungsgeräuschen, die durch das Reflexrohr entstehen können, kann mit einem entsprechend groß gewählten Radius für das Reflexrohr entgegengewirkt werden. Meist wird diese Gehäusebauform bei Zwei-Wege-Systemen verwendet.

2.6.6 Gehäuse für Mehrweglautsprechersysteme (Koaxialsysteme Geithain[4)])

Beim Gehäuse für Mehrweglautsprecherchassis, werden zwei, drei oder mehr Lautsprecherchassis in einem Lautsprechergehäuse zusammengebaut, um möglichst über den gesamten Hörfrequenzbereich (20...20 000 Hz) eine gleichmäßig gute Schallabstrahlung zu ermöglichen. Mit den Frequenzweichen pro Chassis wird die Übertragung pro Frequenzabschnitt des Hörfrequenzbereiches optimiert.

So könnte bei einem 3-Wege-System (Tabel, 2010) der Tieftöner den Frequenzbereich bis 200 Hz abdecken. Der Mitteltöner kann dann ab 200 Hz aktiv werden. Die dabei verwendeten Flankensteilheiten der Frequenzweichen sind meist bei 6 dB/Oktave und 12 dB/Oktave angegeben. Im Übergangsbereich der Trennfrequenzen (z. B. 200 Hz zwischen Tief- und Mitteltöner) kann es zu Phasenproblemen (destruktiven Interferenzen) kommen. Durch Veränderung der Anordnung der Chassis kann man dem entgegenwirken. Zum Beispiel durch Hintereinander- oder Ineinanderanordnung (Abstrahlung über gleiche akustische Achse) von Hochtöner und Tieftöner (Koaxiallautsprecherchassis) können die destruktiven Interferenzen minimiert werden.

---

[4] *https://www.me-geithain.de/de/koaxial-lautsprecher.html*

2.7 Aktive Lautsprechersysteme

Aktive Lautsprecherchassis sind Systeme, die aus einem Lautsprecherchassis (wie zuvor beschrieben), einem dazugehörigen Endverstärker und dem Gehäuse bestehen. Bei aktiven Mehrweglautsprecherboxen erhält jeder Übertragungszweig (Hoch-, Mitten- und Tieftöner) einen separaten Verstärker. Man kann dann auch die analogen Filter je Übertragungszweig durch aktive oder digitale Filter ersetzen, sodass der Verstärkerausgang direkt mit dem Lautsprecherchassis verbunden werden kann. Mit der aktiven Variante kann das Filter dann auch beispielsweise den Frequenzgang entzerren. Viele weitere Möglichkeiten ergeben sich daraus. Das ein aktives Lautsprechersystem steuernde Element nennt man auch **Lautsprechercontroller**, der wiederum aus einzelnen aktiven Bausteinen besteht (Bild 2.23). Der Aufbau eines solchen Lautsprechersystems kann in Abhängigkeit der in der Lautsprecherbox befindlichen Komponenten variieren. Die Eingänge in ein solches Lautsprechersystem in Bild 2.23 weisen einen analogen und einen digitalen Eingang, manchmal auch noch einen USB-Eingang auf. Beim analogen Eingang kann je nach Betriebsart zwischen symmetrischen und unsymmetrischen Eingangssignalen unterschieden bzw. umgeschaltet werden. Beim digitalen Eingang sind meist Schnittstellen in AES/EBU 3 oder SPDIF realisiert.

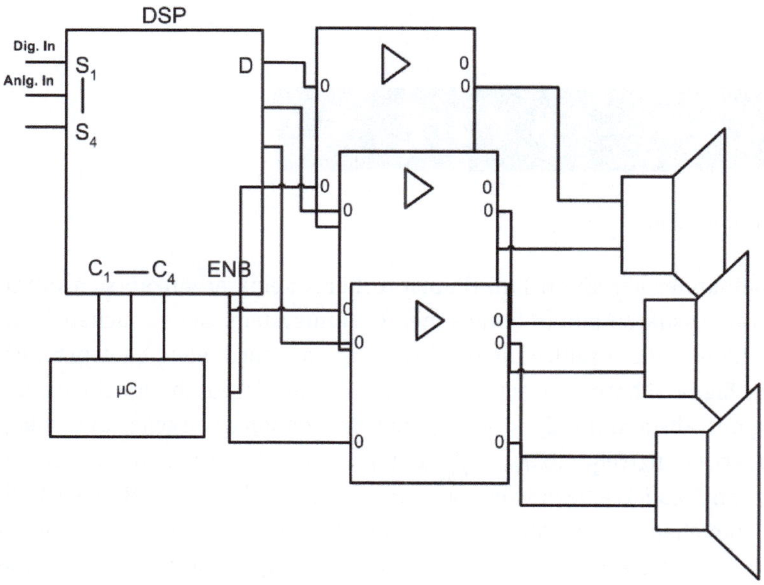

Bild 2.23 Prinzip eines aktiven Lautsprechersystems

Einfachstes und bekanntestes Beispiel einer aktiven Lautsprecherbox ist der aktive Subwoofer. Lautsprecherboxen, die kabellos arbeiten (Funkübertragung, Akkubetrieb) haben auch entsprechende Verstärker und sind damit aktiv.

2.8 Lautsprecherarrays

Die Beschallung großer Auditorien (z. B. Hörsäle) oder Freiflächen (z. B. Open-Air-Konzerte) erfordern hohe Schalldrücke für eine ausreichende Lautstärke, guten Klang und Sprachverständlichkeit (Santer, 2020). Ordnet man Einzellautsprecher über- als auch nebeneinander an, so handelt sich um ein **Lautsprecher-Cluster**. Bei den Lautsprecher-Clustern kommen Hornsysteme zum Einsatz, die sich optimal ausrichten lassen. Da Lautsprecher-Cluster eine Zusammenführung von Einzellautsprechern darstellen, können diese sehr vielfältig eingesetzt werden. So kann man einzelne Lautsprecher auch mit anderen Audiosignalen belegen (Hintergrundmusik). Zu beachten ist dabei aber immer, dass es bei der Schallaussendung von einem Signal über bspw. zwei Lautsprecherchassis in einem bestimmten Abstand zueinander zu Interferenzerscheinungen (konstruktiv oder destruktiv) kommen kann. Das kann zu einer Beeinträchtigung der Verständlichkeit führen – abhängig vom Frequenzbereich, in der die Interferenzen vorkommen. Ob man nun ein Linienarray oder ein Lautsprecher-Cluster einsetzt, ist im Wesentlichen von der Verbesserung des Abstrahlverhaltens (konstruktive Interferenz, akustische Kopplung) zur Beschallung großer Auditorien abhängig (Holtmeyer, 2006). Werden einzelne Lautsprecherchassis (meist dynamische Lautsprecherchassis) entlang einer Geraden äquidistant angeordnet, so spricht man von einer Lautsprecherzeile (Bild 2.24).

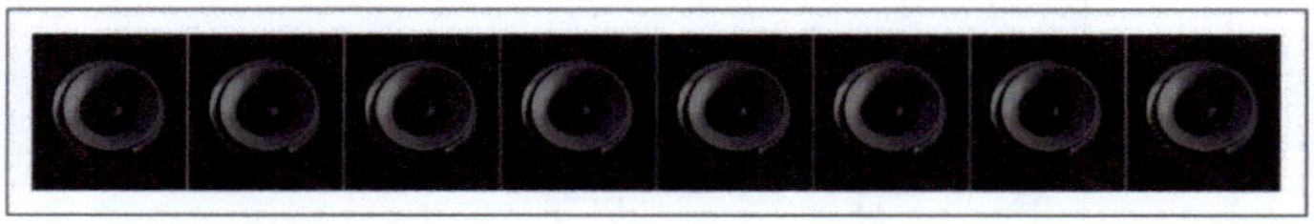

Bild 2.24 Lautsprecherzeile

Diese vertikal aneinander gereihten Einzellautsprechersysteme ergänzen sich durch ihre Abstrahlcharakteristik zu einem homogenen Gesamtsystem. Bei einfachen Lautsprecherzeilen erhalten alle äquidistant in einer Linie angeordneten Lautsprecherchassis das gleiche Signal (Phase und Pegel). Dabei ist bei der Linienschallquelle für die obige Darstellung der Abstand d_{Bl} $\left(d_{Bl} < \frac{\lambda}{2} = \frac{c}{2f}\right)$ der Breitbandlautsprecher ausschlaggebend für die untere Grenzfrequenz $f_{gu} = \frac{c}{2d_{Bl}}$. Ein möglicher Abstand in der Praxis bei der Verwendung von 3-Zoll-Treibern wäre ca. 8 cm und damit $f_{gu} = 4,3$ kHz. Oberhalb dieser Frequenz entstehen bei der Abstrahlung eine stärkere Bündelung und Nebenmaxima, womit keine interferenzfreie Kopplung der Einzelsysteme möglich ist. Eine solche Schallzeile ist gut für Sprachübertragungen geeignet.

Im Fernfeld verhält sich das Linienarray wie eine Punktquelle – im Nahfeld überwiegen die Eigenschaften (Richtungswirkung, zylindrisches Abstrahlverhalten) der einzelnen äquidistant angeordneten Lautsprecherchassis. Der Wechsel von der Zylinderwelle zur Punktwelle hat eine ungefähre Distanz von $d = \frac{l_{Array}^2 f}{2c}$, der den Übergang vom Nah- zum Fernfeld bestimmt und ist abhängig von der Frequenz und der Länge des Lautsprecherarrays. Im Nahfeld fällt für den Bereich der Zylinderwelle der Pegel idealerweise mit 3 dB pro Entfernungsverdopplung ab. Im Fernfeld (sphärisches bzw. kugelförmiges Abstrahlverhalten) findet die Pegelabnahme mit 6 dB je Abstandsverdoppelung statt und kann näherungsweise nach Formel 2.18 berechnet werden. Die **Länge einer Linienquelle** bei Aneinanderreihung von Lautsprecherchassis berechnet sich nach Formel 2.17.

$$l_{\text{Array}} = (n-1)\, d_{\text{LS}} \tag{2.17}$$

mit $d_{\text{LS}} \leq \frac{\lambda}{2}$

Moderne Line-Arrays werden aus einzelnen horizontalen Elementen senkrecht zusammengesetzt, die zumeist aus einer symmetrischen Anordnung von Tief-, Mittel- und Hochtöner aufgebaut sind. Damit lassen sich festdefinierte, horizontale Abstrahlwinkel zwischen 50° und 120° erreichen. Der Übergang vom Nah- zum Fernfeld eines Linienstrahlers lässt sich mit Formel 2.18 bestimmen

Näherung Abstand Nahfeld-Fernfeld-Übergang:

$$d_{\text{NFÜ}} = \overbrace{{}^{3}\!/\!_{2} f l^2_{\text{Array}} \sqrt{1 - \frac{1}{(3 f l_{\text{Array}})^2}}}^{\text{Formel nach Heil}} \approx \overbrace{\frac{l^2_{\text{Array}} f}{2c}}^{\text{Formel nach Ureda}} \tag{2.18}$$

mit f [kHz], l [m] und c $\left[\frac{\text{m}}{\text{s}}\right]$

Der erste Teil der Formel 2.18 ist eine Berechnungsformel nach Heil und der zweite Teil eine Näherungsformel nach Ureda. Das ausgedehnte Nahfeld der Linienarrays reicht weit in den Nutzbereich des Lautsprecherchassis hinein.

Bei einem geraden Line-Array wird der Frequenzgang mit wachsendem Abstand von der Quelle immer hochtonlastiger im Bereich der Hauptstrahlachse. Außerhalb der vertikalen Hauptstrahlachse wird der Frequenzgang tieftonlastiger. Der **Fernfeldabstand** kann abgeschätzt werden mit d_{Fern} aus Formel 2.19.

$$d_{\text{Fern}} = \frac{l^2_{\text{Array}} f}{2c} \tag{2.19}$$

mit l [m], f [Hz] und c $\left[\frac{\text{m}}{\text{s}}\right]$

Eine Linienquelle mit l_{Array} strahlt im Nahfeld eine Zylinderwelle ab, die dann im Fernfeld sich in eine sphärische Wellenfront wandelt. Dieser Übergang erfolgt in einer frequenzabhängigen Entfernung, somit ändert sich folglich auch der Frequenzgang eines solchen Systems mit der Entfernung. Die Wellenfront breitet sich im Fernfeld unter einem bestimmten Winkel aus. Dieser Winkel (6-dB-Öffnungswinkel Hauptmaximum für die vertikale Richtcharakteristik) ist auch von der Frequenz und von der Länge des Line-Arrays abhängig. Der vertikale **Öffnungswinkel** mit dem Übergang ins **Fernfeld** berechnet sich zu

$$\alpha_{-6\mathrm{dB}} = 2\sin^{-1}\left(\frac{1,9\,\lambda}{\pi\, l_{\mathrm{Array}}}\right) \approx 2\sin^{-1}\left(\frac{0,6}{3f\, l_{\mathrm{Array}}}\right) \tag{2.20}$$

mit λ [m] und l [m]

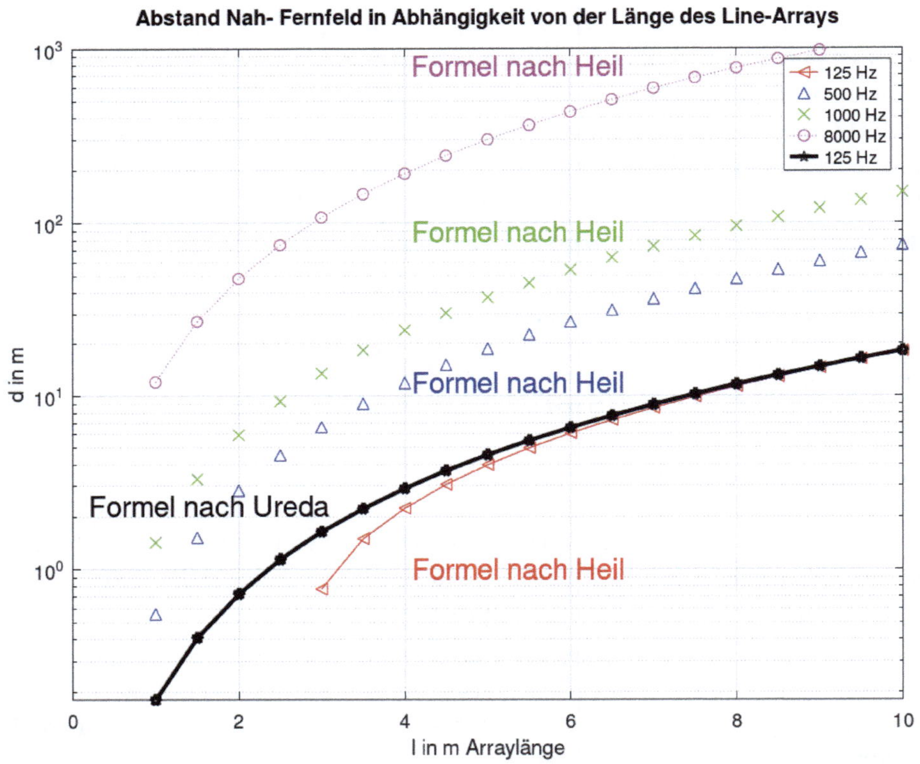

Bild 2.25 Nahfeld-Fernfeld-Übergang in der Abhängigkeit von der Länge des Line-Arrays

Moderne Line-Arrays werden in unterschiedlichen Ausführungen (Bändchenlautsprecherchassis, Hornlautsprecherchassis, 3-, 4-Wege-PA-System) realisiert und basieren auf der Wave Front Sculpture Technology. Sie zeichnen sich durch annähernd kohärentes Abstrahlverhalten über einen großen Frequenzbereich aus. Bei größeren Wellenlängen und damit tieferen Frequenzen wird dies durch einfache Aneinanderreihung der Lautsprecher erreicht. Problematisch ist die Abstrahlung der höheren Frequenzen durch herkömmliche Hochtontreiber. Um ebenfalls eine zylinderwellenförmige Abstrahlung zu erreichen, werden spezielle Waveformer eingesetzt, die aus einer sphärischen Wellenfront eine ebene Welle erzeugen. Dazu haben die Hersteller verschiedene Ansätze realisiert. Beim Koerzitiv-Waveguide wird ein Kompressionstreiber mit einem langen Horn und kleinen Schallaustrittsschlitzen eingesetzt, womit geringe Laufzeitunterschiede erreicht werden. In weiteren Varianten wird der vom Hochtontreiber erzeugte Schall durch verschiedene Luftkanäle unterschiedlicher Ausführung geführt, sodass an den Kanalausgängen die Schallanteile möglichst phasengleich abgestrahlt werden. So wird die Wellenfront geglättet und die Phasenverschiebung minimiert.

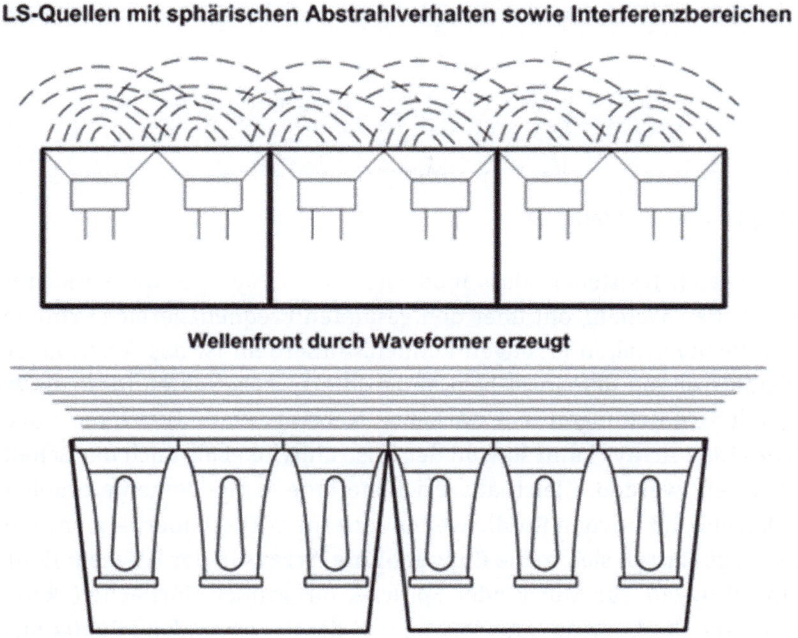

Bild 2.26 Array mit sechs Quellen – sphärische Abstrahlung (oben), kohärente Abstrahlung über Waveformer (unten)

Bild 2.26 zeigt rechts die Wirkung der Waveformer gegenüber der sphärischen Abstrahlung von Lautsprechern, die zu einer kohärenten Wellenfront (im Nahfeld) führt. Für Open-Air-Konzerte oder große Auditorien werden gecurvte **Line-Arrays** (sog. Banane, Bild 2.27) eingesetzt, die im oberen, geraden Teil mit größerer Intensität (intensity shading) für die weiter entfernten Bereiche betrieben werden. Außerdem kann mit ihnen ein speziell angepasstes Richtverhalten erzeugt werden. Die Baugrößen der Hochtöner haben sich stark reduziert bei gleichzeitiger Verbesserung des Abstrahlverhaltens für die Beschallung großer Flächen. So ermöglichen Line-Arrays aus kleineren Einheiten eine gute Skalierbarkeit. Durch die geringeren Baugrößen gibt es zusätzliche Potenziale bei Transport und Lagerung. Jedoch bedarf es einer sehr guten Planung bei der Verwendung von Line-Arrays. Dabei kommen heute Simulationsprogramme für die Beschallung mit den arrayspezifischen Daten zum Einsatz.

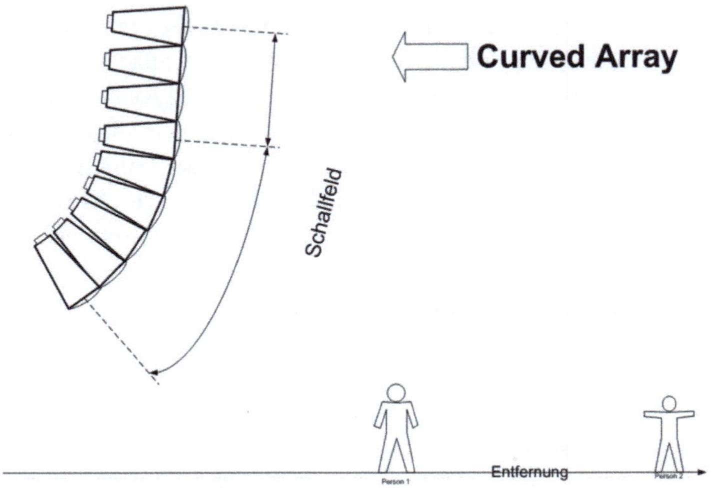

Bild 2.27 Curving-Line-Array (Banane)

Abschließend lässt sich feststellen, dass moderne Line-Arrays, die die Voraussetzung einer kohärenten Wellenfront über den gesamten Frequenzbereich erfüllen, ein skalierbares Richtverhalten erzeugen können. Außerdem ist das Abstrahlverhalten weitgehend frei von den sonst bekannten Interferenzeffekten (destruktive Interferenzen) mit Auslöschungen und störenden Nebenmaxima. Durch das Curving innerhalb des Line-Arrays kann sowohl der Abstrahlwinkel als auch der Schalldruckpegel eingestellt werden. Gleich ausgerichtete Line-Array-Elemente erhöhen den Schalldruckpegel und werden für die weiter entfernten Zuschauerbereiche eingesetzt. Besonders gut lassen sich so die **Curving-Line-Arrays** in der PA-Technik für Open-Air-Veranstaltungen, für Musik oder Sprache, mit großer Hörfläche (Skalierung über die Längen der Curving-Line-Arrays) und damit verbundene Publikumszahlen einsetzten. Jedes Lautsprecherelement eines Line Arrays zeichnet sich durch die starke Bündelung des Schalls in der Entfernung und einen wesentlich höheren Schalldruckpegel aus.

2.9 Anhang

Für das in Abschnitt 2.4.2 dargestellte Bild 2.12 ist ein Script-File erstellt worden. Damit lässt sich eine TP-Filterkurve erzeugen bzw. simulieren. Für eine kleine Simulation ist das Script-File nachfolgend ausführlich kommentiert. Um das einfache Scipt-File zu verändern, startet man den Editor in Octave und ruft mit edit TPFilt das Script-File auf. Anschließend erhält man den Inhalt des Script-Files.

```
%--------------------------------------------------------------------------
% GNU Octave-Anhang zum Kapitel Lautsprecher Punkt 2.4.2 Frequenzweichen
% für Lautsprecher
% Beispiel zum analogen Tiefpass-Filter für Lautsprecher
% Dateinamen: TPFilt.m
% Eingabedaten: Frequenzen
% Ausgabedaten: Dämpfungsfunktion des TP-Filters
% Autor: Dr.-Ing. Torsten Köhler
% Erstellungsdatum: 11.12.2023
% Variante für die einfache Erstellung eins m-Files
% GNU Octave 6.4.0
%__________________________________________________________________________
%{
KOMMENTAR:
Es erfolgt die Berechnung eines Kurvenverlaufs für einen analogen TP.
Eingabe- und Übergabewerte gibt es nicht. In diesem m-File wird an Hand
vorgegebener Werte der Dämpfungsverlauf der Formel errechnet und
grafisch dargestellt. Die Grafik wird als tif-Datei gespeichert, um sie
als Abbildung im Text verwenden zu können.
%}
%_________________________________________________________________________
clc;
%   Der Befehl dient zur Bereinigung des "Command Window" und ist sinnvoll
%   zur Erhaltung der Übersichtlichkeit für Ein- und Ausgabe bei
%   Funktionen.
clear all;
%   Dieser Befehl löscht alle Variablen, Variableninhalte und Funktionen
%   aus dem Speicher, damit eine Doppelvergabe von Namen vermieden wird.
disp('Tiefpassfilterfunktion');
%   Ausgabe eines Textes (Zeichenkette oder String zwischen zwei
%   Hochkommata) auf dem Bildschirm (Display - disp)
frequenzen=20:100:20000;
%   Erzeugen eines Vectors mit der Schrittweite von 100 - Stützstellen bzw.
%   Frequenzen von 20 Hz....20 kHz
disp('Grenzfrequenz 200 Hz');
%   Ausgabe eines Textes als Hinweis darauf, dass das TP-Filter mit der
%   Grenzfrequenz von 200 Hz bestimmt wurde. Diesen Wert findet man dann
%   auch in der Grafik wieder.
fg=ones(1,length(frequenzen))*200;
%   Erzeugen von Einsen, die mit dem Wert der Grenzfrequenz multipliziert
%   werden, um in der Darstellung vertikale Markierungen zu erhalten.
a=20*log10(1./(sqrt((1+((frequenzen*0.0032*2*pi)./4).^2))));
%   Berechnung der Dämpfungswerte mit den vorgegeben Frequenzen als
%   Stützstellen mit der Dämpfungsfunktion (Kapitel 2.4.2).
h=figure(1);
%   Zuordnung der Graphik
semilogx(fg,a,'r',frequenzen,a,'b--','LineWidth',1.5);grid on;
%   Erzeugen einer Grafik mit Gitternetzlinien und logarithmischer
%   Skaleneinteilung; mit semilogx oder mit loglog kann die Grafik visuell
%   anders dargestellt werden.
%   Die Beschriftung und Abschittsdarstellung eines bestimmten
%   Wertebereichs erfolgt nach dem plot-Befehl semilogx.
axis([0 2000 -40 0]);
%   Einschränkung des Darstellungsbereichs der Grafik durch Vorgabe
%   der jeweiligen Minima und Maxima an den Axen der Grafik
%   Die Beschriftung erfolgt nach dem plot-Befehl
```

```
xlabel('Frequenz in Hz');
%   Bezeichnung der x-Achse der Grafik mit "Frequenz in Hz"
ylabel('a in dB');
%   Bezeichnung der y-Achse der Grafik mit "a in dB"
title('Dämpfung in Abhängigkeit der Ferquenz');
%   Titel  bzw. Überschrift der Grafik
text(210,-3,' \leftarrow 3 dB Eckfrequenz');
%   Erzeugung eines Textes "3 dB Eckfrequenz" mit Pfeil innerhalb
%   der Grafik
text(210,-25,' \leftarrow Grenzfrequenz','EdgeColor','red');
%   Erzeugung eines Textes "Grenzfrequenz" mit Pfeil innerhalb der Grafik
%   Schreibt einen Text an die Position x,y in die Grafik und rahmt diesen
pause ('on');
%   Aktivierung der Pausenfunktion
pause (10);
%   Pause von 10s
pause ('off');
%   Deaktivierung der Pausenfunktion
saveas(h,'C:\scanpaperport\TPkurve','tif');
%   Speichert ein Grafikobjekt h in der Datei TPkurve.tif bei
%   entsprechender Pfad-Angabe im Verzeichnis testem.
close(h);
%   Schließt das Grafikfenster
clc;
%   Der Befehl dient zur Bereinigung des "Command Window" und ist sinnvoll
%   zur Erhaltung der Übersichtlichkeit für Ein- und Ausgabe bei
%   Funktionen.
Tiefpassfilterfunktion
Grenzfrequenz 200 Hz
warning: Non-positive limit for logarithmic axis ignored
```

Weiterhin ist für das in Abschnitt 2.4.2 dargestellte Bild 2.14 ein ähnliches Script-File erstellt worden. Damit lässt sich eine HP-Filterkurve erzeugen bzw. simulieren. Für eine kleine Simulation ist das Script-File nachfolgend ausführlich kommentiert. HP-Filter werden in der Niederfrequenztechnik auch als Trittschall-, Bass- oder Low-Cut-Filter bezeichnet.

```
%-------------------------------------------------------------------------
% GNU Octave-Anhang zum Kapitel Lautsprecher Punkt 2.4.2 Frequenzweichen
% für Lautsprecher
% Beispiel zum analogen Hochpass-Filter für Lautsprecher
% Dateinamen: HPFilt.m
% Eingabedaten: Frequenzen
% Ausgabedaten: Dämpfungsfunktion des HP-Filters
% Autor: Dr.-Ing. Torsten Köhler
% Erstellungsdatum: 11.12.2023
% Variante für die einfache Erstellung eins m-Files
% GNU Octave 6.4.0
%_________________________________________________________________________
%{
KOMMENTAR:
Es erfolgt die Berechnung eines Kurvenverlaufs für einen analogen TP.
Eingabe- und Übergabewerte gibt es nicht. In diesem m-File wird an Hand
vorgegebener Werte der Dämpfungsverlauf der Formel errechnet und
```

```
grafisch dargestellt. Die Grafik wird als tif-Datei gespeichert, um sie
als Abbildung im Text verwenden zu können.
%}
%________________________________________________________________________
clc;
%  Der Befehl dient zur Bereinigung des "Command Window" und ist sinnvoll
%  zur Erhaltung der Übersichtlichkeit für Ein- und Ausgabe bei
%  Funktionen.
clear all;
%  Dieser Befehl löscht alle Variablen, Variableninhalte und Funktionen
%  aus dem Speicher, damit eine Doppelvergabe von Namen vermieden wird.
disp('Hochpassfilterfunktion');
%  Ausgabe eines Textes (Zeichenkette oder String zwischen zwei
%  Hochkommata) auf dem Bildschirm (Display - disp)
frequenzen=20:100:20000;
%  Erzeugen eines Vectors mit der Schrittweite von 100 - Stützstellen bzw.
%  Frequenzen von 20 Hz....20 kHz
disp('Grenzfrequenz 2 kHz');
%  Ausgabe eines Textes als Hinweis darauf, dass das HP-Filter mit der
%  Grenzfrequenz von 2 kHz bestimmt wurde. Diesen Wert findet man dann
%  auch in der Grafik wieder.
fg=ones(1,length(frequenzen))*2000;
%  Erzeugen von Einsen, die mit dem Wert der Grenzfrequenz multipliziert
%  werden, um in der Darstellung vertikale Markierungen zu erhalten.
a=20*log10(((0.00002*4).*(frequenzen*2*pi))./
(sqrt((1+(((4*0.00002).*(frequenzen*2*pi)).^2)))));
%  Berechnung der Dämpfungswerte mit den vorgegeben Frequenzen als
%  Stützstellen mit der Dämpfungsfunktion (Kapitel 2.4.2).
h=figure(1);
%  Zuordnung der Grafik
semilogx(fg,a,'r',frequenzen,a,'b--','LineWidth',1.5);grid on;
%  Erzeugen einer Grafik mit Gitternetzlinien und logarithmischer
%  Skaleneinteilung; mit semilogx oder mit loglog kann die Grafik visuell
%  anders dargestellt werden.
%  Die Beschriftung und Abschittsdarstellung eines bestimmten
%  Wertebereichs erfolgt nach dem plot-Befehl semilogx.
xlabel('Frequenz in Hz');
%  Bezeichnung der x-Achse der Grafik mit "Frequenz in Hz"
ylabel('a in dB');
%  Bezeichnung der y-Achse der Grafik mit "a in dB"
title('Dämpfung in Abhängigkeit der Frequenz (HP-Filterkurve)');
%  Titel  bzw. Überschrift der Grafik
text(100,-3,' 3 dB Eckfrequenz  \rightarrow');
%  Erzeugung eines Textes "3 dB Eckfrequenz" mit Pfeil innerhalb
%  der Grafik
text(2200,-25,' \leftarrow Grenzfrequenz','EdgeColor','red');
%  Erzeugung eines Textes "Grenzfrequenz" mit Pfeil innerhalb der Grafik
%  Schreibt einen Text an die Position x,y in die Grafik und rahmt diesen
pause ('on');
%  Aktivierung der Pausenfunktion
pause (10);
%  Pause von 10s
pause ('off');
%  Deaktivierung der Pausenfunktion
saveas(h,'C:\scanpaperport\HPkurve','tif');
%  Speichert ein Grafikobjekt h in der Datei HPkurve.tif bei
%  entsprechender Pfad-Angabe im Verzeichnis testem.
```

```
close(h);
%   Schließt das Grafikfenster
clc;
%   Der Befehl dient zur Bereinigung des "Command Window" und ist sinnvoll
%   zur Erhaltung der Übersichtlichkeit für Ein- und Ausgabe bei
%   Funktionen.
```

Folgend ein Script-File für einen Bandpass, der ebenfalls im genannten Abschnitt betrachtet wurde. (Beispiel für einen Bandpass 2. Ordnung; Bandpassfilter lt. Abschnitt 2.4.2)

```
%-----------------------------------------------------------------------
% GNU Octave-Anhang zum Kapitel Lautsprecher Punkt 2.4.2 Frequenzweichen
% für Lautsprecher
% Beispiel zum analogen Bandpass-Filter für Lautsprecher
% Dateinamen: BPFilt2.m
% Eingabedaten: Frequenzen
% Ausgabedaten: Dämpfungsfunktion eines BP-Filters
% Autor: Dr.-Ing. Torsten Köhler
% Erstellungsdatum: 11.12.2023
% Variante für die einfache Erstellung eins m-Files
% GNU Octave 6.4.0
%_______________________________________________________________________
%{
KOMMENTAR:
Es erfolgt die Berechnung eines Kurvenverlaufs für einen analogen BP.
Eingabe- und Übergabewerte gibt es nicht. In diesem m-File wird durch
vorgegebene Werte der Dämpfungsverlauf an Hand der im Kapitel 2.4.2
berechneten Formel errechnet und grafisch dargestellt. Die Grafik wird als
tif-Datei gespeichert, um sie als Abbildung im Text verwenden zu können.
%}
%______________________________________________________________________
clc;
%   Der Befehl dient zur Bereinigung des "Command Window" und ist sinnvoll
%   zur Erhaltung der Übersichtlichkeit für Ein- und Ausgabe bei
%   Funktionen.
clear all;
%   Dieser Befehl löscht alle Variablen, Variableninhalte und Funktionen
%   aus dem Speicher, damit eine Doppelvergabe von Namen vermieden wird.
disp('zweite Bandpassfilterfunktion');
%   Ausgabe eines Textes als Zeichenkette oder String zwischen zwei
%   Hochkommata auf dem Bildschirm (Display - disp)
frequenzen=1:10:30000;
%   Erzeugen der Werte(Stützstellen bzw. Frequenzwerte), mit deren Hilfe
%   die Däpfungsfunktion berechnet werden soll.
disp('Grenzfrequenz 1 kHz');
%   Ausgabe eines Textes als Hinweis darauf, dass das BP-Filter mit der
%   Grenzfrequenz von 1 kHz bestimmt wurde. Diesen Wert findet man dann
%   auch in der Grafik wieder.
fg=ones(1,length(frequenzen))*1000;
%   Erzeugen von Einsen, die mit dem Wert der jeweiligen Grenz- oder
%   Eckfrquenz multipliziert werden, um in der Darstellung vertikale
%   Markierungen zu erhalten.
fo=ones(1,length(frequenzen))*2620;
%   Erzeugen von Einsen, die mit dem Wert der jeweiligen Grenz- oder
%   Eckfrequenz multipliziert werden, um in der Darstellung vertikale
```

```
%   Markierungen zu erhalten.
fu=ones(1,length(frequenzen))*380;
%   Erzeugen von Einsen, die mit dem Wert der jeweiligen Grenz- oder
%   Eckfrequenz multipliziert werden, um in der Darstellung vertikale
%   Markierungen zu erhalten.
a=20*log10(1./(sqrt(((1./(2*pi*frequenzen*4*0.0000398))-(2*pi*frequenz
en*4*0.0000398)).^2)+9));
%   Berechnung der Dämpfungswerte mit den vorgegeben Frequenzen als
%   Stützstellen mit der im Kapitel 2.4.2 berechneten Dämpfungsfunktion.
h=figure(1);
%   Zuordnung der Grafik
semilogx(fu,a,'r',fo,a,'r',fg,a,'r',frequenzen,a,'b--','LineWidth',1.5);grid on;
%   Erzeugen einer Grafik mit Gitternetzlinien und logarithmischer
%   Skaleneinteilung; mit semilogx oder mit loglog kann die Grafik visuell
%   anders dargestellt werden.
%   Die Beschriftung und Abschittsdarstellung eines bestimmten
%   Wertebereichs erfolgt nach dem plot-Befehl semilogx.
axis([0,30000,-60,-18]);
%   Hier werden die Begrenzungen für die jeweiligen Achsen der Darstellung
%   gesetzt mit xmin xmax und ymin ymax.
xlabel('Frequenz in Hz');
% Bezeichnung der x-Achse der Grafik mit "Frequenz in Hz"
ylabel('a in dB');
%   Bezeichnung der y-Achse der Grafik mit "a in dB"
title('Dämpfung in Abhängigkeit der Frequenz (BP-Filterkurve 2)');
%   Titel  bzw. Überschrift der Grafik
text(40,-21.0,' fu 380 Hz  \rightarrow');
%   Der Text "fu 380 Hz" mit einem Pfeil wird an der Position x y
%   dargestellt.
text(2850,-21.0,' \leftarrow fo 2620 Hz  ');
%   Der Text "fo 260 Hz" mit einem Pfeil wird an der Position x y
%   dargestellt. (Schreibt einen Text an die Position x, y in die Grafik.)
text(1100,-40,' \leftarrow Mittenfrequenz','EdgeColor','red');
%   Erzeugung eines Textes "Mittenfrequenz" mit Pfeil innerhalb der
%   Grafik an der Position x y und rahmt diesen Text ein.
pause ('on');
%   Aktivierung der Pausenfunktion
pause (10);
%   Pause von 10s
pause ('off');
%   Deaktivierung der Pausenfunktion
saveas(h,'C:\scanpaperport\BPkurve2','tif');
%   Speichert ein Grafikobjekt h in der Datei BPkurve2.tif bei
%   entsprechender Pfad-Angabe im Verzeichnis testem.
close(h);
%   Schließt das Grafikfenster
clc;
%   Der Befehl dient zur Bereinigung des "Command Window" und ist sinnvoll
%   zur Erhaltung der Übersichtlichkeit für Ein- und Ausgabe bei
%   Funktionen.
```

Hier ein Script-File für einen FIR-Tiefpass, der in Abschnitt 2.4.4 betrachtet wurde.

```
%------------------------------------------------------------------------
% GNU Octave-Anhang zum Kapitel Lautsprecher Punkt 2.4.4 Beispielrechnung
% zu digitalen Filtern
% Beispiel FIR TP-Filter
```

```
% Dateinamen: firTP.m
% Ausgabedaten: FIR-Koeffizienten und Dämpfungsfunktion des FIR-TP-Filters
% Autor: Dr.-Ing. Torsten Köhler
% Erstellungsdatum: 11.12.2022
% Variante für die einfache Erstellung eins m-Files
% GNU Octave 6.4.0
%_______________________________________________________________________________
%{
KOMMENTAR:
Es erfolgt die Berechnung der FIR-Koeffizienten und daraus der Verlauf
des Frequenzganges der TP-Filters.
Eingabe- und Übergabewerte gibt es nicht. Die Grafik wird als tif-Datei
gespeichert, um sie als Abbildung im Text verwenden zu können.
%}
%______________________________________________________________________________
clc;
%   Der Befehl dient zur Bereinigung des "Command Window" und ist sinnvoll
%   zur Erhaltung der Übersichtlichkeit für Ein- und Ausgabe bei
%   Funktionen.
clear all;
%   Dieser Befehl löscht alle Variablen, Variableninhalte und Funktionen
%   aus dem Speicher, damit eine Doppelvergabe von Namen vermieden wird.
disp('FIR-Koeffitienteberechnung');
%   Ausgabe eines Textes (Zeichenkette oder String zwischen zwei
%   Hochkommata) auf dem Bildschirm (Display - disp)
fa=10000;
%   Abtastfrequenz in Hz
fg=200;
%   Grebzfrequenz vom TP (Wunschfunktion)
fG=fg/fa;
%   Normierte Frequenz
disp('fG=');fG
%   Ausgabe des Wetes der normierten Grenzfrequenz auf dem Display
N=60;
%   Anzahl der Stützstellen für das FIR-TP-Filter
n=0:1:N;
%   Zahlenfolge entsprechend der Vorgabe der Anzahl der Stützstellen, die
%   mit der Abtastzeit multipliziert die Zeiteinteilung in der Abbildung
%   ergibt.
hfir=2*fa*fG*sinc(2*pi*(n-(N/2))*fG);
%   Berechnung der Koeffiziente bzw. Impulsantwort des FIR-TP-Filters
h=figure(1);
%   Zuordnung der Grafik
plot(n,hfir,'*--');
%   Grafikausgabe
xlabel('Stützstellen der IR');
%   Bezeichnung der x-Achse der Grafik
ylabel('Ausgabe');
%   Bezeichnung der y-Achse der Grafik
title('FIR Koeffizienten bzw. Impulantwort des FIR-Filters');
%   Titel  bzw. Überschrift der Grafik
pause ('on');
%   Aktivierung der Pausenfunktion
pause (10);
%   Pause von 10s
```

```
pause ('off');
%   Deaktivierung der Pausenfunktion
saveas(h,'C:\scanpaperport\FIRTP-Koeff-t','tif');
%   Speichert ein Grafikobjekt h in der Datei FIRTP-Koeff-t.tif  bei
%   entsprechender Pfad-Angabe im Verzeichnis testem.
close(h);
%   Schließt das Grafikfenster
h=figure(2);
%   Zuordnung der Grafik
plot(abs(fft(hfir)));
%   Ausgabe der Grafik
xlabel('normierte Frequenz');
%   Bezeichnung der x-Achse der Grafik
ylabel('Ausgabe');
%   Bezeichnung der y-Achse der Grafik
title('Filterkurve des FIR-TP');
%   Titel  bzw. Überschrift der Grafik
pause ('on');
%   Aktivierung der Pausenfunktion
pause (10);
%   Pause von 10s
pause ('off');
%   Deaktivierung der Pausenfunktion
saveas(h,'C:\scanpaperport\FIRTP-HdB','tif');
%   Speichert ein Grafikobjekt h in der Datei FIRTP-HdB.tif bei
%   entsprechender Pfad-Angabe im Verzeichnis testem.
close(h);
%   Schließt das Grafikfenster
clc;
%   Der Befehl dient zur Bereinigung des "Command Window"
```

Folgend ein Script-File für eine Grafik, die den Nahfeld-Fernfeldübergang für Line-Arrays mit den Formeln nach Heil und Ureda grafisch darstellt:

```
%-----------------------------------------------------------------------
% GNU Octave-Anhang zum Kapitel Lautsprecher Punkt 2.8 Line-Arrays
% Beispiel für Nahfeld-Fernfeld-Übergang für unterschiedlich lange Arrays
% Dateinamen: dnfue.m
% Eingabedaten: Frequenzen; Länge
% Ausgabedaten: Grafik für den Übergang
% Autor: Dr.-Ing. Torsten Köhler
% Erstellungsdatum: 22.03.2024
% Variante für die einfache Erstellung eins m-Files
% GNU Octave 6.4.0
%_______________________________________________________________________
%{
KOMMENTAR:
Es erfolgt die Berechnung eines Kurvenverlaufs für unterschiedliche Längen
von Line-Arrays. Längenstufung in 0,5 m Schritten.
Eingabe- und Übergabewerte gibt es nicht. In diesem m-File wird an Hand
vorgegebener Werte der Verlauf mit gegebener der Formel errechnet und
grafisch dargestellt. Die Grafik wird als tif-Datei gespeichert, um sie
als Abbildung im Text verwenden zu können.
%}
%_______________________________________________________________________
```

```
clc;
%  Der Befehl dient zur Bereinigung des "Command Window" und ist sinnvoll
%  zur Erhaltung der Übersichtlichkeit für Ein- und Ausgabe bei
%  Funktionen.
clear all;
%  Dieser Befehl löscht alle Variablen, Variableninhalte und Funktionen
%  aus dem Speicher, damit eine Doppelvergabe von Namen vermieden wird.
disp('Uebergang von Nah- zu Fernfeld fuer L-Arrays unterschiedlicher Laenge');
%  Ausgabe eines Textes als Zeichenkette oder String zwischen zwei
%  Hochkommata auf dem Bildschirm (Display - disp)
f1=0.125;
f2=0.500;
f3=1;
f4=8;
%  Erzeugen der Werte(Stützstellen bzw. Frequenzwerte), mit deren Hilfe
%  die Däpfungsfunktion berechnet werden soll. Alle Frequenzen in kHz
%  ist für die Formel nach Heil und nach Ureda zu beachten !!!
disp(' Line-Array-Laengen 1m, 2m, 3m, 4m...10m');
%  Ausgabe eines Textes als Hinweis darauf, dass die Längen
%  vorgegeben sind. Diesen Wert findet man dann auch in der Grafik wieder.
l=1:0.5:10;
%  Erzeugen der vorgegeben Längen für die angenommenen Line-Arrays.
dnfue51=((l.^2*f1*1000)/(2*344));
%  vereinfachte Formel nach Ureda für 10 Längen Line-Array
dnfue1=real(1.5*f1*l.^2.*sqrt(1-(1./((3*f1.*l).^2))));
dnfue2=real(1.5*f2*l.^2.*sqrt(1-(1./((3*f2.*l).^2))));
dnfue3=real(1.5*f3*l.^2.*sqrt(1-(1./((3*f3.*l).^2))));
dnfue4=real(1.5*f4*l.^2.*sqrt(1-(1./((3*f4.*l).^2))));
%  Berechnung Nah-Fernfeldübergänge für 10 Längen nach der Formel von Heil
h=figure(1);
%  Zuordnung der Grafik
semilogy(l,dnfue1,'r-<',l,dnfue2,'b^',l,dnfue3,'gx-',l,dnfue4,'mo:',l,dnfue51,'k-
p','LineWidth',2.1);grid on;
%semilogy(l,dnfue51,'k-p','LineWidth',1.5);grid on;
%  Erzeugen einer Grafik mit Gitternetzlinien und logarithmischer
%  Skaleneinteilung; mit semilogy oder mit loglog kann die Grafik visuell
%  anders dargestellt werden.
%  Die Beschriftung und Abschittsdarstellung eines bestimmten
%  Wertebereichs erfolgt nach dem plot-Befehl semilogx.
xlabel('l in m Arraylänge');
%  Bezeichnung der x-Achse der Grafik mit "Frequenz in Hz"
ylabel('d in m');
%  Bezeichnung der y-Achse der Grafik mit "d in m"
title('Abstand Nah- Fernfeld in Abhängigkeit von der Länge des Line-Arrays');
%  Titel  bzw. Überschrift der Grafik
legend("125 Hz", "500 Hz","1000 Hz","8000 Hz","125 Hz");
%  Erzeugt eine Legende für die angenommene Längen der Arrays
ht=text(0.1, 2.3, " Formel nach Ureda ", "fontsize", 15);
set(ht, "color", "black");
ht=text(4, 1, " Formel nach Heil ", "fontsize", 15);
set(ht, "color", "red");
ht=text(4, 12, " Formel nach Heil ", "fontsize", 15);
set(ht, "color", "blue");
ht=text(4, 90, " Formel nach Heil ", "fontsize", 15);
set(ht, "color", "green");
ht=text(4, 800, " Formel nach Heil ", "fontsize", 15);
set(ht, "color", "magenta");
```

```
%   positionierter Text mit Farbe und Schriftgroesse in der Grafikflaeche
axis([0 10 0. 1000])
%   Begrenzung der Achsen der Darstellung
pause ('on');
%   Aktivierung der Pausenfunktion
pause (5);
%   Pause von 5s; Anschliessend wird, nach der Speicherung der Grafik als tif,
%   das Fenster für den Plot geschlossen.
pause ('off');
%   Deaktivierung der Pausenfunktion
saveas(h,'C:\scanpaperport\dnfue','tif');
%   Speichert ein Grafikobjekt h in der Datei BPkurve.tif bei
%   entsprechender Pfad-Angabe im Verzeichnis testem.
close(h);
%   Schließt das Grafikfenster
clc;
%   Der Befehl dient zur Bereinigung des "Command Window" und ist sinnvoll
%   zur Erhaltung der Übersichtlichkeit für Ein- und Ausgabe bei
%   Funktionen.
```

3 Beschallung

3.1 Allgemeines zur Beschallung

Beschallung ist immer die Wiedergabe (Schallabstrahlung) eines Schallereignisses mit einem meist regelbaren Schallpegel unter Berücksichtigung der Schallausbreitung. Die traditionelle Zielstellung der Beschallungstechnik (Weinzierl, 2009) ist die Schallverstärkung von Schallereignissen. Der Schallpegel kann größer sein, als er durch die Originalschallquelle erzeugt werden kann. Technische Qualitätskriterien sind dabei die Sprachverständlichkeit, die Hörsamkeit, die Lautstärke, der Übertragungsfrequenzgang, die Räumlichkeit und der Nachhall. Es gibt unterschiedliche Anwendungsfälle für Beschallungen, die sich grob durch die Beschallung im Freien über eine große Fläche oder in einem Raum charakterisieren lassen. Unterschiedlich sind auch die Aufbauten der Beschallungsanlagen in Abhängigkeit von der Darbietung. Bei der Bühnenmusikdarbietung eines Orchesters, bei der die Publikumsfläche zusätzlich mit einer elektroakustischen Beschallung versorgt wird, sind im Gegensatz zu einer „reinen" Beschallung von einem Tonträger unterschiedliche Maßnahmen bzw. Einstellungen zu treffen. In beiden Fällen wird die Beschallungsanlage für eine ausgeglichene Schallpegelversorgung und für eine ausgewogene gute Hörsamkeit im gesamten Publikums- und Aktionsbereich eingesetzt.

Weitere Anwendungen der Beschallung sind die Schaffung einer richtungs- und entfernungsgetreuen Lokalisation der Originalschallquellen, damit optische und akustische Perspektive übereinstimmen, aber auch die Nachhallverlängerung, der Ausgleich raumakustischer Unzulänglichkeiten etc.

Insgesamt muss bei der Beschallung immer auf die Gewährleistung einer hohen Klangqualität für Musik- und Sprachdarbietungen Wert gelegt werden (Holtmeyer, Simulation Beschallungsanlagen, 2007). Das beinhaltet die Vermeidung von beschallungstypischen Störungen wie Echos, Rückkopplungen, Kammfiltereffekte oder nichtlineare

Verzerrungen. Man unterscheidet hinsichtlich der Anwendung zwei Beschallungsanlagen. Einmal die Elektroakustische Anlage (ELA) und die Public-Adress-Anlage (PA-Anlage) (Kempf 2018). Die ELA ist optimiert auf Verständlichkeit und Reichweite für Informationsweitergabe besonders durch Sprache beispielsweise in Schulen, Auditorien, Mehrzweckhallen oder auf Bahnhöfen, die PA-Anlage dagegen auf Klang-Authentizität beispielsweise bei Konzert- und Livebeschallung im Freien. Unabhängig davon unterscheidet man bei der Beschallung folgende Varianten:

- zentrale/dezentrale,
- einkanalige/mehrkanalige,
- richtungsorientiert,
- selektiv unterstützend (Räumlichkeitserhöhung),
- speziell (Kinosäle, Konferenzräume, Informationsbeschallung in Foyers etc., Notfalldurchsagesysteme o. ä.).

Von den genannten Varianten sollen folgend einzelne näher betrachtet werden. Für Anlagen mit mehr als zwei Lautsprechergruppen, die an unterschiedlichen Orten aufgestellt bzw. eingebaut sind, muss eine Einmessung mit Time Alignment vorgenommen werden. Wegen der unterschiedlichen Abstrahlorte unterscheiden sich die Laufzeiten des Schalls von den einzelnen Lautsprechern zu einem gemeinsamen Punkt. Da der Schall mit einer den Umgebungsbedingungen (Temperatur, Wind) entsprechenden Schallgeschwindigkeit unterschiedlich lange Wegstrecken zurücklegt, ist eine Anpassung der Laufzeiten notwendig. Das erfolgt durch Laufzeit- oder Lautsprechercontroller mit dafür vorgegeben Prozeduren zur Bestimmung des Delays. Grob kann man die Laufzeiten mithilfe der Schallgeschwindigkeit und dem Abstand zwischen den Lautsprechergruppen abschätzen. Das ersetzt aber keine Messung, da mit einer Messung auch destruktive Interferenzen festgestellt werden können.

3.2 Beschallung im Freien

Bei der Beschallung im Freien handelt es sich um ein gerichtetes Schallfeld, das sich von der Quelle zum Empfänger quasi ungestört ausbreiten kann. Das heißt, eine ungestörte Ausbreitung erfolgt über die Luft, die idealerweise nicht absorbierend angenommen wird. Dabei nimmt der Pegel bei Abstandsverdopplung um 6 dB ab. Werden die Abstände sehr groß, so muss gerade bei hohen Frequenzen die Absorption der Luft mitberücksichtigt werden. Die bestimmt sich durch die innere Reibung der Luft-Moleküle, Wärmeleitung und der Relaxationszeit. Aber auch Streuung und Brechung durch Inhomogenitäten bei realen Gasen führen zu weiteren Pegelverlusten.

Bei der Beschallung großer Flächen spielt die **Schallgeschwindigkeit** c, die Geschwindigkeit, mit der sich der Schall durch die Luft ausbreitet, eine wesentliche Rolle. Nach der Herleitung im Anhang zu diesem Kapitel erhält man für die Schallgeschwindigkeit in Luft

$$c = \sqrt{RT\kappa}$$

mit dem Adiabatenexponent

$$\kappa = \frac{c_p}{c_V}$$

für Luft $\kappa = 1{,}402$ und

$$R = \frac{R_{\text{Luft}}}{M_{\text{Luft}}} = \frac{8,3144598\ \frac{\text{J}}{(\text{molK})}}{0,0289644\ \frac{\text{kg}}{\text{mol}}} = 286,7\ \frac{\text{J}}{\text{kgK}}$$

Somit ist erkennbar, dass die Schallgeschwindigkeit nur von der Lufttemperatur T abhängt – nicht von der Höhe, Luftdruck oder Amplitude.

Haben bei einer Inversionswetterlage Luftschichten unterschiedliche Temperaturen, so kommt es zur Schallbeugung. Liegt beispielsweise die kalte Luft am Boden und ist die warme Luft darüber, werden die Schallstrahlen zum Erdboden gebogen.

Nimmt man sich nun

$$c = \sqrt{RT\kappa}$$

weiter vor und setzt die Konstanten ein, so erhält man

$$c = \sqrt{286,7\frac{\text{J}}{\text{kgK}} \cdot T \cdot 1,402} = 20,0488\ \sqrt{T}\frac{\text{m}}{\text{s}\sqrt{\text{K}}}$$

Man beachte, dass

$$T = \vartheta + 273,15\ \text{K}$$

ist. Nun gibt es unterschiedliche Formeln zur Schallgeschwindigkeit, die aber immer aus

$$c = \sqrt{RT\kappa}$$

hervorgehen. Grundlage ist die Schallgeschwindigkeit bei $\vartheta = 0°\text{C}$. Es ergibt sich damit:

$$c = 20,0488\ \sqrt{T}\frac{\text{m}}{\text{s}\sqrt{\text{K}}}$$

mit

$$T = \vartheta + 273,15\ \text{K} = 0°\text{C} + 273,15\ \text{K} = 273,15\ \text{K}$$

$$c = 20,0488\ \sqrt{273,15\ \mathrm{K}}\frac{\mathrm{m}}{\mathrm{s}\sqrt{\mathrm{K}}} = 331,3515\ \frac{\mathrm{m}}{\mathrm{s}} = 1192,8654\ \frac{\mathrm{km}}{\mathrm{h}}$$

Erweitert man nun die Gleichung der Schallgeschwindigkeit

$$c = 20,0488\ \sqrt{\vartheta + T}\frac{\mathrm{m}}{\mathrm{s}\sqrt{\mathrm{K}}}$$

auf beiden Seiten mit dem Kehrwert der Schallgeschwindigkeit bei $\vartheta = 0°\mathrm{C}$ – also mit der Gleichung

$$c = 20,0488\ \sqrt{T}\frac{\mathrm{m}}{\mathrm{s}\sqrt{\mathrm{K}}}$$

dann erhält man:

$$\frac{c}{20,0488\ \sqrt{T}} = \frac{20,0488\ \sqrt{\vartheta + T}}{20,0488\ \sqrt{T}}$$

$$\frac{c}{20,0488\ \sqrt{T}} = \frac{\sqrt{\vartheta + T}}{\sqrt{T}} = \sqrt{\frac{\vartheta + T}{T}}$$

$$c = 20,0488\ \sqrt{T}\sqrt{\frac{\vartheta + T}{T}}$$

$$c = 20,0488\ \sqrt{273,15\ \mathrm{K}}\sqrt{\frac{\vartheta + T}{T}}$$

Schallgeschwindigkeit in Luft:

$$c = 331,3515\sqrt{\frac{\vartheta + T}{T}} \tag{3.1}$$

Oft findet man Näherungsgleichungen wie

$$c = 331,3515\ \sqrt{1 + 0,0037\ \vartheta}$$

Bei anderen wird der Wert 0,0037 auf 0,004 gerundet bzw. man rechnet auch mit

$$c = 331,3515 + (0,6\ \vartheta)$$

oder

$$c = 331,3515\sqrt{\frac{\vartheta + 273,15}{273,15}} = 331,3515\sqrt{1 + \frac{\vartheta}{273,15}}$$

All diese Näherungsgleichungen sind hinreichend genau (Bild 3.1).

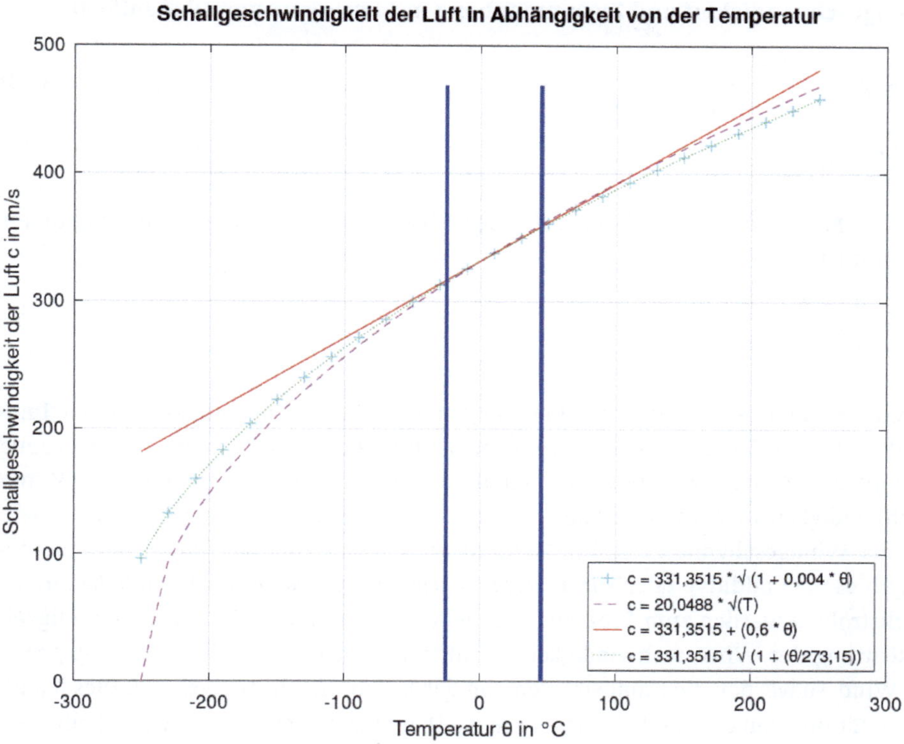

Bild 3.1 Luftschallgeschwindigkeit *c*

Bei den eben genannten Näherungsgleichungen wie bspw. Formel 3.1 ist zu beachten, dass der mathematische Ausdruck unter der Wurzel nicht negativ wird. Für die gebräuchlichen Temperaturwerte von –25...+45 °C stimmt Formel 3.1 als lineare Näherungsgleichung

$$c = 331,3515 + (0,6\,\vartheta)$$

Bei den üblichen Betrachtungen findet die Berücksichtigung der Luftfeuchtigkeit nicht statt. Sie wird vernachlässigt, da die Schallgeschwindigkeit mit steigender Luftfeuchtigkeit nur sehr gering zunimmt.

In Bild 3.1 ist die Temperaturabhängigkeit sichtbar. Das heißt, die geringe Temperatur in großer Höhe führt zu einer Abnahme der Schallgeschwindigkeit.

Vereinfachte Formel der Schallgeschwindigkeit in Luft:

$$c = 331,3515\,\sqrt{1 + 0,004\,\vartheta} \tag{3.2}$$

Weiterhin besteht der Zusammenhang der Schallgeschwindigkeit mit der Frequenz und der Wellenlänge wie folgt:

Schallgeschwindigkeit und Zusammenhang mit Frequenz und Wellenlänge:

$$c = f\,\lambda = \frac{\mathrm{N}\,\lambda}{t} = \frac{\lambda}{T} \tag{3.3}$$

mit $t = \mathrm{N}T$

Die Anzahl N ist die Wiederholung der periodischen Funktion in der Periodendauer *T*. Damit ist

$$f = \frac{1}{T} = \frac{\mathrm{N}}{t}$$

Neben den eben genannten Zusammenhängen der Schallgeschwindigkeit mit der Temperatur, der Luftfeuchtigkeit, der Frequenz, kommt eine weitere durch die Bewegung der Luft, den Wind, dazu. Dieser ist ebenfalls zu berücksichtigen, denn wenn die Windgeschwindigkeit in größerer Höhe zunimmt, kommt es zur Überlagerung der Schall- und der Windgeschwindigkeit. Die Richtung entscheidet über das Vorzeichen und damit, ob es eine additive oder subtraktive Überlagerung beider Geschwindigkeiten ist. Schallstrahlen werden zum Erdboden hin gebrochen, wenn die Schallgeschwindigkeit in Richtung der Windgeschwindigkeit verläuft. Erfolgt eine Schallausbreitung gegen den Wind, so werden die Schallstrahlen von der Erdoberfläche weggelenkt. Dies hat direkten Einfluss auf die Beschallung im Freien. Denn haben beide Geschwindigkeiten die gleiche Richtung, so wird die Reichweite des Schalls erhöht, im anderen Fall verringert.

In beiden Fällen jedoch muss die Qualität der Beschallung bzgl. der Sprache und des Klangs gewährleistet werden. Zur Bestimmung der Sprachqualität eignen sich bspw. folgende Verfahren. Sowohl die Silbenverständlichkeit als auch der Speech Transmission Index (STI) sind definierte Messverfahren zur Sprachverständlichkeit.

Um die Sprachverständlichkeit oder die Klangqualität einer ELA bzw. PA im Freien zu optimieren, kann eine Messung der Silbenverständlichkeit nach DIN 45621 hilfreich sein. Ausgewählten Zuhörern werden genormte Testsilben vorgespielt. Meist bewegt sich die Anzahl der Testsilben zwischen 5...10 oder gar 40...100. Die **Silbenverständlichkeit in %** wird nach Formel 3.4 (DIN 45621) bestimmt:

$$\frac{\text{Anzahl der richtigen Zuordnungen}}{\text{Gesamtzahl der Testsilben}}\,100\,\% \tag{3.4}$$

Alternativ zur Silbenverständlichkeit nach DIN 45621 eignet sich auch der **Speech Transmission Index** (STI) nach DIN EN 60268-16, der ebenfalls als ein Maß für die übertragende Qualität von Sprache zum Zuhörer herangezogen werden kann. Gerade in Räumen mit Beschallungsanlagen kann der STI (objektives Messverfahren für mehrere Messpunkte) durch Messungen ermittelt werden. Die STI-Werte liegen zwischen 0 (unverständlich) bis 1 (sehr gute Verständlichkeit). Für Räume mit Beschallungsanlagen sollten die STI-Werte zwischen 0,45...0,5 (EN 60849) oder höher liegen.

Tabelle 3.1 Bewertungszahlen für den STI

STI-Wert	Verständlichkeit
0...0,29	Unverständlich
0,3...0,44	Schwach
0,45...0,59	Angemessen
0,6...0,74	Gut
0,75...1,0	Ausgezeichnet

Davon abgeleitet kann der *CIS*-Wert (Common Intelligibility Scale) bestimmt werden mit

$$CIS = 1 + \log(\mathrm{STI})$$

Der STI wird über ein definiertes Messverfahren (VDE 0833-4) aus der Modulationsübertragungsfunktion berechnet. Dabei werden der Nachhall, Störgeräusche, Raumreflexionen und die Richtcharakteristik der Quelle aus 98 Einzelmessungen berücksichtigt.

Die menschliche Stimme (Sprechstimme) umfasst mit Obertönen einen Frequenzbereich von 80 Hz bis 12 kHz. Das Langzeitspektrum der menschlichen Sprache bewegt sich in einem festgelegten kleineren Frequenzbereich von 125 Hz bis 8 kHz. Dieses bildet die Basis für das Modell der menschlichen Sprache, da so ein wesentlicher Teil des Stimmspektrums durch sieben Frequenzgruppen abgedeckt wird. Sprachelemente, kurze oder lange Laute haben einen zeitlichen Verlauf. Kurze Explosivlaute (Phoneme, Konsonanten, Vokale) benötigen ein Zeitintervall von ca. 80 ms. Lange Phoneme können ein Zeitintervall von bis zu 1,6 s beanspruchen. Bei der Umrechnung ergeben sich dann „Phonemfrequenzen“ mit

$$f_{\mathrm{Phonem}} = \frac{1}{T} = \frac{1}{1,6\ \mathrm{s}} = 0,625\ \mathrm{Hz} \approx 0,63\ \mathrm{Hz}$$

bis

$$f_{\mathrm{Phonem}} = \frac{1}{T} = \frac{1}{0,08\ \mathrm{s}} = 12,5\ \mathrm{Hz}$$

Sprache lässt sich als Modell durch breitbandiges gewichtetes Oktavband-Rauschen von 125...8000 Hz (Tabelle 3.2), moduliert mit Phonemfrequenzen zwischen 0,625 Hz ≈

0,63...12,5 Hz (Tabelle 3.3) aufstellen. Die Phonemfrequenzen spiegeln die Pegeländerungen als Hüllkurve durch 14 Terzbänder wider.

Bei der Bestimmung des STI (Messung von einem Quellenpunkt Sprecher über einen ggf. künstlichen Mund zu einem Empfangspunkt Hörer) nimmt man also gewichtetes Oktavbandrauschen, wobei jedes Oktavband mit den Phonemfrequenzen der 14 Terzbänder jeweils amplitudenmoduliert (AM) wird. Insgesamt müssen dann $7 \cdot 14 = 98$ Einzelmessungen pro Messpunkt vorgenommen werden.

Das heißt, dass dieses Signal, das einem Sprachsignal entsprechen soll, über sieben Oktaven (Frequenzverhältnis 2:1 bzw. mathematisch

$$\frac{f_{\mathrm{o}}}{f_{\mathrm{u}}} = 2^1 = 2 = 2^n$$

bzw. zwischen 1 kHz und 2 kHz oder 4 kHz und 8 kHz liegt jeweils eine Oktave) von 125 Hz bis 8 kHz je mit 14 Phonemfrequenzen im Terzabstand (1/3 Oktave, Frequenzverhältnis 1:1,26 bzw.

$$\frac{f_{\mathrm{o}}}{f_{\mathrm{u}}} = \sqrt[3]{2} = 2^{\frac{1}{3}} = 1,2599 \approx 1,26$$

bzw. 10 Hz und 12,5 Hz oder 1 kHz und 1,25 kHz oder 2 kHz und 2,6 kHz liegt jeweils eine große Terz) moduliert wird.

Die sieben Oktavmittenfrequenzen

$$f_{\mathrm{m}} = \sqrt{f_{\mathrm{u}} f_{\mathrm{o}}}$$

haben eine bestimmte Bandbreite

$$B = f_{\mathrm{o}} - f_{\mathrm{u}}$$

die in Tabelle 3.2 neben der oberen und unteren Grenzfrequenz des jeweiligen Oktavbandes mit aufgeführt sind (Gewichtung DIN EN 60268-16).

Tabelle 3.2 Nennwerte für Oktavbänder für STI (IEC 61260-1:2014)

Mittenfrequenz Oktavband f_{m} [Hz]	125	250	500	1000	2000	4000	8000
Obere Grenzfrequenz $f_o = f_{\mathrm{m}}\sqrt{2}$ [Hz]	176,8	353,6	707.1	1414,2	2828,4	5656,9	11314
Untere Grenzfrequenz $f_{\mathrm{u}} = \frac{f_{\mathrm{m}}}{\sqrt{2}}$ [Hz]	88,4	176,8	353,6	707,1	1414,2	2828,4	5656,9
Bandbreite $B = f_{\mathrm{o}} - f_{\mathrm{u}}$ [Hz]	88,4	176,8	353,6	707,1	1414,2	2828,5	5657,1

Tabelle 3.3 Nennwerte für Terzbänder für STI (IEC 61260-1:2014)

Mittenfrequenz Terzband [Hz]	0,63	0,8	1	1,25	1,6	2	2,5	3,15	4	5	6,3	8	10	12,5
Obere Grenzfrequenz $f_o = f_m \sqrt{2^{\frac{1}{3}}} = f_m \sqrt{1,2599}$ [Hz]	0,71	0,89	1,12	1,41	1,78	2,24	2,82	3,55	4,47	5,63	7,08	8,91	11,2	14,1
Untere Grenzfrequenz [Hz]	0,56	0,71	0,89	1,12	1,41	1,78	2,24	2,82	3,55	4,47	5,63	7,08	8,91	11,2
Bandbreite $B = \left(\sqrt[6]{2} - \frac{1}{\sqrt[6]{2}}\right) f_m$ [Hz]	0,15	0,18	0,23	0,29	0,37	0,46	0,58	0,73	0,92	1,16	1,46	1,84	2,32	2,91

So werden für sieben Oktavbänder je 14 Modulationsfrequenzen (Terzbänder), also insgesamt 98 angenäherte Sprachsignale erzeugt. Über die **Modulationsübertragungsfunktion** bzw. Modulation Transfer Function (MTF) wird dann die Abnahme des Modulationsgrades berechnet mit

$$m\,(f_M) = \frac{1}{\sqrt{1 + (2\pi f_M (T/13,8))^2}} \cdot \frac{1}{1 + 10^{-\left(\frac{\frac{S}{N}}{10\,\text{dB}}\right)}}$$

Zur Berechnung der MTF wird das Verhältnis von Signal und Rauschen (Störsignal) in dB für jedes Oktavband bestimmt. Hinzu kommt die Modulationsfrequenz f_M in Hz (14 Terzen) und die Nachhallzeit T für jedes Oktavband. Aus den 98 Werten der MTF werden die simulierten **Signal-Störabstände** Y_n mit der Gleichung

$$Y_n = 10 \log \left(\frac{m_n}{1 - m_n}\right)$$

bestimmt. Diese Werte Y_n mittelt man über jedes Oktavband für alle 14 Modulationsfrequenzen derart

$$TI_{125...8000} = \frac{\overline{Y} + 15}{30}$$

So ergibt sich der Übertragungsindex *TI* für das jeweilige der sieben Oktavbänder für alle Modulationsfrequenzen. Die **Modulationsübertragungsindizes** erhält man durch Mittelung der 14 *TI* wie folgt:

$$MTI_n = \sum_n TI_n$$

Nun kann der *STI* bestimmt werden mit dem Oktav-Bewertungsfaktor α und dem Redundanzfaktor β (DIN EN 60268-16) zu:

$$STI = \sum_{n=1}^{7} \alpha_n MTI_n - \sum_{n=1}^{6} \beta_n \sqrt{MTI_n MTI_{n+1}}$$

Der *STI* lässt sich nach Schröder auch aus der zuvor gemessenen **Raumimpulsantwort** berechnen, was den Messaufwand deutlich reduziert. Das Verhältnis von Formel 3.5 aus der im Zähler stehenden fouriertransformierten quadrierten Raumimpulsantwort und der im Nenner stehenden quadrierten Raumimpulsantwort (Energie der RIA) ergibt die komplexe Modulationsübertragungsfunktion.

$$\underline{m}(f) = \frac{\int_0^\infty h^2(t)\, e^{-j2\pi f t} dt}{\int_0^\infty h^2(t)\, dt} \qquad (3.5)$$

Ein weiteres Messverfahren ist der **Speech Transmission Index for Public Adress** (STI-PA), das mit sieben Frequenzbändern und je zwei Modulationsfrequenzen pro Band arbeitet (DIN EN 60286-16). Ein weiter vereinfachtes Messverfahren ist das RASTI-Verfahren (Room Acoustics Speech Transmission Index), das nur zwei Oktavbänder und auch nur neun Modulationsfrequenzen verwendet. Jedoch ist das STI-PA-Verfahren genauer. Mit den heutigen Rechenleistungen stellt sich im Wesentlichen nicht mehr die Frage nach Vereinfachung.

Sprachverständlichkeit ist sowohl von der Qualität der Ansprache als auch vom Hörvermögen der Zuhörer abhängig, hat also auch eine subjektive Komponente.

Für den portablen Betrieb (Tourneebetrieb) sind die meisten Messverfahren für die Ermittlung entsprechender Akustikparameter zu zeitaufwendig. Man behilft sich dann mit der Messung von Schallpegel, Frequenz- und/oder Phasengangmessung. Das Einmessen eines Lautsprechersystems, das aus Lautsprechergruppen an unterschiedlichen Positionen im Freien besteht, ist gerade wegen des Time Alignment notwendig. Da sich die Lautsprechergruppen an unterschiedlichen Punkten im Freien befinden, gibt es unterschiedliche Abstrahlorte. Es entstehen so unterschiedliche Laufzeiten des Schalls, die von den einzelnen Lautsprechern bzw. Lautsprechergruppen zu einem gemeinsamen Punkt hin verlaufen. Bei konstanter Schallgeschwindigkeit trifft so der Schall bei unterschiedlichen Weglängen zu verschiedenen Zeiten an einem bestimmten Ortspunkt ein. Aus dem gespeicherten Pegel-Zeit-Verlauf können die Pegel an bestimmten Zeitpunkten analysiert werden. Durch die Einmessung kann die Pegelverteilung verbessert werden. Durch eine gezielte Ausrichtung der Lautsprecher bzw. Lautsprechergruppen auf das Publikum kann die Anlage energetisch optimiert betrieben werden. Denn bei der Beschallung von großen Freiflächen benötigt man hohe elektrische Leistungen. Gerade dabei ist u. U.

auch die Absorption der Luft zu berücksichtigen. Außerdem sollten Lautsprecher mit möglichst großem Wirkungsgrad und entsprechend zum Publikum strahlender Richtcharakteristik verwendet werden. Die Art der Beschallung kann zentral oder dezentral aufgebaut werden. Die Lautsprecher bzw. Lautsprechergruppen werden meist sehr hoch aufgestellt, sodass keine zu großen Schallpegel bei direkter Beschallung in der Nähe einer solchen Lautsprecherbox entstehen. Bei der dezentralen Beschallung ist auf die eben beschriebenen Laufzeiten zu achten, sodass Direktschall und weitere Schallanteile am Empfangsort nicht differieren.

Die Anforderungen an eine Beschallung sind für Musikdarbietungen am höchsten. So wird nur ein Klirrfaktor < als 3 % toleriert. Der Übertragungsbereich sollte mindestens zwischen 0,08…12 kHz liegen.

3.3 Beschallung in Räumen

In geschlossenen Räumen (Santer, 2020) bildet sich durch die auftretenden Wandreflexionen ein diffuses Schallfeld aus. Die akustischen Eigenschaften von Räumen (Kempf, 2018) werden im Wesentlichen durch Volumen, Oberfläche und dem Schallabsorptionsverhalten der begrenzenden Flächen bestimmt. In den geschlossenen Räumen wird das Schallfeld von einer Schallquelle in das Direkt- und Diffusfeld unterteilt. Das Direktfeld existiert praktisch nur in unmittelbarer Nähe der Quelle oder in speziell ausgebauten reflexionsarmen Räumen. Die geradlinige Schallausbreitung wird jedoch in Räumen durch Reflexionen an Wand, Decke, Boden oder anderen räumlichen Hindernissen beeinflusst. Bei der Umlenkung wird ein Teil der Schallenergie von der Reflexionsfläche frequenzabhängig absorbiert. Die Stärke der Reflexion ist damit ebenfalls frequenzabhängig und wird durch das Material der Reflexionsfläche bestimmt. Ein Maß hierfür ist der **Absorptionsgrad**. All die reflektierten Schallwellen überlagern sich zu einem Diffusschallfeld, sodass es im Idealfall zu einer richtungsunabhängigen, gleichmäßigen Schallenergieverteilung führt. Somit wird das akustische Signal linear verzerrt (Direktschall, Reflexionen, Nachhall, Raumresonanzen), es kommt zum Nachhall. Dieser kann durch raumakustische Veränderungen, wie dem Einbringen von Absorbern oder Diffusoren reduziert werden. Grundlage dafür ist die Nachhallzeit (DIN 18041), die unter Berücksichtigung des Absorptionsgrades abgeschätzt werden kann. An einer äquivalenten Absorptionsfläche (Absorptionsvermögen A) bspw. einer offenen Fensterfläche erfolgt keine Reflexion, sodass dort der Absorptionsgrad α den Wert 1 hat. Alle anderen Materialien werden in Bezug auf diesen Wert eingestuft und erreichen einen Absorptionsgrad der kleiner als der Absolutwert 1 ist.

Mit der **Nachhallzeit** T_N wird die Zeit definiert, in der die mittlere, eingeschwungene Energiedichte eines Schallfeldes in einem Raum nach dem Abschalten der Quelle um

60 dB und damit auf ein millionstel Teil der Anfangsenergiedichte gefallen ist. Bei der Herleitung der Nachhallformel wird die Schallabsorption der Luft vernachlässigt (Formel 3.6). Die Schallabsorption findet im Raum im Wesentlichen durch Reflexionen statt. Geht man von einer Energiedichte am Anfang von E_0 aus, so erhält man nach der ersten Reflexion die Energiedichte $E_0(1-\alpha)$. Nach n Reflexionen und der damit einhergehenden Zeit t verringert sich die Energiedichte zu $E_0(1-\alpha)^{nt}$. Mit einer durchschnittlichen Anzahl an Reflexionen im Raum (meist betrachtet man einen Raum in der geometrischen Form eines „Schuhkartons" bzw. Rechteckraums) mit $\mathrm{n} = \frac{A\,c}{4\,V}$ erhält man durch Einsetzen

$$E\,(t) = T = E_0\,(1-\alpha)^{\frac{A\,c\,t}{4\,V}} = E_0 e^{\frac{A\,c \ln(1-\alpha) t}{4\,V}}$$

Die Nachhallzeit ist die Zeit, in der die Energie auf 10^{-6} abfällt. Das kann dann mathematisch dargestellt werden als

$$\frac{E\,(T_N)}{E_0} = 10^{-6}$$

$$\frac{E_0 e^{\frac{A\,c \ln(1-\alpha) T_N}{4\,V}}}{E_0} = 10^{-6}$$

Nach T_{N} (Nachhallzeit) umgestellt erhält man dann:

$$T_{\mathrm{N}} = \frac{ln\left(10^{-6}\right)\,4\,V}{A\,c(1-\alpha)} = (-13,82)\,\frac{4\,V}{A\,c\,\,(1-\alpha)} = (-0,163)\frac{V}{A\,\,(1-\alpha)}$$

Näherungsweise setzt man für $ln(1\text{-}\alpha) \approx \alpha$ mit $\alpha \ll 1$. Man erhält dann die Sabinische Nachhallformel (Formel 3.6). Sie wird für die Bestimmung der Nachhallzeit für einfache Raumgeometrien, geringer mittlerer Absorption und großer Volumina verwendet.

Die äquivalente Schallabsorptionsfläche A wird durch Aufsummieren aller Teilflächen oder genauer noch mit der Hinzunahme der Schalldämpfung der Luft und der Energiedämpfungskonstante m berechnet (Formel 3.7).

Die Energiedämpfungskonstante ist von der Frequenz, der Temperatur und der Luftfeuchte abhängig und kann aus Tabellen nach Bazley oder ISO 9613 bzw. DIN EN 12354-6 entnommen werden. Die Berechnung der Energiedämpfungskonstante m der Luft erfolgt an Hand der Gleichung

$$m = 2,303 \cdot 10^{-4} \frac{\Delta L}{\frac{\mathrm{dB}}{\mathrm{km}}}\ \left[\mathrm{m}^{-1}\right]$$

Der Absorptionskoeffizient der Luft α_{L} kann nach ISO 9613 berechnet werden.

Der Wert 0,163 ist, wie in der Herleitung der Nachhallformel gezeigt, eine Konstante, die sich aus

$$k = \frac{4 \cdot \ln\left(10^{-6}\right)}{c} = \frac{-24 \cdot \ln 10}{c} = \frac{-24 \cdot \ln 10}{340\frac{\mathrm{m}}{\mathrm{s}}} \approx (-0,163)\frac{\mathrm{s}}{\mathrm{m}}$$

ergibt. Dabei wird die Schallgeschwindigkeit mit 340 m/s bei einer Temperatur von 14 °C berücksichtigt.

Nachhallzeit nach Sabine:

$$T_{\mathrm{N}} = \frac{kV}{\alpha S + (0,46\alpha_L)\,V} = \frac{(-0,163)V}{\alpha S + (0,46\alpha_{\mathrm{L}})\,V} \approx (-0,163)\frac{V}{A} = (-55,3)\frac{V}{A\;340\frac{\mathrm{m}}{\mathrm{s}}} \tag{3.6}$$

Äquivalente Schallabsorptionsfläche:

$$A \approx \alpha S = \sum_{\mathrm{n}} \alpha_{\mathrm{n}} S_{\mathrm{n}} \tag{3.7}$$

$$A = \sum_{\mathrm{n}} \alpha_{\mathrm{n}} S_{\mathrm{n}} + 4m \tag{3.8}$$

Die **Eyring'sche Nachhallformel** wird bei einer Absorption von $\alpha \geq 0{,}2...0{,}3$ im Raum verwendet mit

$$T_{\mathrm{N}} = \frac{0,163\ \mathrm{V}}{-\ln(1-\alpha_{\mathrm{ges}})S_{\mathrm{ges}} + 4mV} \tag{3.9}$$

und mit

$$\alpha_{\mathrm{ges}} = \frac{\sum \alpha S}{\sum S}$$

sowie

$$S_{\mathrm{ges}} = \sum S$$

Messtechnisch ermittelt man die Nachhallzeit zwischen –5 dB und –35 dB des Pegelabfalls und verdoppelt diesen Zeitabschnitt, da man häufig eine Messdynamik von 60 dB nicht erreichen kann (Störgeräusche).

Indirekt steckt über die Konstante k der Nachhallformel, die Schallgeschwindigkeit und damit eine Temperaturabhängigkeit in der Nachhallzeit.

Bild 3.2 zeigt den geringen Einfluss der Temperatur auf die Nachhallzeit am Beispiel von drei unterschiedlich gewählten Temperaturen. Deutlich dagegen ist der Einfluss der Absorption.

Eindeutig erkennbar ist, dass mit steigender Absorption ($\alpha = 0{,}1...1$, $\alpha > 0$) bzw. Absorptionsfläche, unter Beibehaltung, des Volumens, der Raumoberfläche die Nachallzeit abnimmt.

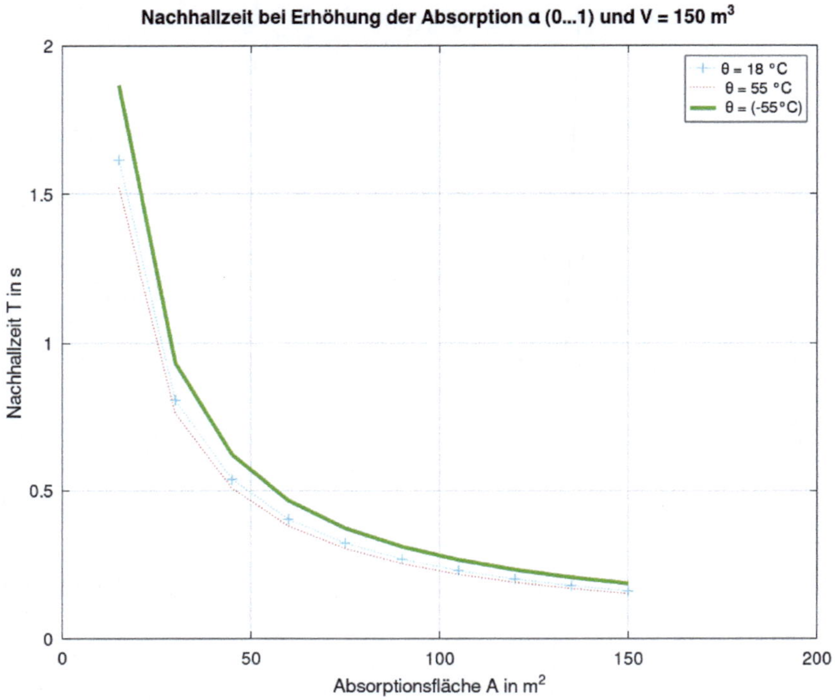

Bild 3.2 Nachhallzeit in Abhängigkeit von Temperatur und Absorptionsfläche

Zu beachten ist auch die Aussagekraft der Nachhallzeit oberhalb einer bestimmten Grenzfrequenz im Raum. Ein diffuses Schallfeld im Raum bildet sich beginnend mit der Schroederschen Grenzfrequenz

$$f_\mathrm{c} = 2000\sqrt{\frac{T_\mathrm{N}}{V}}$$

aus und ist abhängig von Raumvolumen und den Absorptionsflächen. Raumresonanzen (stehende Wellen), die störend wirken, treten meist unterhalb von f_c auf und verringern die Aussagekraft der Nachhallzeitmessung.

Der Bereich um die Schallquelle, in dem das Direktfeld überwiegt, wird durch den Hallradius vom Diffusfeld getrennt. Der Hallradius legt die Entfernung zur Schallquelle fest, an der Direktschall- und Diffusschallenergiedichte gleich groß sind. Da der Hallradius (Formel 3.10) eine reine Raumkonstante für Schallwandler mit Kugelcharakteristik darstellt, wird in der Beschallungstechnik für Schallstrahler mit Richtcharakteristik die Richtentfernung (effektiver Hallradius) bestimmt.

$$r_\mathrm{H} = 0{,}057\sqrt{\gamma}\sqrt{\frac{V}{T_\mathrm{N}}}$$

Dabei ist γ der Bündelungsgrad der Schallquelle.

Hallradius:

$$r_{\mathrm{H}} = \sqrt{\frac{A}{50}} = 0,057\sqrt{\frac{V}{T_{\mathrm{N}}}} \qquad (3.10)$$

Der zeitliche Aufbau und vor allem das Abklingen eines Schallsignals spielen in Räumen eine wichtige Rolle.

Im Vergleich zur Nachhallzeit kann aus dem Pegel-Zeit-Verlauf einer gemessenen Raumimpulsantwort eine wesentlich genauere Aussage über Hörposition, Raum und verwendete Schallstrahler getroffen werden. Das gilt im Besonderen für feste Installationen, die für die Wiedergabe von Musik und Sprache konzipiert sind. Hier werden Kriterien für den Raum bzw. Raumeigenschaften wie Deutlichkeit, Verständlichkeit und Durchsichtigkeit neben dem Time Alignment aufwendig bestimmt. Diese Maße der Raumeigenschaften dienen u. a. der Optimierung der Positionierung von Beschallung im Raum. Dabei beeinflusst der Nachhall die Räumlichkeitsmaße. So ist das Deutlichkeitsmaß auf das Auftreten von Nachhall bezogen. Erreicht man kein gutes Maß für die Deutlichkeit, kann das bei einer Beschallungssituation zu einem unscharfen Schalleindruck und zur Verringerung der Sprachverständlichkeit führen.

Berücksichtigt man das „Gesetz der 1. Wellenfront“ (engl. precendence effect), so bestimmt das zuerst eintreffende Signal die Wahrnehmung der Einfallsrichtung. Auch wenn ein verzögertes Signal einen bis zu 10 dB höheren Pegel hat und innerhalb von 30 ms beim Hörer eintrifft, wird die Lokalisation der ersten Wellenfront wahrgenommen. Erst bei ca. 50 ms tritt die Verwischungsschwelle auf. Unterhalb dieser Grenzen (50 ms bzw. ab 30 ms) werden zunächst Klangverfärbungen festgestellt.

Deutlichkeitsmaß:

$$C_{50} = 10\lg\left(\frac{\int_{0\mathrm{ms}}^{50\mathrm{ms}} p^2(t)dt}{\int_{50\mathrm{ms}}^{\infty} p^2(t)dt}\right) = 10\lg\left(\frac{E_{50}}{E_{\infty} - E_{50}}\right)\ [\mathrm{dB}] \qquad (3.11)$$

Das Deutlichkeitsmaß von 0 dB bedeutet, dass die Energie aus Direktschall und aller innerhalb 50 ms eintreffender Reflexionen genau so groß ist wie die Energie des verbleibenden Nachhalls. Der Bereich, in dem gute Sprachverständlichkeit gegeben ist, liegt zwischen –3 dB und 2 dB. Für Musik liegt eine gute Deutlichkeit in größeren Räumen zwischen 3 und 4 dB.

Die Durchsichtigkeit von Musik wird durch das Klarheitsmaß beschrieben. So liegt ein Klarheitsmaß in Konzertsälen zwischen 2 und 4 dB. Mit ca. 0 dB scheint der Hörer von der Musik umhüllt zu sein. Durch die Erhöhung des Klarheits- und Deutlichkeitsmaßes wird eine verbesserte Verständlichkeit erreicht. Bei größerer Nachhallzeit verringern sich beide Maße.

Klarheitsmaß:

$$C_{80} = 10\lg\left(\frac{\int\limits_{0\text{ms}}^{80\text{ms}} p^2(t)dt}{\int\limits_{80\text{ms}}^{\infty} p^2(t)dt}\right)\ [\text{dB}] \tag{3.12}$$

Für die Sprachverständlichkeit in Räumen ist der Artikulationsverlust gesprochener Konsonanten ein weiteres Maß für die raumakustischen Kriterien. Eine sehr gute Verständlichkeit ist nach den Untersuchungen von Peutz bei 10 % Artikulationsverlust gegeben. Dagegen ist eine Verständlichkeit bei mehr als 30 % nicht brauchbar. Bei größerer Nachhallzeit und Abstand r_{LH} Schallquelle-Hörer nimmt die Konsonantenverständlichkeit ab bzw. der Wert für den **Artikulationsverlust** nimmt zu. Dem kann durch gerichtete Schallstrahler entgegengewirkt werden, um die Verständlichkeit zu verbessern.

$$Al_{\text{cons}} = 0{,}652\,T\left(\frac{r_{\text{LH}}}{r_{\text{r}}}\right)^2 = 0{,}625\,T\left(\frac{\int\limits_{35\text{ ms}}^{\infty} p^2(t)dt}{\int\limits_{0\text{ ms}}^{35\text{ ms}} p^2(t)dt}\right) \tag{3.13}$$

in % mit

$$r_{\text{r}} \approx r_{\text{H}}\sqrt{\gamma}$$

Tabelle 3.4 Bewertung der Verständlichkeit

Raumakustischer Parameter mit Wertebereich	Bewertung des Parameterwertebereich
$Al_{\text{cons}} = 0\ldots3\,\%$	exzellente Verständlichkeit
$Al_{\text{cons}} = 3\ldots7\,\%$	gute Verständlichkeit
$Al_{\text{cons}} = 7\ldots10\,\%$	befriedigende Verständlichkeit
$Al_{\text{cons}} = 10\ldots15\,\%$	ausreichende Verständlichkeit
$Al_{\text{cons}} = 15\ldots30\,\%$	mangelhafte Verständlichkeit
$Al_{\text{cons}} > 30\,\%$	ungenügende Verständlichkeit

Das Einmessen eines Lautsprechersystems hinsichtlich des **Time Alignment** (Signalverzögerung und Optimierung der örtlich an unterschiedlichen Lautsprechern einer Beschallungsanlage abgegeben Signale bezogen auf die gegebenen Randbedingungen) ist nur notwendig, wenn die in größeren Räumen oder Hallen zur Beschallung eingesetzten Lautsprechersysteme aus mehreren Komponenten an verschieden entfernten

Positionen stehen. Wegen der unterschiedlichen Aufstellorte im Raum gibt es verteilte Abstrahlorte. Es entstehen so unterschiedliche Laufzeiten des Schalls, die von den einzelnen Lautsprechern bzw. Lautsprechergruppen zu einem gemeinsamen Punkt hin verlaufen. Bei konstanter Schallgeschwindigkeit trifft so der Schall bei unterschiedlichen Weglängen zu verschiedenen Zeiten an einem bestimmten Ortspunkt ein. Beim Einmessen ist auch auf Übertragungsfrequenzgang, Phasengang und Trennfrequenzen zu achten. Meist werden zum Einmessen Rauschsequenzen oder MLS-Folgen für die Anregung des Raums verwendet. Aus dem gespeicherten Pegel-Zeit-Verlauf können die Pegel an bestimmten Zeitpunkten analysiert werden. Durch die Einmessung kann nicht nur die Pegelverteilung im Raum, sondern vor allem das Verhältnis zwischen Direkt- und Diffusschall verbessert werden. Durch eine gezielte Ausrichtung der Lautsprecher bzw. Lautsprechergruppen auf das Publikum gelangt weniger Energie auf Decken und Wände. So kann die Anlage energetisch optimiert betrieben werden.

Zur Vermeidung von Raummoden bzw. stehender Wellen, permanenten Raumgeräuschen oder bestimmten Tönen im Raum, werden auch heute noch Absorber unterschiedlichster Bauformen eingesetzt. Sie tragen damit auch zu Verbesserung der Verständlichkeit und andere raumakustischer Parameter bei.

3.3.1 Lochabsorber

Meist werden in der Praxis Lochplattenabsorber (Resonanzabsorber nach dem Helmholtz'schen Prinzip (Neubauer, 2020)) verwendet, die an der Decke oder den Wänden angebracht werden. Der Aufbau eines solchen rechteckigen Absorbers mit der Fläche

$$A = l\,b$$

besteht aus einer Lochplatte der Dicke s, auf der entsprechend der zu absorbierenden Frequenz (relativ schmalbandige Absorption um die Resonanzfrequenz) Löcher mit einem Radius r, einer Lochoberfläche von

$$A_L = r^2\pi$$

in einem bestimmten Abstand a von der Wand eingebracht sind. Die Lochabstände sollen klein gegenüber der Wellenlänge sein. Aber auch andere Formen der Perforation, bspw. Schlitze, können für die Konstruktion eines Absorbers verwendet werden. Solche Lochplatten (mitteldichte Holzfaserplatte (MDF), Metallplatte oder auch Gipskarton o. ä.) werden dann in einem bestimmten Abstand D (i. d. R. $D = 50\ldots400$ mm) vor dem schallharten Hintergrund montiert. Zusätzlich kann in den Zwischenraum ein Dämmstoff (Luft, Mineralfaser, Glasfaser, Textilfaser, Schaumstoffe, Filze, etc.) hineingebracht werden (poröser Absorber), um so eine breitbandige Wirksamkeit zu unterstützen. Man unterscheidet zwischen Lochplattenabsorbern mit grober Perforation (Lochdurchmesser $d = 2\,r > 6$ mm mit meist großen Lochmittenabständen $a \geq 20$ mm und mikroperforierten Absorbern (MPA), Lochdurchmesser $d = 2\,r < 1\ldots2$ mm und Lochmittenabständen von $a \approx 2$ mm). MPA sind trotz der sehr kleinen Bohrungslöcher Feder-Masse-Systeme wie der Helmholtz'sche Resonanzabsorber. Gerade durch die sehr kleinen Bohrungen erreicht man eine hohe Dämpfung durch viskose Reibung der Luft, da die kleinen Bohrungen wie eine Masse und das dahinterliegende Luftpolster wie eine Feder wirken. Das Einsatzgebiet solcher MPA liegt zwischen 125 und 4000 Hz. Als Material für die MPA werden Folien o. ä. verwendet. In der folgenden Abbildung sieht man einen prinzipiellen Frequenzgang für eine Folie als MPA, die in einem Abstand von ca. 5 cm zur Wand (Reflexionsfläche) angebracht ist.

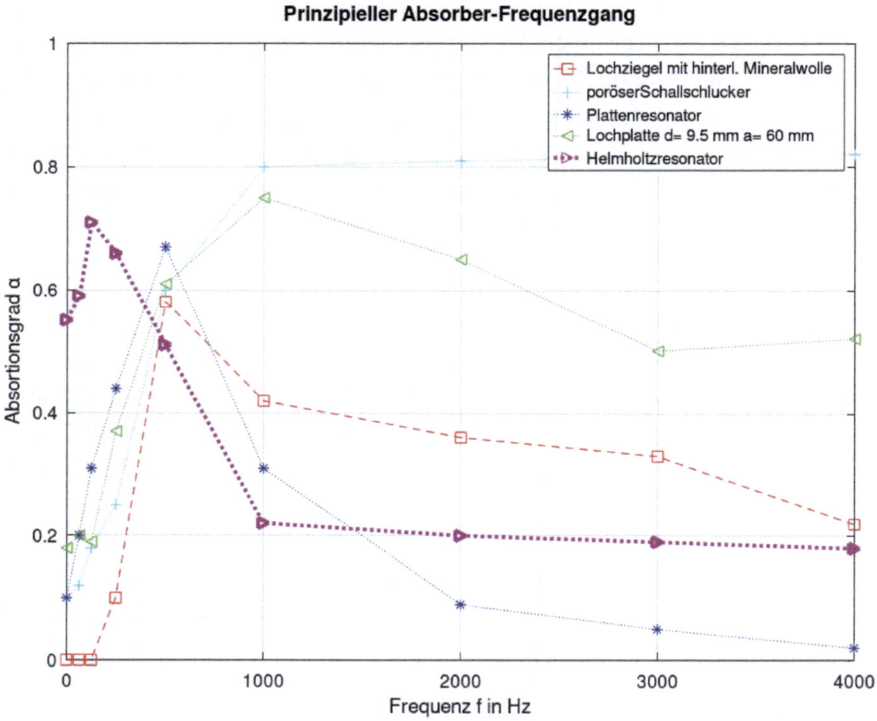

Bild 3.3 Frequenzgangverlauf eines MPA (Folie), eines porösen und Resonanzabsorbers (Datenquelle: *https://www.architektur.tu-darmstadt.de/fachbereich/index.de.jsp*)

Lochplattenabsorber bilden mit den Löchern nebeneinanderliegende, gekoppelte Helmholtzresonatoren mit der N-fachen Fläche (Bild 3.4)

$$A_\mathrm{L} = r^2\pi$$

die als Feder-Masse-System bei einer bestimmten Frequenz eine Resonanz aufweisen. Dabei kann zusätzlicher Dämmstoff unterschiedlich positioniert werden. Ohne zusätzlichen Dämmstoff verbleibt die Luft hinter der dichten Lochplatte. Ein solcher Absorber muss hinsichtlich seines Aufbaus luftdicht abschließen, da sonst nicht das Prinzip des Helmholtzresonators realisierbar ist.

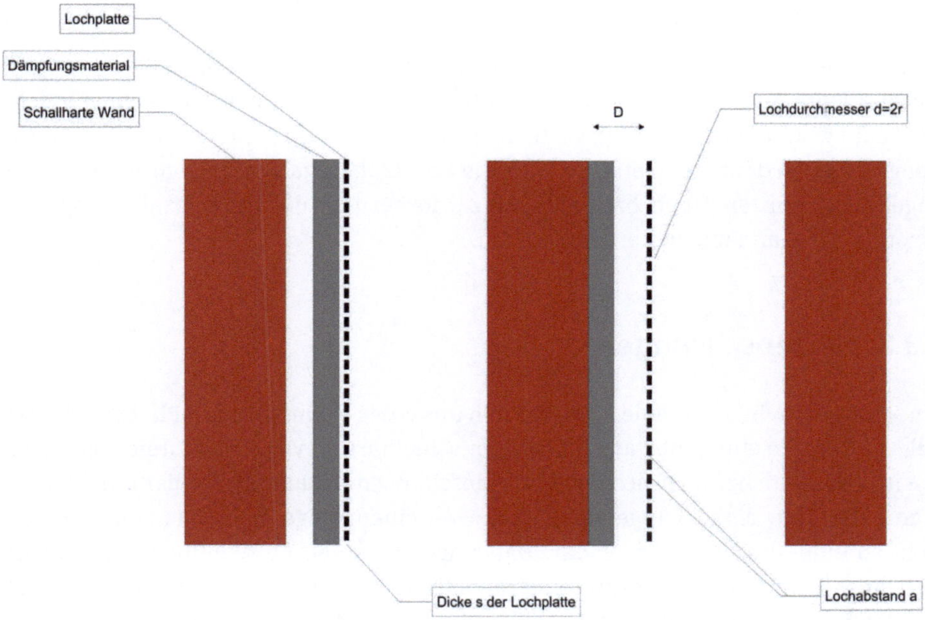

Bild 3.4 Lochplatte vor schallharter Wand und Dämmstoff

Für den Lochabsorber[1] kann die Resonanzfrequenz nach der Formel 3.14 bestimmt werden. Dabei ist

$$\varepsilon = \frac{NA_\mathrm{L}}{A}$$

das einfache Lochflächenverhältnis, also das Verhältnis aller Lochflächen zur Gesamtfläche der Platte. Die praktischen Werte liegen zwischen 1...30 %. Bei einer quadratischen Anordnung der Löcher kann auch mit der folgenden Formel die Perforation bestimmt werden

$$\varepsilon = \frac{\pi}{4}\left(\frac{d}{a}\right)^2 = \frac{\pi r^2}{a^2}$$

Vergrößert man den Abstand zwischen Lochplatte und Wand, so erweitert sich der Frequenzbereich der Absorption zu tiefen Frequenzen. Zu berücksichtigen ist auch die frequenzabhängige Absorption der Platte selbst (s. Plattenschwinger). Sie werden oft zur Beseitigung stehender Wellen verwendet.

1 *https://www.rigips.ch/de/Planung-und-Systeme/Bauphysik-und-Technik/akustik*

Resonanzfrequenz von Lochabsorbern:

$$f_0 = \frac{c}{2\pi}\sqrt{\frac{\varepsilon}{D\left(s + \frac{\pi}{2}r\right)}} \tag{3.14}$$

Eine andere Art der Absorber ist der Schlitzabsorber. Ähnlich wie beim Lochabsorber werden beim Schlitzabsorber Schlitze auf einer eingespannten Platte eingebracht. Die Schlitze können horizontal, vertikal, diagonal etc. angeordnet sein. Diese Anordnungen dienen dann der Optik, da auch die Schlitzplattenabsorber sichtbar im Raum angebracht werden. Auch bei den Schlitzabsorbern ist die frequenzabhängige Absorption der Platte mit zu berücksichtigen.

3.3.2 Plattenschwinger

Ein Plattenschwinger ist eine Konstruktion aus einer eingespannten Platte (Holz, Metall, Folie etc.) in einem Abstand D vor einer schallharten Wand, die luftdicht geschlossen ist. Die Platte befindet sich auf einem geschlossenen Rahmen vor der schallharten Wand. Die Platte als schwingendes Element vor einem eingeschlossenen Luftvolumen stellt so eine akustische Feder dar. Das eingeschlossene Luftvolumen kann jedoch durch das Einbringen von bspw. Mineralwolle verkleinert werden. So wird der Plattenschwinger in seiner Wirkung breitbandiger. Die Masse ist durch die Platte gegeben. So ein Feder-Masse-System einfachster Konstruktion kann sehr tiefe Frequenzen absorbieren. Sein Maximum erreicht es bei der Resonanzfrequenz, bei der dem Schallfeld die meiste Energie entzogen wird. Die Bestimmung der Resonanzfrequenz des Plattenschwingers entnimmt man Formel 3.15. Dabei ist

$$m' = \rho\, s$$

die flächenspezifische Masse der Platte in kg/m². Der Abstand der Platte von der schallharten Wand sollte

$$\frac{\lambda}{100} < D[\text{cm}] \leq \frac{\lambda}{12}$$

sein.

Resonanzfrequenz für einen Plattenschwinger:

$$f_0 = \frac{600}{\sqrt{m'\, D}} \tag{3.15}$$

Die Abmessungen eines wirkungsvollen Plattenschwingers sollten bei mindestens 50 cm Seitenlänge und einer Tiefe von mindestens 5...6 cm liegen. Für die Platte selbst ist eine flächenspezifische Masse von mehr als 3 kg/m^2 empfehlenswert. Die Konstruktion sollte optisch ansprechend gestaltet sein, da Plattenschwinger sichtbar an Decken, Wänden oder in Raumecken montiert sind.

Beispielhaft sind in Bild 3.5 das Resonanzfrequenzverhalten für Plattenschwinger mit unterschiedlichen flächenspezifischen Massen in Abhängigkeit des Abstandes D zur schallharten Wand gezeichnet.

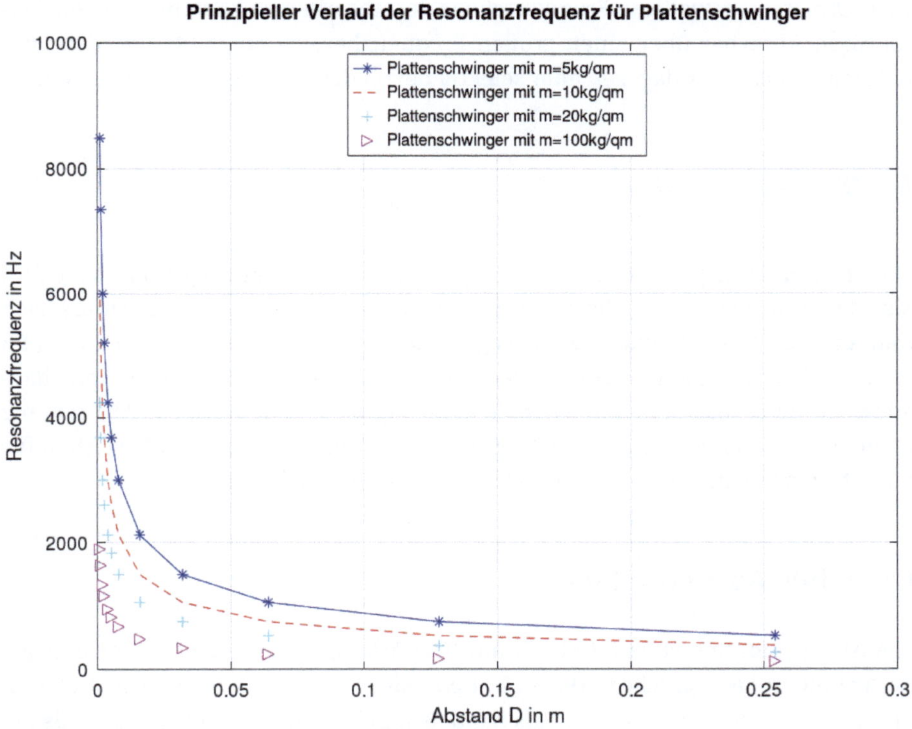

Bild 3.5 Resonanzfrequenzen für Plattenschwinger

3.3.3 Poröser Absorber

Mit einer porösen Struktur kann eine sehr breitbandige Absorption erreicht werden (Hemmer, 2022). Das Material muss dabei untereinander verbundene Poren aufweisen, da sonst keine Wirkung bei der Absorption des Luftschalls erzielt wird. Eine mathematische Beschreibung ist durch die Porosität σ gegeben. Sie ist das Verhältnis aus Porenvolumen zum gesamten Volumen des Materials. Praktisch erreichbare Werte für z. B. Filz liegen bei

$$\sigma = 0,85\ldots0,95$$

3.3.4 Anwendungen für Absorber

Grundsätzlich werden Absorber jeglicher Art an Stellen eingesetzt, an denen es um eine Reduktion des Lärmpegels geht. Das findet man in Geräten, in denen Lüfter verbaut sind, in Industriehallen an Maschinen, in Fahrzeugen etc. Darüber hinaus werden Absorber auch zur Optimierung der Raumakustik in Studios, langen Gängen, in Treppenhäusern, in Büros, Schulen und vielen anderen Bereichen verwendet.

Betrachtet man die jeweiligen Frequenzgänge der Absorber, so kann man sagen, dass die porösen Absorber über einen großen Frequenzbereich eingesetzt werden können, Resonanzabsorber dagegen eher selektiv bei niedrigen Frequenzen arbeiten.

3.4 Beschallungsanlagen

Die Beschallungsanlagen übertragen als sogenannte PA, Monitoringsystem oder ELA Musik oder Sprache mit möglichst unverändertem Klangbild. Die Lautstärke muss nach Anwendungsfall (Freifeld oder Raum) angepasst werden, bei A-Bewertung 15...25 dB über dem Störschall liegen. So wird in Bereichen mit geringem Störpegel für Sprachanwendungen mit ca. 85 dB, in Bereichen, in denen Sprache und Musik zur Abstrahlung kommen, mit Spitzen-Pegeln bis zu 90...99 dB (hoher Störpegel) sowie in Bereichen für Theater, Mehrzweckhallen etc. mit Pegeln bis zu 105 dB gearbeitet.

3.4.1 Public-Adress-Anlage

Die PA-Anlage gibt Sprache und Musik mit Verstärkung dieser Signale über eine gewisse Anzahl an Lautsprechern (Bass-, Mitten- oder Hochton-Lautsprecher und Subwoofer mit höherem Wirkungsgrad als handelsübliche Lautsprecher) wieder. Als Beschallungsanlage ist die PA-Anlage robuster und schwerer als herkömmliche oder anders geartete Beschallungsanlagen. Diese Art der Beschallungsanlage wird zur Beschallung großer Publikumsflächen mit einem steuernden Mischpult und Effektgeräten auf Bühnen in oder außerhalb von Gebäuden eingesetzt. Entsprechend der Veranstaltungsgröße gibt es kleine und große PA-Anlagen.

Entsprechend der in Tabelle 3.5 aufgezeigten Anlagenarten variiert die Anzahl der Lautsprecher, die auch größer als 20...100 oder mehr sein kann. Aufgrund dieser Anzahl an Lautsprechern ist die erforderliche elektrische Leistung nicht zu unterschätzen, da diese schnell mehrere kW betragen kann. Das ist ein großer Nachteil bei PA-Systemen, denn so entsteht eine große Wärmeentwicklung in den Lautsprecherboxen. Bis zu 95 % der Leistung können im ungünstigsten Fall in Wärme umgewandelt werden. Die entstehende Wärme muss gut abgeführt werden, um einen Wärmestau zu vermeiden. Denn mit steigender Temperatur wird die Impedanz größer und der Lautsprecher verhält sich anders – er wird leiser. Erhöht man dann die Verstärkung weiter, erzeugt man zusätzlich Wärme, was zum Durchbrennen der Spule führen kann. Daher haben solchen Belastungen ausgesetzte Lautsprecher spezielle Kühl- und Schutzsysteme, die die Lautsprecher bei thermischer Überlastung abschalten. Bei der Planung des Einsatzes einer PA, sind also einige Faktoren (Strom, Anzahl der Lautsprecherboxen, Anzahl der Endstufen, Zusammenschaltung und Impedanz etc.) zu berücksichtigen. Beim Aufbau ist darauf zu achten, dass der zu beschallende Raum gleichmäßig beschallt wird und der Klang sorgfältig eingestellt wird. Hierfür ist u. a. ein geschultes Gehör notwendig, um das gewünschte Ergebnis zu erzielen.

Tabelle 3.5 Übersicht zu PA-Anlagenarten

PA-Anlagenart	Zubehör	Bemerkung
Klein-PA	2 Stativlautsprecher 1 Verstärker 1 Mischpult	preisgünstig, wenig Basswiedergabe, für kleine bis mittlere Räume
Klein-PA mit Subwoofer	zusätzlich zur Klein-PA ein passiver/aktiver Subwoofer	passive/aktive Frequenzweichen Basswiedergabe in kleinen bis mittelgroßen Räumen
Groß-PA (Stacks, Kombination mit Line-Arrays, W-Bin-Hörnern)	4 oder mehr Lautsprecherboxen und zusätzlich mindestens zwei aktiven Subwoofern	Endstufen entsprechend der Frequenzaufteilung (zwei oder drei Wege) mithilfe des Equalizers für große Räume, Hallen und Freifeldbeschallung

Bild 3.6 Kleine PA-Anlage

Meist werden heute Line-Arrays als Lautsprechersysteme eingesetzt, da man so bessere klangliche Ergebnisse erreichen kann. Zusätzlich zu großen PA-Anlagen werden Monitorsysteme eingesetzt, die für die Darbietenden eine schnelle Wahrnehmung ermöglichen. Denn die PA-Anlagen weisen von der Bühne in den Publikumsbereich und können so nur verzögert oder mit Echo auf der Bühne wahrgenommen werden. Eine Steuerung der PA-Anlagen erfolgt meist zentral vom Mischpult, das die Endstufenverstärker in der Nähe der Lautsprecher ansteuert. Bei aktuellen Anlagen erfolgt die Signalübertragung meist bis an die Endstufen über Netzwerke. Eine Einmessung der PA-Anlage ist sinnvoll, um sowohl die Zeit- und Pegeldifferenzen als auch den Klang und den Frequenzgang auszugleichen.

3.4.2 Monitoringsysteme

Monitoringsysteme (Kempf, 2018) können Bestandteil einer PA-Anlage sein. Sie dienen dem Darsteller, Redner, Sänger, Musiker etc. sich selbst auf der Bühne zu hören. Notwendig wird dies, da die Akteure auf der Bühne hinter der PA-Anlage stehen und so nur verzögert den reflektierten, klanglich veränderten Schall wahrnehmen. Die bei einer Monitoringanlage verwendeten Lautsprecherboxen sind i. d. R. extrem flach. Ein Monitoringsystem muss gut justiert sein, da es sonst den Klang der Front-PA stören kann. Eine Justierung ist so vorzunehmen, dass die Monitoringboxen immer leiser als die Frontlautsprecher der PA-Anlage sind. Auf großen Bühnen hat meist jeder Musiker eine Monitorlautsprecherbox vor sich aufgestellt. Herrscht Platzmangel auf der Bühne, hängt man links und rechts auf der Bühne sogenannte „Side-Fills“ auf. Damit kann eine vollständige Beschallung der Bühne erreicht werden.

Immer häufiger kommen aber auch drahtlose InEar-Monitoringsysteme zum Einsatz, die sich individuell steuern lassen.

3.4.3 Elektroakustische Anlage

Eine ELA oder auch elektrische Lautsprecheranlage ist eine Beschallungsanlage, die vorrangig zur Sprachwiedergabe (Durchsageanlagen; i. d. R. fest installiert) in mono verwendet wird. Eine ELA wird so auf Verständlichkeit und Reichweite optimiert (EN 60268-16). Aber auch andere Signalisierungen, z. B. Gong o. ä., aber auch Hintergrundmusik, können über solche Beschallungsanlagen akustisch verbreitet werden. Die Signale liegen einkanalig mit meist –18 dBu (100 mV), 0 dBu (0,775 V), 0 dBV (1 V) oder +6 dBu (1,55 V) symmetrisch vor. Aber auch Steuersignale sind bei den ELA zu berücksichtigen. Ähnlich wie bei den PA-Anlagen werden bei den ELA die Signale bis zum Verstärker über Netzwerke geführt, was mit einer deutlichen Reichweitensteigerung verbunden sein kann. Klassisch kann die Weiterleitung der verstärkten Signale mit der 100-Volt-Technik erfolgen. Dazu wird das für einen Lautsprecher bestimmte

Signal am Verstärkerausgang mit einem Transformator auf ein höheres Spannungsniveau gehoben. Am anderen Ende der Leitung wird das Signal wiederum mit einem Transformator spannungsmäßig heruntergeteilt und dem Lautsprecher zugeführt. Die Parallelschaltung mehrerer Lautsprecher an einem Verstärkerkanal ist über sehr geringe Kabelquerschnitte möglich. Verfügt jeder Lautsprecher über einen eigenen Übertrager, kann eine Anpassung der Spannung und der Impedanz einzeln erfolgen. Aber auch eine Lautstärkeregelung am jeweiligen Lautsprecher ist möglich.

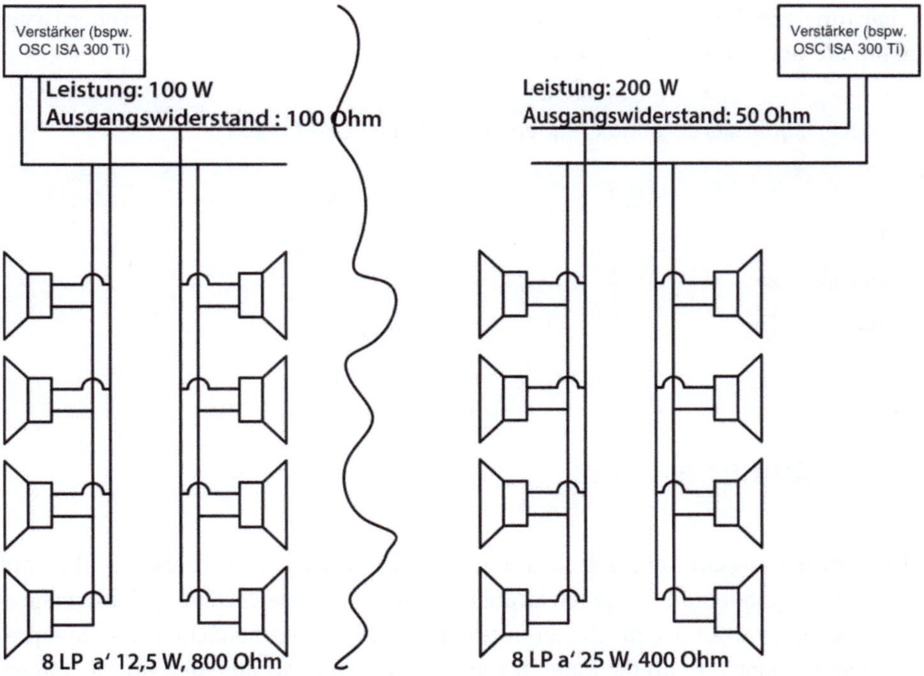

Bild 3.7 Verstärker und Lautsprecher in 100-Volt-Technik

Vorteile der 100-Volt-Technik:

- Es können kleine Kabelquerschnitte verwendet werden.
- Es können relativ lange Leitungen eingesetzt werden, sodass zentrale Installationen der Endverstärker möglich sind. Das heißt, der Spannungsabfall über den Leitungen ist gering.
- Durch Wahl des geeigneten Abgriffs am Transformator ist eine einfache Pegel- bzw. Leistungsanpassung für unterschiedliche Lautsprecher möglich.
- Dies Anlagen sind überwiegend optimiert für Alarmierungen und Sprachdurchsagen.
- Die Anzahl der Lautsprecher kann stark variiert werden.

Nachteile bei der 100-Volt-Technik:

- Gute Klangqualität setzt hochwertige, d. h. teure Transformatoren voraus.

Eine klassische Verwendung der ELA zur Beschallung findet man auf Bahnhöfen, Flughäfen, Stadien, Kaufhäusern etc. (Tabelle 3.6). Da die ELA wichtige Informationen weitergeben sollen, werden sie möglichst ausfallsicher erstellt. Das ist aber auch abhängig vom jeweiligen Anlagenkonzept (Verstärkerredundanz, USV, Impedanzüberwachung, Verwendung mehrerer Lautsprecherkreise, um auch Informationen an bestimmten Orten geben zu können). ELA werden so konstruiert, dass man mit Verstärkern geringer Leistung arbeitet. Dazu verwendet man parallel geschaltete Lautsprecher-Gruppen, um die Gesamtleistung der ELA zu verringern.

Tabelle 3.6 Signalisierung und Frequenzbereich von ELA-Anlagen

Signalisierung	Übertragungsfrequenzbereich in Hz
Alarm	400...4000
Hintergrundmusik	50...15000
Sprache	250...8000

3.5 Beschallungsarten

Bei der Beschallungsart hat die Anordnung der Lautsprecher wesentlichen Einfluss auf die Übertragungsqualität. Zusätzlich ist auch auf die räumliche Verteilung der Lautsprecher zu achten, wegen der möglichen Interferenzbildung mit benachbarten Lautsprechersystemen oder Raumreflexionen als auch Lokalisationsproblemen durch Echoerscheinungen.

Bevorzugt wird die zentrale Anordnung des Beschallungssystems, bei der die Lautsprechersysteme links, rechts und mittig auf oder über der Bühne positioniert werden.

Dezentrale Beschallung wird für Bereiche wie die Informationsübertragung in Kongress- oder Hörsälen verwendet. Einzelne Lautsprecher werden so verteilt, dass sie in der Nähe der Hörer positioniert einen hohen Direktschallanteil an der Hörerposition abgeben, um den Raumschall auszublenden und eine gute Verständlichkeit zu erreichen.

Der Beschallungsart folgt die Auswahl eines Lautsprechers. Er ist in der Beschallungstechnik eines der wichtigsten Teilsysteme. Jedoch hat sich auch beim modernen Arraylautsprecher wenig in seiner Aufbauform und -weise geändert. Wir finden oft den elektrodynamischen Lautsprecher. Durch Verwendung entsprechender Gehäuse oder Hornlautsprecher kann durch Optimierung des Antriebssystems an den Wellenwiderstand der Luft der Wirkungsgrad erhöht werden. Als Vergleichsmaß für den erzielbaren Schalldruck wird in der Beschallungstechnik die Kennempfindlichkeit (Sensitivity) in dB/W/m verwendet.

3.5.1 Zentralbeschallung

Typisch bei Zentralbeschallung sind kompakte Anordnungen von leistungsstarken Schallstrahlergruppen (auch Cluster genannt) an zentralen Stellen, z. B. über oder neben dem Aktionsbereich (Bühne, Tanzfläche, Rednerpult etc.). Gibt es keine eindeutige Trennung zwischen Aktions- und Publikumsbereich (Stadien, Zirkus, Mehrzweckhallen etc.), können die genannten Cluster auch mittig oberhalb der Aktions- oder Rezeptionsbereiche angeordnet sein.

Die Vorteile der Zentralbeschallung sind die Nutzung nur weniger zentraler Lautsprecherstandorte. Dabei muss aber mit hoher Gewichtsbelastung am Aufstellungsort gerechnet werden. Die akustische Leistungsdichte ist dann an diesen Aufstellorten besonders groß. Daher sollte der Abstand zwischen Publikum und Schallquelle nicht zu gering sein, um eine zu hohe Schallpegelbelastung der nahe gelegenen Publikumsplätze zu vermeiden. Der Abstand zur Bühne bzw. zum Aktionsbereich muss so gewählt werden, dass die Rückkopplungsgefahr gering ist. Vorteilhaft ist außerdem, dass ohne weitere Vorkehrungen eine ausreichend gute Übereinstimmung von optischer und akustischer Perspektive gegeben ist.

Nachteile sind der wegen der relativ großen Entfernungen zu den Publikumsbereichen deutlich erhöhte Leistungsbedarf und eine unausgeglichene Schallpegelverteilung auf weiter entfernten oder akustisch abgeschatteten Plätzen.

Eine sehr einfache Anlage zur Zentralbeschallung ist eine Links/Rechts-Frontalbeschallung. Das ist die Anordnung von zwei Türmen, Tonzeilen oder Boxenwänden an der Bühnenkante links und rechts von der Schallquelle. Bei einer solchen Anordnung treten die Nachteile hervor, wie übergroße Schallpegelbelastung der nahegelegenen Publikumsbereiche, hoher Leistungsbedarf etc. Weiter entfernte Bereiche werden eher unterversorgt. Eine richtungsbezogene Schallwiedergabe wie bei einer Lautsprecher-Stereo-Anordnung kommt nicht zustande. Denn die bei kleineren Lautsprecherabständen wirkende Summenlokalisation kann mit den bei der Beschallung üblichen Abständen von mehr als 4 bis 5 Metern nicht erreicht werden. Das Ergebnis einer solchen simplen Anordnung ist dann eine eher unausgeglichene, seitenbetonte Schallquellenabbildung ohne jeden Mitteneindruck oder Bewegungseffekt, die unter ungünstigen Hörwinkeln sogar zu störenden Echos führen kann.

In größeren Theatern oder Mehrzwecksälen findet man teilweise noch mehrkanalige Frontalbeschallungssysteme, bestehend aus drei bis fünf Portallautsprechern oberhalb des Bühnenportals, die nach den Prinzipien der Intensitätsstereofonie betrieben werden. Hier sind ähnliche Nachteile wie bei den zweikanaligen Anordnungen zu erwarten. Auch die Anwendung einer sog. modifizierten Mehrkanalstereofonie, wobei den einzelnen Kanälen zusätzlich pegelreduzierte Summensignale zugemischt werden, können diese Nachteile nicht grundsätzlich beseitigen.

Vorteile zentraler Beschallung:

- Es gibt eine gute Übereinstimmung von Schallquellen- und Lautsprecherposition für mittig stehendes Publikum.
- Der Aufbauaufwand zentraler Beschallungsanlagen (portabel) ist im Verhältnis zur 100-Volt-Technik (Festinstallation) relativ gering.

Nachteile zentraler Beschallung:

- In Lautsprechernähe herrscht eine hohe Lautstärke bei Zuhörern.
- Es besteht eine hohe Rückkopplungsanfälligkeit.
- Der Leistungsbedarf kann in Abhängigkeit vom Beschallungsgebiet sehr hoch sein.

3.5.2 Bühnenrandbeschallung

Bei einer Beschallung, bei der die Lautsprecher der Beschallungsanlage an der Bühne für die Hauptversorgung der Publikumsfläche relativ hoch über dem Niveau der Bühnenkante angeordnet sind, wird die Publikumsfläche in diesem bühnennahen Bereich nicht mit ausreichenden Schallpegeln versorgt. Mit einem Bühnenrandsystem (nicht Monitoringsystem für die Handelnden auf der Bühne), das unmittelbar auf oder unter der Bühnenkante angeordnet ist und aus mehreren kleinen Lautsprechern oder flachen Zeilen besteht, kann der Schallpegel im bühnennahen Bereich angehoben werden. Ein solches Bühnenrandbeschallungssystem kann mit relativ geringer Leistung betrieben werden. Es kann den Publikumsbereich bis zur 5. oder 6. Reihe versorgen, muss dann aber mit einer entsprechenden Laufzeitanpassung an die Hauptbeschallungsanlage versehen werden. Solche Bühnenrandbeschallungssysteme können auch bei sehr breiten Bühnen zum Einsatz kommen.

3.5.3 Richtungsbezogene Beschallung

Heutige Beschallungssysteme besitzen eine gute Übereinstimmung von optischer und akustischer Perspektive. Der Hörer an einem beliebigen Platz des Publikumsbereiches kann jederzeit die Originalschallquellen einer Darbietung an der Stelle lokalisieren, an der diese auch optisch wahrgenommen wird. Das erfolgt unabhängig von der Position der Lautsprecher, die für die Schallpegelversorgung des betrachteten Hörerplatzes zuständig sind. Diese Übereinstimmung ist in etwa dann gegeben, wenn optische und akustische Richtungswahrnehmung nicht mehr als 15° voneinander abweichen, wobei grundsätzlich die Dominanz des optischen Eindruckes gilt (Ganzheitsempfindung). Die Sicherstellung der Lokalisation der Originalschallquelle(n) eines Schallereignisses, einschließlich einer eventuellen Bewegung einer Schallquelle, erfordert die Beachtung bestimmter psychoakustischer Zusammenhänge wie Phantomschallquellenbildung (Summenlokalisation) und richtungsbestimmende Bänder.

3.6 Anhang

Herleitung der **Schallgeschwindigkeit** in Abschnitt 3.2.

Bei der Schallgeschwindigkeit beruht die Betrachtung auf der physikalischen Bewegung der Luft-Moleküle. Luft selbst ist ein Gas, das durch die Zustandsgrößen T, p, und ρ beschrieben werden kann. Das heißt, Schallwellen, die sich allgemein in einem Medium ausbreiten, verursachen eine zeitliche und örtlich periodische Änderung der Dichte, Temperatur und des Drucks. Dieser Zusammenhang wird durch die allgemeine Wellengleichung (eindimensionale hydrodynamische Zustandsgleichung, thermodynamische Grundgleichung und den ersten Hauptsatz der Wärmelehre) wiedergegeben. Geht man von einer adiabatischen Zustandsänderung aus, d. h. die Ausbreitung der Schallwelle in Luft erfolgt ohne Wärmeaustausch mit der Umgebung, dann ist für den Energieerhaltungssatz zu notieren

$$dQ = 0 = dE_\mathrm{i} + dW$$

Setzt man

$$dE_\mathrm{i} = mc_\mathrm{v} dT$$

und

$$dW = pV = mRTdV$$

und dann somit

$$R = c_\mathrm{p} - c_v$$

erhält man:

$$-mc_v dT = \frac{mRTdV}{V}$$

$$-c_v \frac{dT}{T} = \left(c_\mathrm{p} - c_v\right) \frac{dV}{V}$$

$$-c_\mathrm{v} \int_{T_1}^{T_2} \frac{dT}{T} = \left(c_\mathrm{p} - c_\mathrm{v}\right) \int_{V_1}^{V_2} \frac{dV}{V}$$

$$-c_v ln\left(\frac{T_2}{T_1}\right) = (c_p - c_v)\, ln\left(\frac{V_2}{V_1}\right)$$

$$\left(\frac{T_1}{T_2}\right)^{c_v} = \left(\frac{V_2}{V_1}\right)^{(c_p - c_v)}$$

$$\left(\frac{T_1}{T_2}\right) = \left(\frac{V_2}{V_1}\right)^{\frac{(c_p - c_v)}{c_v}}$$

und mit der Erweiterung

$$\left(\frac{V_2}{V_1}\right) = \frac{p_1 T_2}{p_2 T_1}$$

und mit

$$\kappa = \frac{c_p}{c_v}$$

erhält man dann

$$\frac{T_1}{T_2} = \left(\frac{V_2}{V_1}\right)^{\kappa - 1}$$

$$\frac{T_1}{T_2} = \left(\frac{V_2}{V_1}\right)^{\kappa} \left(\frac{V_2}{V_1}\right)^{-1}$$

$$\frac{T_1 V_2}{T_2 V_1} = \left(\frac{V_2}{V_1}\right)^{\kappa}$$

$$\frac{p_1}{p_2} = \left(\frac{V_2}{V_1}\right)^{\kappa}$$

Mit der Poissongleichung (Adiabatengleichung)

$$pV^{\kappa} = \text{konst.}$$

kann man für sehr kleine Änderungen schreiben:

$$pV^{\kappa} = (p + \Delta p)(V - \Delta V)^{\kappa}$$

$$\left(1 + \frac{\Delta p}{p}\right) p \left(1 - \frac{\Delta V}{V}\right)^{\kappa} V^{\kappa} = pV^{\kappa}$$

$$\left(1 + \frac{\Delta p}{p}\right) \left(1 - \frac{\Delta V}{V}\right)^{\kappa} = 1$$

Mit der Binomischen Reihe für nicht ganzzahlige

$$(1 \pm x)^{\xi} = 1 \pm \binom{\xi}{1} x \pm \binom{\xi}{2} x^2 \ldots$$

gilt für eine erste Näherung für sehr kleine x:

$$(1 \pm x)^{\xi} \approx 1 \pm \xi x$$

$$\left(1 + \frac{\Delta p}{p}\right)\left(1 - \kappa \frac{\Delta V}{V}\right) = 1$$

$$1 - \kappa \frac{\Delta V}{V} + \frac{\Delta p}{p} - \kappa \frac{\Delta p \Delta V}{pV} = 1$$

$$p - p\kappa \frac{\Delta V}{V} + \frac{\Delta p}{1} - \kappa \frac{\Delta p \Delta V}{V} = p$$

$$-p\kappa \frac{\Delta V}{V} + \Delta p - \kappa \frac{\Delta p \Delta V}{V} = 0$$

Vernachlässigt man das dritte Glied der Gleichung, weil die Werte sehr klein sind, so erhält man

$$-p\kappa \frac{\Delta V}{V} + \Delta p = 0$$

$$\frac{\Delta p}{p} = \kappa \frac{\Delta V}{V}$$

$$p\kappa = \frac{\Delta p V}{\Delta V} = c^2 \rho$$

$$c = \sqrt{\frac{p\kappa}{\rho}}$$

mit

$$\rho = \frac{m}{V} = \frac{nM}{V}$$

und

$$pV = mRT$$

erhält man nach der Einsetzung und Umstellung

$$c = \sqrt{\frac{p\kappa}{\rho}} = \sqrt{\frac{Vp\kappa}{m}} = \sqrt{\frac{\kappa mRT}{m}} = \sqrt{\kappa RT}$$

Man erhält für die Schallgeschwindigkeit in Luft

$$c = \sqrt{RT\kappa}$$

mit dem Adiabatenexponent

$$\kappa = \frac{c_{\mathrm{p}}}{c_{\upsilon}}$$

für Luft

$$\kappa = 1,402$$

und

$$R = \frac{R_{\mathrm{Luft}}}{M_{\mathrm{Luft}}} = \frac{8,3144598\ \frac{\mathrm{J}}{(\mathrm{molK})}}{0,0289644\ \frac{\mathrm{kg}}{\mathrm{mol}}} = 286,7\ \frac{\mathrm{J}}{\mathrm{kgK}}$$

Somit ist erkennbar, dass die Schallgeschwindigkeit nur von der Lufttemperatur T abhängt – nicht von der Höhe, Frequenz, Luftdruck oder Amplitude. Nimmt man sich

$$c = \sqrt{RT\kappa}$$

vor und setzt die Konstanten ein, so erhält man

$$c = \sqrt{286,7\frac{\mathrm{J}}{\mathrm{kgK}}\ T\ 1,402} = 20,0488\ \sqrt{T}\frac{\mathrm{m}}{\mathrm{s}\sqrt{\mathrm{K}}}$$

Man beachte, dass

$$T = \vartheta + 273,15\ \mathrm{K}$$

ist.

Für das in Abschnitt 3.2 dargestellte Bild 3.1 ist ein Script-File erstellt worden. Die lineare Funktion der Schallgeschwindigkeit $c = (331{,}5 + 0{,}6\ \vartheta)$ u. a. Näherungsgleichungen ist für den Temperaturbereich von –250…250 °C und Schranken für das Betrachtungsintervall von –25…45 °C berechnet worden.

```
%--------------------------------------------------------------------------
% GNU Octave-Anhang zum Kapitel Beschallung Punkt 3.2 Beschallung im Freien
% Beispiel c, Theta
% Dateinamen: cluftbeschall.m
% Ausgabedaten: Grafik und Funktion für vorgegeben Temperaturbereich
% Autor: Dr.-Ing. Torsten Köhler
% Erstellungsdatum: 07.05.2023
% Variante für die einfache Erstellung eins m-Files
% GNU Octave 6.4.0
%__________________________________________________________________________
```

```
%{
KOMMENTAR:
Es soll eine kleine Aufgabe für die Darstellung der Abhängigkeit der
der Schallgeschwindigkeit inLuft von der Tempertaur sein.
%}
%_________________________________________________________________________
clc;
%  Der Befehl dient zur Bereinigung des "Command Window" und ist sinnvoll
%  zur Erhaltung der Übersichtlichkeit für Ein- und Ausgabe bei
%  Funktionen.
clear all;
%  Dieser Befehl löscht alle Variablen, Variableninhalte und Funktionen
%  aus dem Speicher, damit eine Doppelvergabe von Namen vermieden wird.
disp('Berechnung und Darstellung der Schallgeschwindigkeit der Luft');
%  Ausgabe eines Textes (Zeichenkette oder String zwischen zwei
%  Hochkommata) auf dem Bildschirm (Display - disp)
theta=(-250.0):20.0:250.0;
T=theta+273.15;
%  Erzeugung von Temperaturwerten im Bereich von bspw. -250°C bis 200°C
%  Umrechnung in Kelvin
%  Nährungsformel: cl1=(331.01*sqrt(1+0.004*theta)) und eine weitere
%  mit cl3=331.5+(0.6*theta); Formel cl1 lässt sich aus cl4 bestimmen.
%  Zu beachten ist, dass 1/273,15 = 0,0037 und somit rund 0,004 ist.
cl1=(331.3515*sqrt(1+0.004*theta));
cl2=(20.0488*sqrt(T));
cl3=331.3515+(0.6*theta);
cl4=331.3515*sqrt(1+(theta/273.15));
%  Berechnung der Schallgeschwindigkeit mit
%  theta (°C) und mit T in K mit vereinfachter und hergeleiteter Formel
intx1=linspace(45,45,length(theta));
%  Definiert einen Vektor (Definitionsbereich), der die Werte 45 enthält
%  Stellt eine vertikale Gerade als obere Grenze bei 45°C eines
%  Betrachtungsbereichs dar.
inty1=(0:max(cl1)/(length(theta)-1):max(cl1));
%  Stellt den Wertebereich der Grenze von 45 dar.
intx2=linspace(-25,-25,length(theta));
%  Definiert einen Vektor (Definitionsbereich), der die Werte -25 enthält
%  Stellt eine vertikale Gerade als obere Grenze bei -25°C eines
%  Betrachtungsbereichs dar.
inty2=(0:max(cl1)/(length(theta)-1):max(cl1));
%  Stellt den Wertebereich der Grenze -25 dar.
h=figure(1);
%  Zuordnung der Grafik
%  Plot der Schallgeschwindigkeitsberechnungen
plot(theta,cl2,':+c',theta,cl1,'--m',theta,cl3,'-r',theta,cl4,':g',intx1,inty1,'-
b','LineWidth',2,intx2,inty2,'-b','LineWidth',2);grid on;
%  Erzeugen einer Grafik mit Gitternetzlinien.
legend('c = 331,3515 * \surd (1 + 0,004 * \theta)','c = 20,0488 * \surd (T)','c =
331,3515 + (0,6 * \theta)','c = 331,3515 * \surd (1 + ( \
theta/273,15))','Location','Southeast');
%  Die Erstellung der Legende erfolgt nach dem plot-Befehl.
%  Erstellung einer Legende, die in der Grafik positioniert wird.
%  Die Beschriftung der x- und y-Achse eines bestimmten
%  Wertebereichs erfolgt ebenfalls nach dem plot-Befehl.
xlabel('Temperatur \theta in °C');
% Bezeichnung der x-Achse der Grafik mit "Theta in °C"
```

```
ylabel('Schallgeschwindigkeit der Luft c in m/s');
%   Bezeichnung der y-Achse der Grafik mit "Schallgeschwindigkeit
%   der Luft in m/s"
title('Schallgeschwindigkeit der Luft in Abhängigkeit von der Temeratur');
%   Titel  bzw. Überschrift der Grafik
pause ('on');
%   Aktivierung der Pausenfunktion
pause (10);
%   Pause von 10s
pause ('off');
%   Deaktivierung der Pausenfunktion
saveas(h,'c:\scanpaperport\luftschallgeschw','tif');
%   Speichert ein Grafikobjekt h in der Datei CSchall.tif bei
%   entsprechender Pfad-Angabe im Verzeichnis testem.
close(h);
%   Schließt das Grafikfenster
clc;
%   Der Befehl dient zur Bereinigung des "Command Window" und ist sinnvoll
%   zur Erhaltung der Übersichtlichkeit für Ein- und Ausgabe bei
%   Funktionen.
```

Bestimmung von Terzmittenfrequenzen zur Modulation der Oktavbänder zur Messung des STI.

```
%-------------------------------------------------------------------------
% GNU Octave-Anhang zum Kapitel Beschallung Punkt 3. Beschallung im Freien
% Beispiel fm, fo, fu für Terzband
% Dateinamen: terzf.m
% Ausgabedaten: Grafik und Funktion für vorgegeben Terzbereich
% Autor: Dr.-Ing. Torsten Köhler
% Erstellungsdatum: 07.05.2023
% Variante für die einfache Erstellung eins m-Files
% GNU Octave 6.4.0
%_________________________________________________________________________
%{
KOMMENTAR:
Es soll eine kleine Aufgabe für die Darstellung der Abhängigkeit der
der Nachhallzeit von der Schallgeschwindigkeit in Luft von
der Tempertaur sein.
%}
%_________________________________________________________________________
clc;
%   Der Befehl dient zur Bereinigung des "Command Window" und ist sinnvoll
%   zur Erhaltung der Übersichtlichkeit für Ein- und Ausgabe bei
%   Funktionen.
clear all;
%   Dieser Befehl löscht alle Variablen, Variableninhalte und Funktionen
%   aus dem Speicher, damit eine Doppelvergabe von Namen vermieden wird.
disp('Terzmittenfrquenzen fm als auch fo und fu bezogen auf 1 kHz');
disp('Bestimmung der Terzmittenfrequenzen unterhalb von 1 kHz für STI !');
disp('   ');
%   Ausgabe eines Textes (Zeichenkette oder String zwischen zwei
%   Hochkommata) auf dem Bildschirm (Display - disp) und Leerzeile.
f=1000;
%   Bezugsfrequenz von 1 kHz
```

```
fbez='Bezugsfrequenz';
str = [fbez,' = ',num2str(f),' Hz'];
disp(str);
%  Ausgabe der Bezugsfrequenz am Display.
x=[-2,-1,0,1,2,3,4,5,6,7,8,9,10,11];
%  Vektor für die Berechnung der Terzmittenfrequenzen (ISO 226)
zahl='Zahlenvektor';
str = [zahl,' = ',num2str(x),' '];
disp(str);
%  Ausgabe des Vektors der Zahlen zur Bestimmung des Grundfaktors für
%  die Terzmittenfrequenzen fm.
pause(5);
%  Pause zur Anzeige auf dem Display vor der Berechnung der
%  Mittenfrequenzen im Terzband
b=3;
%  Faktor für Terzmittenbestimmung
G=10^(3/10);
%  Grundfaktor zur Berechnung der Terzmittenfrequenzen kleiner 1000 Hz
disp('  ');
disp('fm: Terzmittenfrequenz ');
disp('fo: obere Grenzfrequenz');
disp('fu: untere Grenzfequenz');
disp('B: (Terz-)Bandbreite');
disp('  ');
pause(5);
%  Infotexte für 5s vor der Folgeberechnung angezeigt.
for i=1:length(x)
        fm=G^(x(i)/b);
        fo=sqrt(1.2599)*fm;
        fu=fm/sqrt(1.2599);
        B=(nthroot(2,6)-(1/(nthroot(2,6))))*fm;
        str = ['fm = ',num2str(fm),' Hz'];
        disp(str);
        str = ['fo = ',num2str(fo),' Hz'];
        disp(str);
        str = ['fu = ',num2str(fu),' Hz'];
        disp(str);
        str = ['B = ',num2str(B),' Hz'];
        disp(str);
        disp('  ');
        fprintf('zwei St. n.d. Komma fm = %2.2f Hz fo = %2.2f Hz fu = %2.2f Hz B =
%2.2f Hz\n',fm,fo,fu,B);
        disp('  ');
        pause(1);
end
%  Berechnung aller fm, fo, fu. B entsprechend der Vorgabe durch
%  den x-Vektor in einer for-Schleife
disp('Das ist die Auflistung der Modulationsfrequenzen fuer STI pro Oktavband !');
%  Ausgabe eine Infotextes am Display.
pause(10);
%  Pause von 10 s zur Anzeige auf dem Display
clc;
%  Der Befehl dient zur Bereinigung des "Command Window" und ist sinnvoll
%  zur Erhaltung der Übersichtlichkeit für Ein- und Ausgabe bei
%  Funktionen.
```

Bestimmung von Nachhallzeiten in Abhängigkeit von der Temperatur und den Absorptionsgraden für einen Raum (Abschnitt 3.3).

```
%-----------------------------------------------------------------------
% GNU Octave-Anhang zum Kapitel Beschallung Punkt 3.3 Beschallung in Räumen
% Beispiel c, theta, TN, k, T, fc
% Dateinamen: nachhall.m
% Ausgabedaten: Grafik und Funktion für vorgegeben Temperaturbereich
% Autor: Dr.-Ing. Torsten Köhler
% Erstellungsdatum: 07.05.2023
% Variante für die einfache Erstellung eins m-Files
% GNU Octave 6.4.0
%_______________________________________________________________________
%{
KOMMENTAR:
Es soll eine kleine Aufgabe für die Darstellung der Abhängigkeit der
der Nachhallzeit von der Schallgeschwindigkeit in Luft von
der Tempertaur und im zweiten Schritt von der Absorption sein.
%}
%_______________________________________________________________________
clc;
%   Der Befehl dient zur Bereinigung des "Command Window" und ist sinnvoll
%   zur Erhaltung der Übersichtlichkeit für Ein- und Ausgabe bei
%   Funktionen.
clear all;
%   Dieser Befehl löscht alle Variablen, Variableninhalte und Funktionen
%   aus dem Speicher, damit eine Doppelvergabe von Namen vermieden wird.
disp('Nachhallzeit für vorgegebenes Volumen und Absorptionsfläche');
%   Ausgabe eines Textes (Zeichenkette oder String zwischen zwei
%   Hochkommata) auf dem Bildschirm (Display - disp)
theta=18.0;
%   Temperatur theta in °C
temp='Temeratur theta';
str = [temp,' = ',num2str(theta),' °C'];
disp(str);
%   Ausgabe der Tempertur am Display
T=theta+273.15;
%   Berechnung der temperatur in Kelvin
temp='Temeratur T';
str = [temp,' = ',num2str(T),' K'];
disp(str);
%   Ausgabe des umgerechneten Temperaturwertes in Kelvin
cl4=331.3515*sqrt(1+(theta/273.15));
%   Berechnung der Schallgeschindigkeit in Abhängigkeit von der Temperatur
%   bei vorgegebener Annäherungsformel.
c='Schallgeschwindigkeit c';
str = [c,' = ',num2str(cl4),' m/s'];
disp(str);
%   Ausgabe der Schallgeschwindigkeit am Display.
k=24*log(10)/cl4;
%   Berechnung der Konstanten k in s/m für die Nachhallzeitbestimmung
konst='Konstante k';
str = [konst,' = ',num2str(k),' s/m'];
disp(str);
%   Ausgabe der Konstanten am Display.
```

```
V=150;
%  Vorgabe des Volumens zur Bestimmung der Nachhallzeit.
A=150*0.3;
%  Vorgabe der Absorptionsfläche mit festem Absortionskoeffizienten alpha.
%  Einfache Nachhallzeitbestimmung für vorgegegebenes Volumen V in m^3
%  und Absorptionsfläche A m^2
fprintf('Volumen V = %5.3f in m^3 und Absorptionsfläche A %5.3f in m^2\n',V,A)
%  Ausgabe der vorgegeben Größen zur Nachhallzeitberechnung.
TN=k*(V/A);
%  Berechnung der Nachhallzeit mit Nährungsformel.
tn='Errechnete Nachhallzeit TN';
str = [tn,' = ',num2str(TN),' s'];
disp(str);
%  Ausgabe der Nachhallzeit am Display
fc=2000*sqrt(TN/V);
%  Berechnung der Schroederschen Grenzfrquenz in Hz mit der Nachhallzeit
%  und dem vorgegeben Volumen.
fcschroed='Schroedersche Grenzfrequenz fc';
str = [fcschroed,' = ',num2str(TN),' Hz'];
disp(str);
%  Ausgabe der Schröderfrequenz am Display.
disp('Unterhalb von fc ist die Aussagekraft der Nachhallzeit eingeschränkt !');
%  Hinweis zur Schröderfrequenz.
rh=0.057*sqrt(V/TN);
%  Berechnung des Hallradius in m
rhall='Hallradius rh';
str = [rhall,' = ',num2str(rh),' m'];
disp(str);
%  Ausgabe der Schröderfrequenz am Display.
pause(5);
%  Pause von 5 s.
k2=24*log(10)/(331.3515*sqrt(1+(55.0/273.15)));
%  Bestimmung einer zweiten Konstanten für 55 °C.
k3=24*log(10)/(331.3515*sqrt(1+((-55.0)/273.15)));
%  Bestimmung einer dritten Konstanten für -45 °C.
alpha=0:0.1:1;
A=150*alpha;
%  Erhöhung der Absorption pro Fläche von 0 bis 1
TN1=k*(V./A);
%  Nachhhalzeit bei einer Temperatur von 11°C.
TN2=k2*(V./A);
%  Nachhhalzeit bei einer Temperatur von 55°C.
TN3=k3*(V./A);
%  Nachhallzeit bei einer Temperatur von -55 °C
h=figure(1);
%  Zuordnung der Grafik
%  Plot der Nachhhalzeiten bei Veränderung der Absorption und der
%  Temperatur für einen vorgegeben Raum mit einem Volumen V.
plot(A,TN1,':+c',A,TN2,':r',A,TN3,'-g','LineWidth',2);grid on;
%  Erzeugen einer Grafik mit Gitternetzlinien.
legend('\theta = 18 °C',' \theta = 55 °C',' \theta = (-55
°C)','Location','Southeastoutside');
%  Die Erstellung der Legende erfolgt nach dem plot-Befehl.
%  Erstellung einer Legende, die in der Grafik positioniert wird.
%  Die Beschriftung der x- und y-Achse eines bestimmten
%  Wertebereichs erfolgt ebenfalls nach dem plot-Befehl.
```

```
xlabel('Absorptionsfläche A in m^2');
% Bezeichnung der x-Achse der Grafik mit "Absorptionsfläche A in m^2"
ylabel('Nachhallzeit T in s');
%  Bezeichnung der y-Achse der Grafik mit "Nachhallzeit im Raum
%  in s"
title('Nachhallzeit bei Erhöhung der Absorption \alpha (0...1) und V = 150 m^3 ');
%  Titel  bzw. Überschrift der Grafik
pause ('on');
%  Aktivierung der Pausenfunktion
pause (5);
%  Pause von 5s
pause ('off');
%  Deaktivierung der Pausenfunktion
saveas(h,'c:\scanpaperport\nachhalltempV207052023','tif');
%  Speichert ein Grafikobjekt h in der Datei nachhalltemp.tif bei
%  entsprechender Pfad-Angabe im Verzeichnis testem.
close(h);
%  Schließt das Grafikfenster
clc;
%  Der Befehl dient zur Bereinigung des "Command Window" und ist sinnvoll
%  zur Erhaltung der Übersichtlichkeit für Ein- und Ausgabe bei Funktionen.
```

Erstellung eines einfachen prinzipiellen Frequenzverlaufs eines MPA aus Folie in 5 cm Abstand vor einer Reflexionsfläche, eines porösen Absorbers mit einer Dicke von 50 mm und eines einfachen Resonanzabsorbers (Abschnitt 3.3.1).

```
%-----------------------------------------------------------------------
% GNU Octave-Anhang zum Kapitel Beschallung Punkt 3.3.1 Lochabsorber
% Beispiel f, alpha
% Dateinamen: absorb.m
% Ausgabedaten: Grafik für vorgegeben Frequenz- und Absorbtionsbereich
% Autor: Dr.-Ing. Torsten Köhler
% Erstellungsdatum: 07.05.2023
% Variante für die einfache Erstellung eins m-Files
% GNU Octave 6.4.0
%_______________________________________________________________________
%{
KOMMENTAR:
Es soll eine kleine Aufgabe für die Darstellung der Abhängigkeit der
der Absorption von der Frequenz sein.
Quelle ist das Skript von der TU Darmstadt, das am 10.10.2016 aus dem
Internet geladen wurde unter: http://www.twe.architektur.tu-darmstadt.de/
media/architektur/fachgruppe_c/twe_1/bauphysik/skript_bauphysik/
schallschutz.pdf
%}
%_______________________________________________________________________
clc;
%  Der Befehl dient zur Bereinigung des "Command Window" und ist sinnvoll
%  zur Erhaltung der Übersichtlichkeit für Ein- und Ausgabe bei
%  Funktionen.
clear all;
%  Dieser Befehl löscht alle Variablen, Variableninhalte und Funktionen
%  aus dem Speicher, damit eine Doppelvergabe von Namen vermieden wird.
disp('Prinzipieller Frequenzgang für Absorber');
%  Ausgabe eines Textes (Zeichenkette oder String zwischen zwei
%  Hochkommata) auf dem Bildschirm (Display - disp)
```

```
alphaLochZ=[0,0,0,0.1,0.58,0.42,0.36,0.33,0.22];
%  Die Vorgegeben Absortionskoeffizienten sind prinzipiell dargestellt
%  für eine Schallabsorption von Lochziegeln, die mit Mineralwolle
%  hinterlegt sind.
f=[0,63,125,250,500,1000,2000,3000,4000];
%  Die Frequeuenzen in quasi Oktavschritten bilden die Eckpunkte - bei
%  einer Messung kann in kleineren Schritten gemessen werden
alphaporoes=[0.1,0.12,0.18,0.25,0.6,0.8,0.81,0.815,0.82];
%  Die Vorgegeben Absortionskoeffizienten dienen der Prinziepdarstellung
%  für einen porösen Absorber (poröser Schallschlucker)
alpharesonanz=[0.1,0.2,0.31,0.44,0.67,0.31,0.09,0.05,0.02];
%  Die Vorgegeben Absortionskoeffizienten dienen der Prinziepdarstellung
%  für einen einfachen Plattenresonator
alphaplatte=[0.18,0.2,0.19,0.37,0.61,0.75,0.65,0.5,0.52];
%  Die Vorgegeben Absortionskoeffizienten dienen der Prinziepdarstellung
%  für eine Absorberplatte der Dicke d = 9,5 mm und einem Plattenabstand
%  zur Wand von a = 60 mm mit der Lochung 8/12/36 mm aus Faservlies (45
%  g/m^2
alphahelmholtz=[0.55,0.59,0.71,0.66,0.51,0.22,0.2,0.19,0.18];
%  Die Vorgegeben Absortionskoeffizienten dienen der Prinziepdarstellung
%  für einen Helmholtzresonator
h=figure(1);
%  Zuordnung der Grafik
%  Plot der Absorptionswerte bei Veränderung der Frequenz
%  für einen vorgegeben MPA in 5 cm Abstand vor einer Wand.
plot(f,alphaLochZ,'--rs',f,alphaporoes,':+c',f,alpharesonanz,':*b',f,alphaplatte,':<g
',f,alphahelmholtz,':>m','LineWidth',2);grid on;
%  Erzeugen einer Grafik mit Gitternetzlinien.
legend('Lochziegel mit hinterl. Mineralwolle','poröser
Schallschlucker','Plattenresonator','Lochplatte d= 9.5 mm a= 60
mm','Helmholtzresonator','Location','Best');
%  Die Erstellung der Legende erfolgt nach dem plot-Befehl.
%  Erstellung einer Legende, die in der Grafik positioniert wird.
%  Die Beschriftung der x- und y-Achse eines bestimmten
%  Wertebereichs erfolgt ebenfalls nach dem plot-Befehl.
xlabel('Frequenz f in Hz');
% Bezeichnung der x-Achse der Grafik mit "Absorptionsfläche A in m^2"
ylabel('Absortionsgrad \alpha');
%  Bezeichnung der y-Achse der Grafik mit "Absortionsgrad alpha"
title('Prinzipieller Absorber-Frequenzgang ');
%  Titel  bzw. Überschrift der Grafik
pause ('on');
%  Aktivierung der Pausenfunktion
pause (5);
%  Pause von 5s
pause ('off');
%  Deaktivierung der Pausenfunktion
saveas(h,'c:\scanpaperport\absorbfrequ','tif');
%  Speichert ein Grafikobjekt h in der Datei absorberfreq.tif bei
%  entsprechender Pfad-Angabe im Verzeichnis testem.
close(h);
%  Schließt das Grafikfenster
clc;
%  Der Befehl dient zur Bereinigung des "Command Window" und ist sinnvoll
%  zur Erhaltung der Übersichtlichkeit für Ein- und Ausgabe bei
%  Funktionen.
```

Resonanzfrequenzverhalten für einen Plattenschwinger (Abschnitt 3.3.2)

```
%---------------------------------------------------------------------------
% GNU Octave-Anhang zum Kapitel Beschallung Punkt 3.3.2 Lochabsorber
% Beispiel m', D, f
% Dateinamen: resofplatte.m
% Ausgabedaten: Grafik fuer Resonanzfrequenz fuer vorgegeben              %
Plattenschwinger
% Autor: Dr.-Ing. Torsten Köhler
% Erstellungsdatum: 09.05.2023
% Variante für die einfache Erstellung eins m-Files
% GNU Octave 6.4.0
%___________________________________________________________________________
%{
KOMMENTAR:
Es soll eine kleine Aufgabe für die Darstellung der Abhängigkeit der
Resonanzfrequenz vom Abstand des Plattenschwingers zur festen Wand sein.
%}
%__________________________________________________________________________
clc;
%   Der Befehl dient zur Bereinigung des "Command Window" und ist sinnvoll
%   zur Erhaltung der Übersichtlichkeit für Ein- und Ausgabe bei
%   Funktionen.
clear all;
%   Dieser Befehl löscht alle Variablen, Variableninhalte und Funktionen
%   aus dem Speicher, damit eine Doppelvergabe von Namen vermieden wird.
disp('Resonanzfrequenz für Plattenschwinger');
%   Ausgabe eines Textes (Zeichenkette oder String zwischen zwei
%   Hochkommata) auf dem Bildschirm (Display - disp)
m=[5,10,20,100];
%   Vorgegebene flächenspezifische Masse  m' mit 5 kg/qm fuer einen
%   Plattenschwinger bestimmter Größe bzw. bestimmten Abmassen.
c=343;
%   Vorgegeben Schallgeschwindigkeit von 343 m/s bei T=20°C
f=[63,125,250,500,1000,2000,3000,4000,6000,8000,12000,16000];
%   Die Frequeuenzen in quasi Oktavschritten bilden die Eckpunkte - bei
%   einer Messung kann in kleineren Schritten gemessen werden
lamb=c./f;
%   Die Vorgegeben Werte für c und f werden umgerechnet zur Wellenlänge.
lambu=lamb/100;
%   Die Vorgegeben Werte die Wellenlänge werden frequenzabhängig für einen
%   unteren Bereich bzw. kleinsten Abstand zur Wand bestimmt.
lambo=lamb/12;
%   Die Vorgegeben Werte die Wellenlänge werden frequenzabhängig für einen
%   oberen Bereich bzw. größten Abstand zur Wand bestimmt.
D=(lambu+lambo)/2;
%   Aus Vereinfachungsgründen wird der Mittelwert für D als Abstand zur
%   schallharten Wand verwendet.
fo1=(600./(sqrt(m(1)*D)));
fo2=(600./(sqrt(m(2)*D)));
fo3=(600./(sqrt(m(3)*D)));
fo4=(600./(sqrt(m(4)*D)));
%   Bestimmung der Resonanzfreqenz fuer unterschiedliche fächenspez. Masse
h=figure(1);
%   Zuordnung der Grafik
%   Plot der Resonanzfrequenz bei Veränderung der Abstandwerte
%   für einen vorgegeben Plattenschwinger.
```

```
plot(D,fo1,'-*b',D,fo2,'--r',D,fo3,'+c',D,fo4,'>m','LineWidth',0.5);grid on;
%plot(f,alphaLochZ,'--rs',f,alphaporoes,':+c',f,alpharesonanz,':*b',f,alphaplatte,':<
g',f,alphahelmholtz,':>m','LineWidth',2);grid on;
%  Erzeugen einer Grafik mit Gitternetzlinien.
legend('Plattenschwinger mit m=5kg/qm','Plattenschwinger mit m=10kg/
qm','Plattenschwinger mit m=20kg/qm','Plattenschwinger mit m=100kg/
qm','Location','North');
%  Die Erstellung der Legende erfolgt nach dem plot-Befehl.
%  Erstellung einer Legende, die in der Grafik positioniert wird.
%  Die Beschriftung der x- und y-Achse eines bestimmten
%  Wertebereichs erfolgt ebenfalls nach dem plot-Befehl.
xlabel('Abstand D in m');
% Bezeichnung der x-Achse der Grafik mit "Absorptionsfläche A in m^2"
ylabel('Resonanzfrequenz in Hz');
%  Bezeichnung der y-Achse der Grafik mit "Absortionsgrad alpha"
title('Prinzipieller Verlauf der Resonanzfrequenz für Plattenschwinger');
%  Titel  bzw. Überschrift der Grafik
pause ('on');
%  Aktivierung der Pausenfunktion
pause (10);
%  Pause von 5s
pause ('off');
%  Deaktivierung der Pausenfunktion
saveas(h,'c:\scanpaperport\resofplatte','tif');
%  Speichert ein Grafikobjekt h in der Datei absorberfreq.tif bei
%  entsprechender Pfad-Angabe im Verzeichnis testem.
close(h);
%  Schließt das Grafikfenster
clc;
%  Der Befehl dient zur Bereinigung des "Command Window" und ist sinnvoll
%  zur Erhaltung der Übersichtlichkeit für Ein- und Ausgabe bei
%  Funktionen.
```

4 Kunstkopf

4.1 Allgemeines zum Kunstkopf

Mit einem Kunstkopf (Fastl, 2008; Georg Neumann, 1983) soll der dem Menschen nachempfundene Hörvorgang rekonstruiert werden. Das führt zu Anwendungen wie bspw. gehörrichtigen Messungen im Kfz-Innenraum, Bewertung von Geräuschen, Lokalisierung von Schallquellen, Einmessung von Kopfhörern, Gestaltung von Hörspielen u. v. a. m. Ein Beispiel für den 1970 von der Firma Neumann entwickelten Kunstkopf ist der KU 100, der in Bild 4.1 dargestellt ist.

Bild 4.1 Kunstkopf KU 100 (© Dr. Schön)

Spezielle Normen für Kunstkopfsysteme sind die ISO TR 959 und die ITU p.58. Ein Kunstkopf ist ein akustisches Mess- und Aufnahmesystem, das dem menschlichen Kopf mit seinem Mund, Ohren (Ohrmuschel, Gehörgang), Hals und ggf. Oberkörper nachgebildet ist. Man kann einen solchen Kunstkopf auf der Basis der mittleren Werte der Maße von Kopf, Ohren, Hals und Oberkörper herstellen oder versuchen, ein relativ genaues Abbild einer Person zu erstellen. An den modellierten Ohrmuscheln befinden sich dann am Eingang des jeweiligen Gehörgangs kleine Mikrofone. Das Nachempfinden des Gehörs wird also durch die Mikrofonpositionen und die Reflexionen an Korpus und Ohrmuscheln erzeugt. Somit ist es möglich, akustische Aufzeichnungen „menschlicher Ohrsignale" vorzunehmen, um eine weitestgehende Reproduktion zu ermöglichen. Solche Aufzeichnungen können messtechnischen oder künstlerischen Zwecken dienen, da die menschlichen Höreigenschaften mit abgebildet werden. Man spricht dann von binauraler Aufnahme. Die binaurale Aufnahme/Wiedergabe wird auch als Kopfhörer-Stereofonie, kopfbezogene Stereofonie oder Trennkörper-Stereofonie bezeichnet, und ist nicht zu verwechseln mit Lautsprecher-Stereofonie (Aufnahme mit Stereo-Mikrofonanordnungen u. a. auch mit Stützmikrofonen im Raum). Die mit dem Kunstkopf nachgebildete HRTF (Head Related Transfer Function bzw. Außenohrübertragungsfunktion) kann zur Wiedergabe von Schallereignissen am Platz des Kunstkopfes über Kopfhörer (Theile, 2016) verwendet werden.

Solche Aufnahmen wirken natürlicher als Lautsprecher-Stereofonie, da sie einen Höreindruck erzeugen, der fast dem natürlichen Schallfeld gleicht. Denn die Abbildung eines räumlichen Schallereignisses erfolgt über unser Hörorgan durch Richtungs- und Entfernungshören, welche beim Übertragungsverhalten des Kunstkopfes berücksichtigt wird. Das heißt, es erfolgen eine Dämpfung, Beugung, Reflexion und Resonanzbildung am Kunstkopf bzw. seinen Bestandteilen Korpus, Kopf und Ohr. Die Entstehung eines räumlichen Höreindrucks benötigt die akustischen Informationen beider Ohren (Yuliana Atakishieva, 2014) bzw. der am Ohr ankommenden Reize oder Signale. Um dieses besser zu verstehen, erfolgt eine Betrachtung des menschlichen Gehörs.

4.2 Das menschliche Gehör

Das Ohr (Feldkeller, 1956; Faller, 2020) des Menschen besteht aus dem Außenohr (Ruschkowski, 2013), dem Mittelohr und dem Innenohr. Trifft Schall auf das äußere Ohr, die Ohrmuschel, so wird dieser über den Gehörgang, mit einer Länge von 25…35 mm, zum Trommelfell hin reflektiert. Die Ohrmuschel selbst liegt in einem Winkel zwischen 25°…45° am Kopf und leitet so den Schall in den Gehörgang. Die Ohrmuschel erlaubt die Lokalisation von Schallquellen, wenn die Wellenlängen größer als die geometrischen Maße der Ohrmuschel sind. Sie besteht bis auf das fettgewebliche Ohrläppchen aus

Knorpel. Das Knorpelgebilde besteht aus verschiedenen Erhöhungen, wie Helix, Anthelix, Tragus und Antitragus. Knorpelgebilde und Ohrläppchen sind mit Haut überzogen (Bild 4.2). Im Gehörgang werden Frequenzen zwischen 2 und 4 kHz verstärkt (Resonanzfrequenz, $l_{Gehörgang} \approx 3$ cm, $\lambda \approx 12$ cm), wobei bei ca. 2,8 kHz das Maximum liegt. Die Wand des Gehörgangs besteht im äußeren Teil aus Knorpel. Die inneren zwei Drittel bilden den knöchernen Gehörgang.

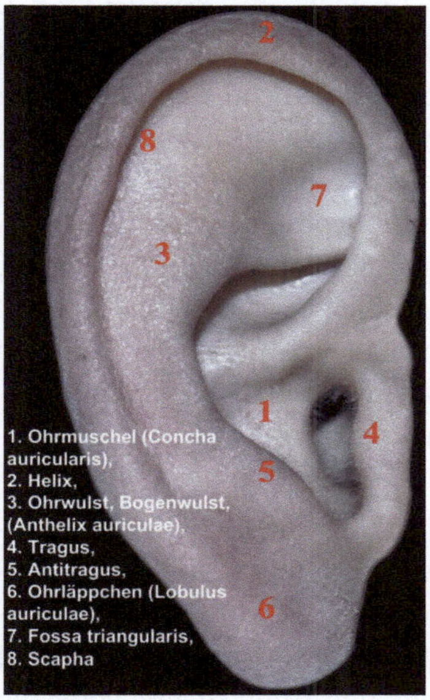

Bild 4.2
Ohrmuschel (Quelle: Didier Descouens, https://commons.wikimedia.org/wiki/File:PavillonOreilleDroite.jpg, https://creativecommons.org/licenses/by-sa/3.0/legalcode)

Das Trommelfell trennt den Gehörgang von der danach folgenden Paukenhöhle. Es ist ein dünnes Häutchen und wird durch den über die Ohrmuschel in den Gehörgang reflektierten Schall in Schwingung versetzt. Der Schall wird so über das äußere Ohr und das Mittlerohr (mit den Gehörknöchelchen Hammer, Amboss, Steigbügel) zum Innenohr geleitet (Bild 4.3).

Zwischen dem Trommelfell und dem Innenohr erfolgt eine Impedanzanpassung (zwischen Luft und Flüssigkeit mithilfe der Verstärkung des durch die Gehörknöchelchen erhöhten Drucks). Das Mittelohr nimmt die Schallwellen auf und leitet diese weiter. Die Schallwellen bringen die gelenkig miteinander verbundenen Gehörknöchelchen Amboss, Hammer und Steigbügel im Mittelohr, in der Paukenhöhle, in Bewegung. Alle drei Gehörknöchelchen und die Paukenhöhle sind mit einer Schleimhaut überzogen. So wird mit den drei Gehörknöchelchen ein Abstand von ca. 2 mm zwischen dem Trommelfell und dem ovalen Fenster überbrückt. Der Druckausgleich und die Belüftung des Mittelohres erfolgen über die Ohrtrompete, am Paukengangende am runden Fenster, die mit dem Rachenraum verbunden ist. Die Schallweiterleitung wird durch den Mittelohrmuskel Tensor tympani am Hammer und den Muskel Stapedius am Steigbügel beeinflusst. Durch diese Muskeln im Mittelohr wird das Hörorgan auch vor zu hohen Schalldrücken geschützt. Das heißt, die weitere Übertragung des Reizes erfolgt dann also vom Steigbügel, dem kleinsten Knochen des menschlichen Körpers, mit einem Verstärkungsfaktor von ca. 20 zum ovalen Fenster und damit weiter in die Schnecke im Innenohr.

Das Innenohr besteht aus der Schnecke, dem Vorhof und den Bogengängen. Die Schnecke ist mit Ohrlymph-Flüssigkeit gefüllt. Da die Flüssigkeit schwerer als Luft in Schwingung versetzt werden kann, wird die Verstärkung der Schallwellen (Gehörknöchelchen) benötigt. Die drei Bogengänge bilden gemeinsam mit den Vorhofsäcken das Gleichgewichtsorgan. Die Schnecke hat ca. zweieinhalb Windungen, die sich um den Hörnerv winden. In ihrem Inneren befindet sich die in den Vorhof geöffnete Scala vestibuli. Die Scala tympani im Innern der Schnecke grenzt mit dem ovalen Fenster an die Paukenhöhle. Sie sind an der Schneckenspitze über das Helicotrema miteinander verbunden. Auf der Basilarmembran liegt das CORTI-Organ mit der Membrana tectoria, das die Schallenergie durch die darin angeregten Sinneszellen in Nervenreize umwandelt. Die Schwingungen werden in Nervensignale gewandelt, die über den Hörnerv zum Gehirn gesendet werden, wo der Höreindruck entsteht. Das heißt, dass die Schallenergie der Scala vestibuli die Basilarmembran in schallsynchrone Auf- und Abbewegungen versetzt, sodass eine Wanderwelle entsteht.

Durch die sich ändernde Form und Beschaffenheit (verringernden Steife) der Basilarmembran entsteht für jede Frequenz an einem bestimmten Ort ein Amplitudenmaximum. Im weiteren Verlauf wird die Wanderwelle infolge von Reibung abgeschwächt und ausgelöscht. Das Schwingen der Basilarmembran ruft die Bewegung der Sinneshaare hervor. Diese liegen an den Haarzellen und rufen so eine Potenzialänderung in den Haarzellen hervor. Bei Überschreiten einer bestimmten Schwelle entstehen Nervenimpulse. Zusätzlich erfolgt eine „Spektralanalyse“, da jede innere Haarzelle mit einer Nervenfaser verbunden ist. So kann eine spezifische Frequenz über die Nervenfaser weitergeleitet werden. Daraus resultiert ein Zeit- und Frequenzverlauf im Gehirn für die Schallwahrnehmung. Das Innenohr dient auch als Gleichgewichtsorgan, über das Drehbewegungen (Bogengänge) insbesondere Beschleunigungen wahrgenommen werden.

Aber auch über Körperschall, die sogenannte Knochenleitung, kann das Innenohr Schallsignale aufnehmen. Die Schallweiterleitung erfolgt dann über den Schädelknochen und anteilig auch über das Mittelohr, welches an den Schädelknochen grenzt. Diese Art der Schallwahrnehmung findet statt, wenn der Schädelknochen direkt angeregt wird.

Aber auch bei tieffrequentem Schall oder bei der Wahrnehmung der eigenen Stimme erfolgt eine zusätzliche Wahrnehmung über den Schädelknochen als Körperschall. Deshalb nimmt man die eigene Stimme tieffrequenter wahr als andere zuhörende Personen.

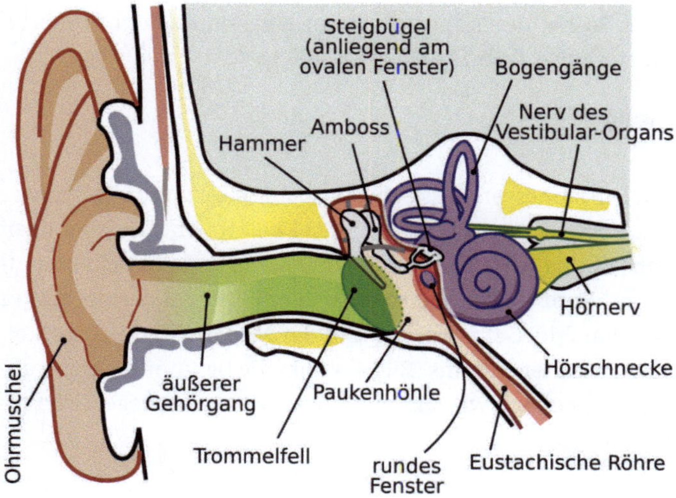

Bild 4.3 Schematischer Aufbau des Ohres (Quelle: Lars Chittka, Axel Brockmann, https://commons.wikimedia.org/wiki/File:Anatomy_of_the_Human_Ear.svg), https://creativecommons.org/licenses/by/2.5/legalcode)

4.2.1 Akustische Lokalisation

Unter akustischer Lokalisation (Richtungshören, (Werner, 2019)) versteht man die Erkennung von Position, Richtung und Entfernung einer Schallquelle, die nur durch binaurales Hören möglich ist. Wir können uns so auch akustisch im Raum orientieren.

Wie beim menschlichen Augenpaar sind beim Gehör beide Ohren als unterschiedliche akustische Empfänger für eine Lokalisation zuständig. Durch das monaurale (Zeit- und Pegeldifferenzen), binaurale als auch das interaurale Hören werden verschiedene Informationen zur Analyse und Auswertung für die Lokalisation erst möglich.

Wir benötigen für die Lokalisation (Position und Entfernung einer Schallquelle) eines Hörereignisses Informationen wie den Einfallswinkel in einer Halbebene bzw. in einer vollen Ebene und die Entfernung.

Monaurale Werte des akustischen Signals sind Pegel- und Zeitdifferenzen einzelner spektraler Anteile die an jedem Ohr einzeln eintreffen. Hervorgerufen werden monaurale Werte des Schallereignisses durch die Abmessungen unseres Körpers, Kopfes und die jeweilige Ohrmuschel. Die Schallbeugung spektraler Anteile und der damit verbundene Frequenzbereich werden durch die Schallwellenlänge im Verhältnis des Hindernisses (Körper etc.) bestimmt. Der sogenannte Schallschatten, der auch entsteht, wenn der Durchmesser d des Hindernisses ca. das Fünffache der Wellenlänge beträgt

$$f = 5\frac{c}{d}$$

wird so akustisch aufgehellt. So hat der Kopf mit einem angenommenen mittleren Durchmesser von ca. 18 cm zur Folge, dass Schall ab ca. 400 Hz

$$f \approx \frac{c}{\lambda} = \frac{340\,\mathrm{m/s}}{4 \times 0,18\,\mathrm{m}}$$

die Ohrmuschel mit ca. 6 cm Durchmesser, dass Schall ab ca. 1200 Hz und am Eingang des Gehörgangs mit ca. 2,5...3 cm Länge, dass Schall ab ca. 2,8 kHz an den jeweiligen Kanten gebeugt wird. Unterhalb der jeweiligen Frequenzen entsteht ein Schallschatten durch oder an Körper und Kopf (Intensitätsunterschiede). Infolge dessen gibt es Schallpegeländerungen im Schallfeld. Gemessen wird in der Median- und Horizontalebene des kopfbezogenen Koordinatensystems (Bild 4.4), um die benannten Änderungen nachzuweisen. In der Medianebene werden monaurale Zeit- und Pegeldifferenzen vorn und hinten gemessen.

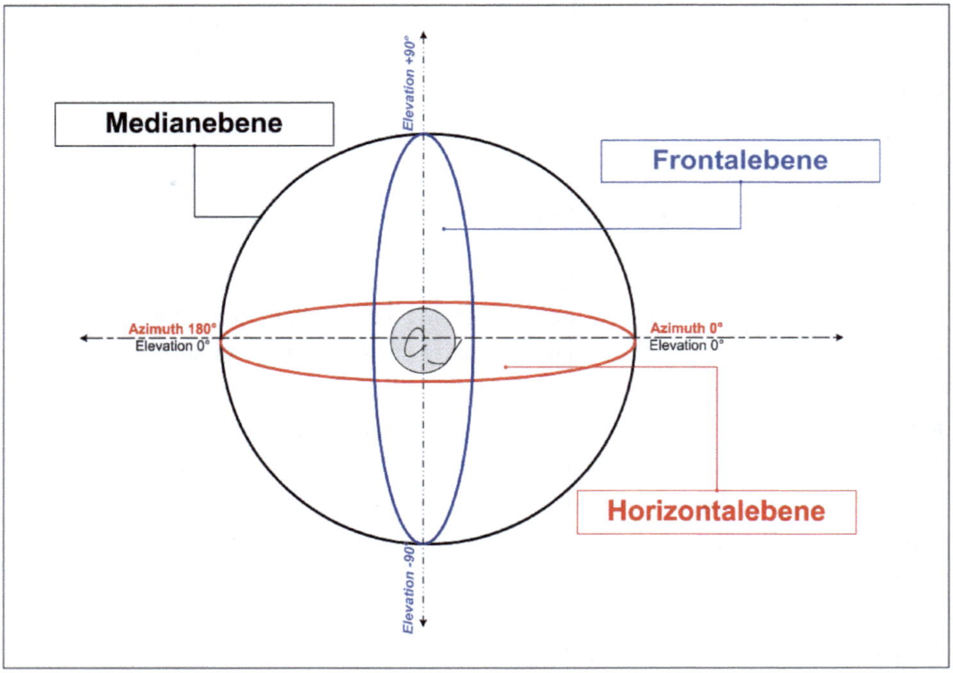

Bild 4.4 Kopfbezogenes Koordinatensystem

Ohrmuschel, Gehörgang und Trommelfell bilden ein Resonanzsystem mit einer Richtcharakteristik, die von der Frequenz abhängt (Außenohrübertragungsfunktion). Aufgrund der Bauform werden bestimmte Frequenzen verstärkt (Eigenfrequenzen). Diese sind bei einem erwachsenen Menschen gewissen Schwankungen unterworfen, orientieren sich aber an ca. 3 kHz für den Gehörgang, wenn er quasi als einseitig schallhart abgeschlossenes Rohr betrachtet wird. Weitere Eigenfrequenzen liegen bei ca. 5 kHz, 9 kHz, 11 kHz und 13 kHz (Blauert 1999).

Liegt eine Schallquelle nicht in der Medianebene, dann ist der Mensch auf binaurales Hören angewiesen. So kann er die interauralen zeitlichen Unterschiede, Intensität und Phase der spektralen Anteile, der an den beiden Ohren eintreffenden Signale, verarbeiten und analysieren. Außerdem wird durch binaurales Hören die Möglichkeit des zentralen Nervensystems genutzt, bestimmte Signale bis zu ca. 15 dB hervorzuheben und Hintergrundgeräusche zu unterdrücken.

Aber auch andere Eigenschaften beeinflussen die Lokalisation wie bspw. die Art des Schalls, d. h. die Breite des Frequenzbereichs und die Dauer. Die zentrale Frequenz, die Vertrautheit und Klangfarbe, die sich mit dem Einfallswinkel und der Entfernung verändern, sind für unsere Lokalisation von Schallquellen relevant. Die Wirksamkeit von Schallfeldreflexionen und zusätzlichen Schallquellen ist zu berücksichtigen.

Zur besseren Lokalisation verwenden wir auch unsere Kopfbewegungen, die sich meist zur Schallquelle hinbewegen, sowie suchende Bewegungen zur Orientierung. Diese Bewegungen werden visuell, durch das zentrale Nervensystem und das Gleichgewichtsorgan wahrgenommen.

4.2.2 Einfallswinkel in einer Halbebene

Das menschliche Gehör bestimmt durch den Einfallswinkel in einer Halbebene die Schalleinfallsrichtung. Die Auswertung der Laufzeitdifferenz (ITD: Internaural Time Difference) und der Pegeldifferenz (ILD: Internaural Level Difference) zwischen beiden Ohren dienen dann der Zuordnung der Position der Schallquelle. Dabei ist die **Laufzeitdifferenz** definiert als Zeitunterschied, den die Schallwege benötigen, um die beiden Ohren zu erreichen. Ist die Schallquelle näher am linken Ohr, so erreicht der Schall auch das linke Ohr zuerst. Der Schall erreicht dann das rechte Ohr entsprechend später bzw. verzögert. Befindet sich die Schallquelle direkt vor oder hinter dem Kopf entstehen keine Laufzeitdifferenzen. Ähnlich verhält es sich bei den ILD. Anhand der Möglichkeit der Analyse der ITD und ILD durch das menschliche Gehör, kann bereits mit diesen beiden Unterschiedsmerkmalen zwischen rechts, geradeaus und links lokalisiert werden. Offen ist nun noch die Lokalisation zwischen oben und unten oder vorne und hinten. Dazu wird der Einfallswinkel einer vollen Ebene genutzt.

4.2.3 Einfallswinkel in einer vollen Ebene

Ohrmuschel, Gehörgang und Trommelfell bilden ein Resonanzsystem. Somit erkennt das Gehör anhand der Resonanzen, die in der Ohrmuschel (Wellenlänge muss größer als die geometrischen Abmessungen sein) gebildet werden, ob der Schall von oben, unten, vorne oder hinten kommt. Nutzt man diese Information gekoppelt an die Information mit dem Einfallswinkel in einer Halbebene, so kann man die Schallquelle räumlich lokalisieren. Die Entfernungsinformation ist eine weitere Fähigkeit des menschlichen Gehörs.

4.2.4 Entfernung

Die Entfernungsbestimmung einer Schallquelle ist beim Menschen nicht durch die Analyse des aktuellen Schallereignisses, sondern an die Erinnerung gebunden. Das heißt, die Schallquellenentfernung wird nicht durch die Auswertung eines einfachen Algorithmus bestimmt, sondern durch den Vergleich von Erinnerungen. Dabei beziehen sich die Erinnerungen auf Klangmuster, die bereits wahrgenommen wurden. Bei den erlernten Klangmustern, die erinnert werden, werden zur Entfernungsbestimmung Reflexionsmuster, Klangfarbe, Tonhöhe und Lautstärke im Zusammenhang ausgewertet.

4.2.5 Binaurales Hören

Befindet sich also ein Mensch im Freifeld, so wird die Ausbreitung des Schalls einer Schallquelle durch Reflexion und Beugung am Rumpf, Kopf und Außenohr beeinflusst. Das an beiden Ohren eintreffende Signal wird in Abhängigkeit vom Abstand und Einfallsrichtung der Schallquelle linear verzerrt.

Befindet sich die Schallquelle seitlich von der Person, so hat das Signal an beiden Ohren eine unterschiedliche Laufzeit. Das heißt, dass das Signal an dem Ohr der zur Schallquelle abgewandten Seite später eintrifft. Weiterhin kommt das Signal durch das Kopfhindernis mit einem verringerten Pegel an. Dies wird als Interaurale-Laufzeitdifferenz und Interaurale-Pegeldifferenz bezeichnet. Verringert sich die Frequenz zu tiefen Frequenzen, so ist die Interaurale-Pegeldifferenz nicht mehr so stark. Bei tiefen Frequenzen wird dann zur Analyse die Laufzeit herangezogen (Rathbone, 2010).

Liegt die Schallquelle nicht in der Medianebene (Bild 4.4) und treffen daher interaurale Unterschiede zeitlich verschieden in Intensität und Phase der entsprechenden Spektralanteile der Ohreingangssignale ein, ist das binaurale Hören zur Bewertung der unterschiedlichen Signale ausschlaggebend. Zur Analyse werden zwei Vorgänge betrachtet. Einer wertet die interaurale Zeitverschiebungen innerhalb der Feinstruktur des Ohreingangssignals aus. Im Weiteren werden beim binauralen Vergleich die ermittelten Intensitätsunterschiede und die Zeitverschiebungen der Hüllkurven verarbeitet. Beide Vorgänge variieren personenabhängig (Lernprozesse, Befinden, Anpassungsfähigkeit etc.).

Ein Raumeindruck wird bereits wahrgenommen, wenn der Zeitunterschied beim Eintreffen der beiden Signale an den beiden Ohren 0,3 µs beträgt. Das von der Schallquelle dann weiter entfernte Ohr registriert so eine Intensitätsdifferenz von 1 dB. Hierdurch ist ein Richtungseindruck gegeben. Noch präziser funktioniert es in der Horizontalebene, in der bereits ein Unterschied bei 1° Abweichung der Schallquelle wahrgenommen werden kann.

Die Analysevorgänge der Zeit- und Intensitätsdifferenzbildung ermöglichen durch binaurales Hören eine Wahrnehmungsfokussierung, durch die bestimmte Signale durch das Nervensystem im Pegel angehoben bzw. abgesenkt werden können.

4.3 Binaurale Aufnahmetechniken

Gängige binaurale Aufnahmetechniken (Gerhard, 2015; Pompetzki, 2017) sind die **Kunstkopftechnik** und Ohrstöpseltechnik.

Mit einem Kunstkopf werden binaurale Aufnahmen generiert (acoustics, 2017) und damit präziser – auch hinsichtlich der virtuellen Nachbildung eines realen Raumes über Kopfhörer. Möglich wird diese Präzision durch die Nachbildung des Kunstkopfes ähnlich dem menschlichen Kopf/Oberkörper. Bei der Nachbildung ist nicht nur das Ohr von Bedeutung, sondern auch Schulterbereich und Torso. Das Außenohr wird aus Silikon oder einem Material mit ähnlichen Eigenschaften hergestellt, um so dem menschlichen Ohr sehr nahe zu kommen. Mikrofone mit Kugelcharakteristik werden in bestimmten Abstand im Ohr (Ohrkanal) angebracht. So können dann die kopfbezogene bzw. Außenohr- Übertragungsfunktionen (HRTF, Head Relateded Transfer Function, (Kleinemeier, 2018)) aufgenommen werden. Die HRTF entsteht durch Reflektion und Diffraktion einer Schallwelle am Kunstkopf (ggf. auch Rumpf).

Die **Ohrstöpseltechnik** verwendet Ohrstöpsel mit Mikrofon. Es werden ganz einfach zwei kleine Mikrofone in gewöhnliche Ohrstöpsel eingebaut. So kann dann binaural aufgenommen werden.

Die Anwendungen der einzelnen Techniken hängen vom Anspruch und den Rahmenbedingungen ab. So kann die Ohrstöpselmethode für Aufnahmen bei menschlichen Bewegungen verwendet werden. Der Kunstkopf wird für unterschiedlichste Aufnahmen verwendet (Sprach-, Studio-, oder Aufnahmen von Atmosphären, Räumen etc.). Sie ist in den meisten Fällen die bevorzugte binaurale Aufnahmetechnik.

4.3.1 Außenohr-Übertragungsfunktion

Die Head-Related Transfer Function (HRTF, (Mader, 2017)) oder kopfbezogene Übertragungsfunktion erhält man durch Messung der Stoßantwort am Außenohr in einem reflexionsarmen Raum, unter der Annahme, dass es sich um ein LTI-System handelt. Es wird an jedem Ohr die Impulsantwort meist am Ohreingang gemessen bzw. aufgenommen. So erhält man die **Head-Related Impulse Response** (HRIR) im Zeitbereich.

Die HRTF beschreibt die Übertragungsfunktion zwischen dem Schalldruck im Gehörgang einer Versuchsperson und dem Schalldruck im gleichen Schallfeld an dem Ort ohne Versuchsperson. Es treten lineare Verzerrungen der Signale am Kunstkopf auf. Verursacht werden diese durch Oberkörper, Schultern, Kopf und Ohrmuschel. Es entstehen auch Abschattungen und Beugungen am Kopf, Reflexionen am Körper und der Ohrmuschel. Im Einzelnen bedeutet dieses, dass der Oberkörper unterhalb von 1 kHz Pegeländerungen von ±3 dB, der Kopf oberhalb von 1 kHz ± 6 dB und die Schultern unterhalb von 2 kHz ± 5 dB hervorrufen können (Rec. ITU-T P.58 (03/2023)).

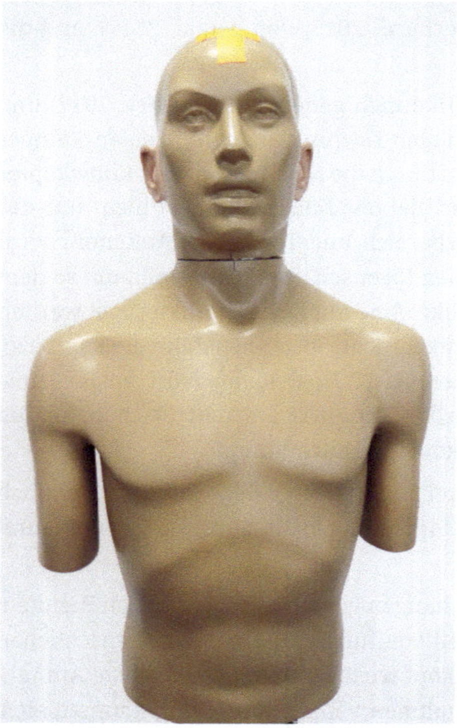

Bild 4.5
Kunstkopf mit Torso

Mit dem in Bild 4.5 abgebildeten Kunstkopf mit Torso wurde in verschiedenen Räumen die HRIR gemessen, so für den Seminarraum H 2506 an der TU Ilmenau, mit dem Volumen von 48 m^3 und einer Nachhallzeit von $T_N = 0{,}21$ s. Der Lautsprecher befand sich in einem Abstand von 2 m in einem Winkel von 0° zum Kunstkopf mit Torso.

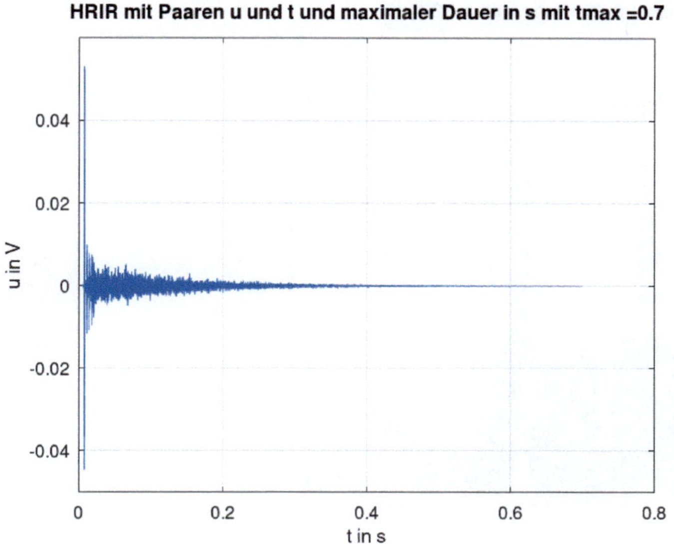

Bild 4.6 Einkanalige HRIR

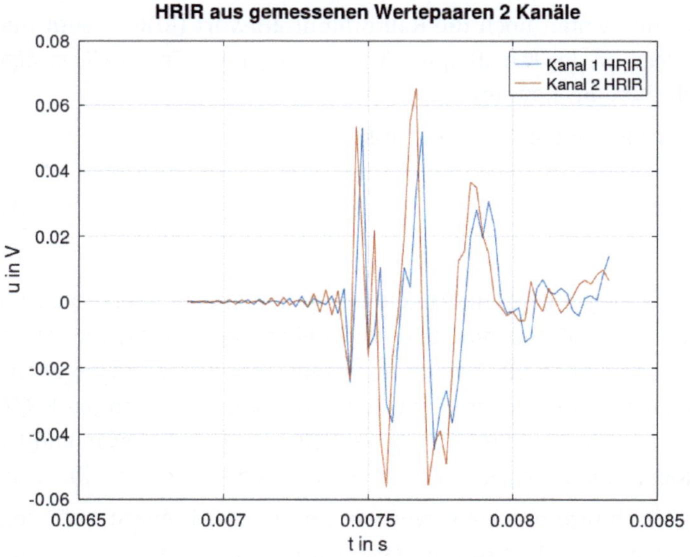

Bild 4.7 Zeitabschnitt beider Kanäle einer HRIR

Durch Fouriertransformation der HRIR ($F\{HRIR\}$) aus Bild 4.6 berechnet sich die HRTF (Werner, 2019) im Frequenzbereich (Bild 4.8).

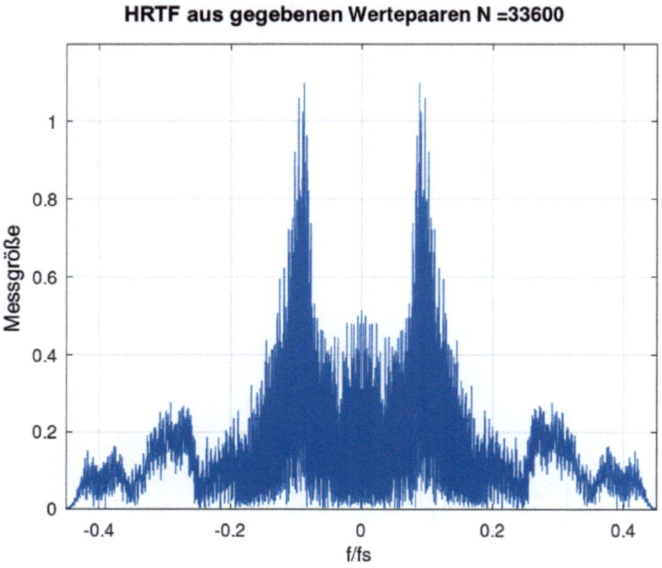

Bild 4.8 HRTF der einkanaligen HRIR aus Bild 4.6

Um den Einfluss des reflexionsarmen Raumes (bspw. nach DIN EN ISO 3745) aus der HRIR zu verringern, bestimmt man noch die Raumimpulsantwort (RIR – Room Impulse Response) an der Position des Kunstkopfes. Mit der folgenden Formel lässt sich dann der verbliebene Einfluss des Raumes herausrechnen:

Berechnung der HRTF mit geringem Raumeinfluss:

$$HRTF = \frac{\mathcal{F}\{HRIR\}}{\mathcal{F}\{RIR\}} \tag{4.1}$$

Mit der HRTF (Richter, 2019) liegen dann Informationen zu den linearen Verzerrungen vor. Diese sind durch Kopf, Rumpf, Ohrmuscheln- und Gehörgänge entstanden. Meist verwendet man zur Bestimmung der HRTF einen Kunstkopf. Die HRTF sieht bei unterschiedlichen „Ohren“ an bestimmten Stellen ähnlich aus. Deshalb kann man die HRTF grob in gewisse Abschnitte einteilen. In Bild 4.7 sind zwei HRTFs dargestellt. Die in Bild 4.7 dargestellten HRTF (li – Kanal 1) und (re – Kanal 2) verdeutlichen die Unterschiedlichkeit.

Die HRTF kann in vier Abschnitte unterteilt werden. Im ersten Abschnitt befinden sich die tieffrequenten Anteile ($\lambda \gg$ Kopfdurchmesser), im zweiten Teil (> 1 kHz) findet man den Schultereinbruch, im dritten Teil (ca. 2 kHz) erkennt man die $\lambda/4$–Resonanz des Ohrkanals und im letzten Abschnitt (6…10 kHz) findet man die individuellen Interferenzeinbrüche in Abhängigkeit von der Ohrmuschel.

Möchte man eine binaurale Audiowiedergabe erstellen, verwendet man dazu die HRTF, die bspw. mit einem Kunstkopf aufgenommen wurde. Über Kopfhörer kann dieser spezielle Höreindruck vermittelt werden.

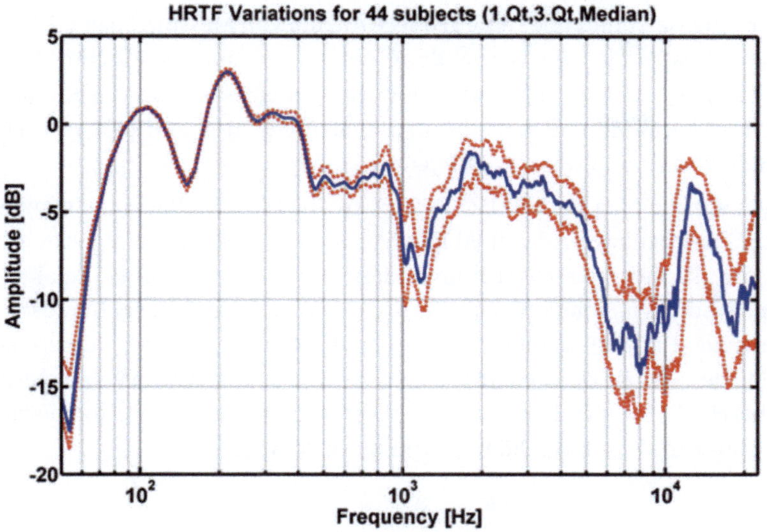

Bild 4.9 Gemittelte HRTF (durchgezogen) und Interquartilabstand (25 %, 75 %); Datensatz aus IRCAM HRTF database (© Stephan Werner, TU Ilmenau)

Man kann auch durch Faltung eines Raumsignals mit den jeweiligen HRIR eine derartige Tonwahrnehmung herstellen.

Um die Richtungsabhängigkeit zu erfassen, bedient man sich des kopfbezogenen Koordinatensystems aus Bild 4.4. Dabei ist die Horizontalebene ein Kreis um den Kopf von $\varphi = 0°...360°$ und $\delta = 0°$. Die Medianebene erstreckt sich dann von $\varphi = 0°$ und $\delta = 0°...360°$. Durch die beiden Winkel kann die Schalleinfallsrichtung festgelegt werden.

4.3.2 Kunstkopftechnik

Um binaurale Signale mit ihren richtungsabhängigen Anteilen messen zu können und die dazugehörige Außenohrübertragungsfunktion zu erhalten (Mader, 2017), bedient man sich verschiedenen Anordnungen. Mithilfe der Kenntnis der akustischen Wahrnehmung beim Menschen wird bei der binauralen Raumsimulation (Pompetzki, 2017) eine Beurteilung des akustischen Raumverhaltens im Modell möglich. Dabei verwendet man neben einem maßstäblichen Raummodell einen entsprechend verkleinerten Kunstkopf, der in den maßstäblich verkleinerten Raum eingebracht wird. Anschließend kann die Messung der Außenohrübertragungsfunktion vorgenommen werden. Problematisch sind bei diesen Messungen die Bandbreite, die Außenohrgeometrie sowie die Empfindlichkeit. Zur Gewinnung der richtungsunabhängigen Anteile hinter dem Ohrkanal können auch als erste Näherung digitale Filter zur Nachbildung verwendet werden. Ebenfalls werden Miniaturmikrofone im Gehörgang oder

Sondenmikrofone eingesetzt und über eine größere Anzahl von Messungen gemittelt. Besser und kostengünstiger ist die Verwendung eines zweikanaligen Richtmikrofons – ein Kunstkopf, der auch wenn er mit einem Torso ausgestattet ist, als Rumpfsimulator bezeichnet wird. Mit einem solchen speziellen technischen Gerät werden Messungen reproduzierbar und weniger aufwendig.

Die Normen zu den Kunstköpfen sind die ISO TR 959 bzw. die ITU p.58. Darin findet man Festlegungen zum Übertragungsverhalten, Abmessungen der Kunstköpfe etc. getroffen. Der Einsatz von Kunstköpfen erstreckt sich über Messungen von Räumen (Raumakustik), Prüfung von akustischen Simulationen, akustische Qualitätsmessungen, Geräuschmessungen (Fahrzeuge, Haushaltsgeräte, Straßenlärm, Bauakustik u. v. m.), Hörgerätemessungen usw. Mit den vielfältigen Messungen steht eine gewisse Anzahl an Parametern zur Auswertung bereit, die entsprechend analysiert werden, um Aussagen zu komplexeren Funktionen bspw. zur Akustik von Räumen treffen zu können.

4.3.3 Binaurale Parameter

Funktionale Zusammenhänge (Werner, 2019), die aus binauralen Messungen abgeleitet werden (Hellmich, 2012), sind Parameter wie die Interaural Level Difference (ILD) und die Interaural Time Difference (ITD). Dabei bestimmt man die ITD zu

$$\Delta t = \frac{d}{2c}\left(\sin\varphi + \varphi\right)\cos\varphi$$

wenn der Kopf als Kugel angenommen wird. Die Zeitdifferenz bestimmt sich dann aus dem Quotienten aus Durchmesser d und Schallgeschwindigkeit c sowie dem Einfallswinkel φ. Ist der Durchmesser des Kopfes bzw. der mittlere Ohrabstand mit ca. 17 cm angenommen, so entspricht dies einer Grenzfrequenz von ca. 1,9 kHz.

Beide Zusammenhänge (ILD und ITD) werden nicht nur für die Lokalisation gebraucht, mit diesen wird auch eine Gewichtung vorgenommen. Die ITD wird für die Laufzeitdifferenz niederfrequenter Töne (große Wellenlänge), die ILD dagegen bei hohen Tönen (größer 300 Hz bzw. kleine Wellenlänge) herangezogen. Außer diesen beiden akustischen Merkmalen gibt es noch die Interaural Phase Difference (IPD), die Binaural Masking Level Difference (BMLD) und den Interaurale Cross Correlation Coefficient (ICCC). Seine Kurzbezeichnung ist IC für die interaurale Korrelation. Er wird zur Beschreibung des Hörens der Räumlichkeit verwendet. Durch den ICCC wird die Ähnlichkeit zweier Signale bestimmt. Dafür werden die Raumimpulsantworten der beiden Signale an den Ohren verwendet. Stimmen beide Signale annähernd überein, so erreicht der IC bzw. der ICCC einen Wert von „1“ – anderenfalls „< 1“. Die Berechnung des ICCC bzw. IC erfolgt mit der folgenden Formel

ICCC mit den frei wählbaren Zeitgrenzen t_1 und t_2

$$ICCC = \max \left| \frac{\int_{t2}^{t1} p_L^2(t)\, p_R^2(t+\tau)\, dt}{\sqrt{\int_{t2}^{t1} p_L^2(t)\, dt \int_{t2}^{t1} p_R^2(t)\, dt}} \right| \tag{4.2}$$

mit (–1 ms) < τ < 1 ms.

Der ICCC ist das Maximum des Betrages der normierten Kreuzkorrelationsfunktion in frei wählbaren zeitlichen Grenzen. Die Verschiebungszeit ist mit τ angegeben.

Neben diesen komplexen funktionalen Zusammenhängen werden aber auch der Schalldruckpegel am Ohr bzw. das Spektrum gemessen. Die eingangs benannten komplexen funktionalen Zusammenhänge beschreiben die Eigenschaften des menschlichen Gehörs (Tabelle 4.1).

Zur Geräuschlokalisation betrachtet man die sogenannten Blauertschen Bänder in der Medianebene. Die Lokalisation mithilfe dieser Bänder liefert als Ergebnis die Richtung des Geräusches – von oben, vorn oder hinten. Die Frequenzbereiche der Blauertschen Bänder aufgeteilt:

um 1 kHz herum	Geräusche von hinten
9...15 kHz	Geräusche von hinten
1...2 kHz	Geräusche von hinten
2...6 kHz	Geräusche von vorn
6...8 kHz	Geräusche von oben

Die Geräuschlokalisation wird mit einer Frequenzanalyse wahrgenommen, und kann auch monaural zu dem Ergebnis führen.

Tabelle 4.1 Binaurale Parameter

Binauraler Parameter	Beschreibung
ILD	▪ an den beiden Ohren auftretenden Pegelunterschiede werden durch das Nervensystem ausgewertet ▪ spezielle Nervenzellen sind in der Lage festzustellen, mit welchen Pegelunterschieden bzw. mit welcher Pegelgleichheit Signale eintreffen ▪ zwischen „links“ und „rechts“ festgestellte Unterschiede lassen Rückschlüsse auf die Schalleinfallsrichtung zu

Binauraler Parameter	Beschreibung
	▪ das schallabgewandte Ohr registriert einen niedrigeren Schallpegel, da der Schall durch den längeren Weg, die Form des Außenohres, durch Reflexion, Beugung und Brechung sowie Resonanzeffekten bedämpft wird ▪ ILD kann maximal 2 dB betragen, wenn man das Entfernungsgesetz anwendet $\frac{p_2}{p_1} = \frac{r_1}{r_2}$ mit r Abstand zur Quelle und p Schalldruck am Ohr
ITD	▪ an den beiden Ohren auftretende Laufzeitunterschiede werden durch das Nervensystem ausgewertet ▪ spezielle Nervenzellen sind in der Lage festzustellen, mit welchen Zeitunterschieden akustische Signale eintreffen ▪ zwischen „links“ und „rechts“ festgestellte zeitliche Unterschiede lassen Rückschlüsse auf die Schalleinfallsrichtung (Azimut) zu ▪ Lokalisation von akustischen Signalen in der Horizontalebene (Bild 4.4) ▪ ITD bewegt sich zwischen t = 0...800 µs
IPD	▪ Interaural Phase Difference
BMLD	▪ Pegelunterschied bzw. Pegeldifferenz, mit der ein akustisches Signal beim binauralen Hören mit einem Maskierer als unterschiedlich wahrgenommen wird
ICCC	▪ Maximum der Korrelationsfunktion, welches zwischen –1...1 ms liegen kann, wird als Wert des ICCC angegeben ▪ ein geringer ICCC weist auf einen Räumlichkeitseindruck hin

4.4 Parameter Kunstkopf

Des Weiteren wird bei akustischen Merkmalen bzw. Parametern zwischen monauralen und binauralen unterschieden (Weinzierl, 2009). Dabei beziehen sich monaurale Parameter auf ein Ohr – binaurale auf beide Ohren (s. Abschnitt 4.3.3). Monaurale Parameter, die sich auf nur ein Ohr beziehen, betrachten meist das Frequenzspektrum. So kann dieses aus der Impulsantwort mithilfe der Fouriertransformation berechnet werden.

Allgemein wird der Durchmesser eines Kunstkopfes als Mittelwert auf bestimmte Maße menschlicher Köpfe verwendet. Der daraus bestimmte Mittelwert für einen menschlichen Kopf wird mit ca. 17 cm angenommen. Das heißt, der Durchmesser $d \approx 17$ cm hat damit Einfluss auf Werte der Tabelle 4.1. So kann der maximale Weg, den Schall länger zu dem anderen Ohr unterwegs ist, berechnet werden aus dem **halben Kopfumfang**.

$$s = \frac{d\pi}{2} \tag{4.3}$$

Dabei wird vorausgesetzt, dass die Schallgeschwindigkeit für die Betrachtung bei momentaner Umgebungstemperatur konstant ist. So lässt sich die Zeit bzw. die Laufzeitdifferenz bestimmen zu

$$\Delta t = \frac{\Delta s}{c}$$

Entscheidend ist neben der Kopfform auch die Ohrmuschelform. Die Ohrmuschelform ist wesentlich beim Richtungshören.

Die besonderen Merkmale und Parameter eines Kunstkopfes werden in den Empfehlungen ITU-T P.57 (2/2021) und ITU-T P.58 (3/2023) behandelt. So wird ein anatomischer Pinna-Simulator (künstliche Ohren) in der ITU-T P.57 behandelt. In dieser Norm geht es u. a. um die künstlichen Ohren Typ 1 bis 3 und deren elektroakustischen Spezifika.

Darüber hinaus findet man auch wichtige Hinweise zum Ohrsimulator in der IEC 60318-4.

In der Empfehlung ITU-T P.58 sind auch die relevanten Parameter Frequenzgang, Richtcharakteristik und Klirrfaktor beschrieben. Spezifiziert werden in der ITU P.58 die elektroakustischen Charakteristika des Kopf- und Rumpfsimulators für Freifeld – und Diffusfeldmessungen.

4.5 Kunstkopfarten

Verschiedene Hersteller von Kunstköpfen für spezielle Anwendungen sind in Tabelle 4.2 aufgeführt.

Tabelle 4.2 Kunstköpfe verschiedener Hersteller

Nr.	Kunstkopfbezeichnung	Hersteller	Bemerkung
1	Manikin MK 2	Cortex	Musikinstrumentenaufnahme
2	KU 80/ KU 81	Neumann	Wird nicht mehr hergestellt
3	KU 100	Neumann	Hörspiele, Musikaufnahmen
4	HMS II.3 /HMS IV	HEAD acoustics	Kfz-Innenraumgeräuschmessungen, Handapparatemessungen, Sprachqualität
5	HOGO	ITA Aachen	Prototyp
6	4128	Bruel & Kjaer	In-situ-Messungen
7	XX	Nutzung moderner Med.-technik	Fräsen eines Kopfes mithilfe der CT aus Polyurethan

4.6 Anhang

Darstellung der mit dem Kunstkopf mit Torso (Gras Kemar dummy head with torso (KB0060, KB0061, mic and IEPE modules M32)) HRIR und HRTF aus Abschnitt 4.3.1:

```
%----------------------------------------------------------------------
% GNU-Octave-Anhang zum Kapitel 4 Kunstkopf KK
% Einlesen eines Kanals IR-Kunstkopf
%
% Dateinamen: HRTIRuFFT.m
% Ausgabedaten: Grafik
% Autor: Dr.-Ing. Torsten Köhler
% Erstellungsdatum: 16.12.2023
% Variante für die einfache Erstellung eins m-Files
% GNU - Octave - Version 6.4.0
%______________________________________________________________________
%{
KOMMENTAR:
Es soll eine kleine Aufgabe für die Darstellung des Zusammenhangs zwischen
Schallpegel und Frequenzton sein.
 %}
 %_____________________________________________________________________
clc;
clear all;
% Löschen aller Variablen und deren Inhalte aus dem Speicher
disp('Erzeugen einer einfachen Grafik fuer die KK-IR ..... ')
disp(' und die Berechnung der FTT davon !')
% Textausgabe zur Berechnung
[y,fs] = audioread('C:\scanpaperport\BRIR_DH_H2505_M_C_000.wav');
% Einlesen der Messwerte aus einer wav-Datei
N = length(y(:,1)); % Bestimmung der Anzahl der Messwerte
disp('                          ') % Leeerueile im Befehlsfenster
fprintf(1,'N = %g Anzahl von Abtastwerten \n',N)
% Ausgabe der Anzahl der Abtastwerte
disp('                          ') % Leeerueile im Befehlsfenster
fprintf(1,'fa = %g Abtastfrequenz in Hz \n',fs)
% Ausgabe der Abtastfrequenz
disp('                          ') % Leeerueile im Befehlsfenster
% Bestimmung der Zeitwerte mit Hilfer der Abtastfrequenz
tn=(1:N)*(1/fs);
% Maximale Zeit tN wie in der audioinfo ausgegeben
% tn sind alle Zeit-Abtastwerte in zeitlicher Reihenfolge
DateiInfo = audioinfo('C:\scanpaperport\BRIR_DH_H2505_M_C_000.wav')
%  Informationen aus der wav-Datei wie bspw. Kanäle, fs, T ....
yt=y(1:N,1); % wegen audioInfo 1 Kanal auslesen mit N Abtastwerten für die DFT
% Erzeugen der Grafik Nr.1 für den Kanal 1 der HRIR vom KK
h=figure(1);
    %   Zuordnung der Grafik für die Darstellung 1-Kanal-IR vom KK
    plot(yt);
    %   2D Darstellung der Wertepaare
    axis([1 N/2 -0.05 0.06]);
    %   Optimierung der Achsen zur besseren Darstellung auf N/2
    grid on
    %   Gitternetzlinien in der Grafik
    xlabel('N Samples');
```

```
    % Bezeichnung der x-Achse der Grafik mit "L in dB"
    ylabel('u in V');
    %  Bezeichnung der y-Achse der Grafik mit " f in Hz"
    title('HRIR aus gegeben Wertepaaren');
    % Titel für die Darstellung
    saveas(h,'c:\scanpaperport\HRIRn','tif');
    %  Speichert ein Grafikobjekt h in der Datei richtcharakteristiken.tif
    %  bei entsprechender Pfad-Angabe im Verzeichnis mathedaten.
    pause ('on');
    %  Aktivierung der Pausenfunktion
    pause (5);
    %  Pause von 10s
    pause ('off');
    %  Deaktivierung der Pausenfunktion
    close(h);
% Grafik Nr. 2 nun mit Zeitwerten an der x-Achse und Spannungswerten
% an derv y-Achse(Wertepaare t,y)
tmax=N*(1/fs);
% maximale Zeit der HRIR, siehe auch audioinfo !
str=num2str(tmax);
% Erzeugen einer Zeichenkette aus einer Zahl
str=strcat("HRIR mit Paaren u und t und maximaler Dauer in s mit tmax =  ", str);
h=figure(2);
    %  Zuordnung der Grafik für die Darstellung 1-Kanal-IR vom KK
    plot(tn,yt);
    %  2D Darstellung der Wertepaare
    axis([0 0.8 -0.05 0.06]);
    %  Optimierung der Achsen zur besseren Darstellung auf N/2
    grid on
    %  Gitternetzlinien in der Grafik
    xlabel('t in s');
    % Bezeichnung der x-Achse der Grafik mit "L in dB"
    ylabel('u in V');
    %  Bezeichnung der y-Achse der Grafik mit " f in Hz"
    title(str);
    % Titel für die Darstellung
    saveas(h,'c:\scanpaperport\HRIRtn','tif');
    %  Speichert ein Grafikobjekt h in der Datei richtcharakteristiken.tif
    %  bei entsprechender Pfad-Angabe im Verzeichnis mathedaten.
    pause ('on');
    %  Aktivierung der Pausenfunktion
    pause (5);
    %  Pause von 10s
    pause ('off');
    %  Deaktivierung der Pausenfunktion
    close(h);
% DFT, Segmentlänge für FFT und ZERO-Padding
FN=abs(fft(yt,N));
% DFT wobei die für die FFT erforderlich Anzahl an Stellen
% mit Nullen aufgefüllt wird
NFFT=length(FN); % Anzahl der Stellen nach der DFT
disp('                      ') % Leereueile im Befehlsfenster
fprintf(1,'N = %g FFTSamples \n',NFFT)
% Ausgabe der Anzahl der Anzahl der Stellen in der Grafik nach der DFT
disp('                      ') % Leereueile im Befehlsfenster
% Grafik Nr. 3 als einfaches Frequenzspektrum nach der DFT
```

```
h=figure(3);
    %  Zuordnung der Grafik
    plot(FN);
    %  2D Darstellung der Wertepaare
    %axis([200 20000 -11 9]);
    %  Optimierung der Achsen zur besseren Darstellung
    grid on
    %  Gitternetzlinien in der Grafik
    str=num2str(NFFT);
    % Erzeugen einer Zeichenkette aus einer Zahl
    str=strcat("N = ", str);
    % Zusammenführung von zwei Zeichenketten
    xlabel(str);
    % Bezeichnung der x-Achse der Grafik mit "L in dB"
    ylabel('Werte');
    %  Bezeichnung der y-Achse der Grafik mit " f in Hz"
    title('HRTF aus gegeben Wertepaaren');
    % Titel für die Darstellung
    saveas(h,'c:\scanpaperport\HRTFFFTN','tif');
    %  Speichert ein Grafikobjekt h in der Datei richtcharakteristiken.tif
    %  bei entsprechender Pfad-Angabe im Verzeichnis mathedaten.
    pause ('on');
    %  Aktivierung der Pausenfunktion
    pause (5);
    %  Pause von 10s
    pause ('off');
    %  Deaktivierung der Pausenfunktion
    close(h);
% Grafik Nr. 4 als einfaches Frequenzspektrum nach der DFT (normiert)
fn= [0: NFFT-1]/NFFT;
h=figure(4);
    %  Zuordnung der Grafik
    plot(fn, FN);
    %  2D Darstellung der Wertepaare
    %axis([200 20000 -11 9]);
    %  Optimierung der Achsen zur besseren Darstellung
    grid on
    %  Gitternetzlinien in der Grafik
    str=num2str(NFFT);
    % Erzeugen einer Zeichenkette aus einer Zahl
    str=strcat("HRTF aus gegeben Wertepaaren   N = ", str);
    % Zusammenführung von zwei Zeichenketten
    xlabel('normiert');
    % Bezeichnung der x-Achse der Grafik mit "L in dB"
    ylabel('Werte');
    %  Bezeichnung der y-Achse der Grafik mit " f in Hz"
    title(str);
    % Titel für die Darstellung
    saveas(h,'c:\scanpaperport\HRTFFFTn','tif');
    %  Speichert ein Grafikobjekt h in der Datei richtcharakteristiken.tif
    %  bei entsprechender Pfad-Angabe im Verzeichnis mathedaten.
    pause ('on');
    %  Aktivierung der Pausenfunktion
    pause (5);
    %  Pause von 10s
```

```
    pause ('off');
    %  Deaktivierung der Pausenfunktion
    close(h);
    pause('on');
% Grafik Nr. 5 Frequenzspektrum
FN = fftshift(FN);
% Verschieben der Frequenzen bzw. Zentrieren um Null 0
FNS = [-N/2:N/2-1]/N;
% Zuordnung auf der x-Achse
h=figure(4);
    %  Zuordnung der Grafik
    plot(FNS, FN);
    %  2D Darstellung der Wertepaare
    axis([-0.45 0.45 0 1.2]);
    %  Optimierung der Achsen zur besseren Darstellung
    grid on
    %  Gitternetzlinien in der Grafik
    str=num2str(NFFT);
    % Erzeugen einer Zeichenkette aus einer Zahl
    str=strcat("HRTF aus gegeben Wertepaaren   N = ", str);
    % Zusammenführung von zwei Zeichenketten
    xlabel('f/fs ');
    %  Bezeichnung der x-Achse der Grafik mit "L in dB"
    ylabel('Messgroesse');
    %  Bezeichnung der y-Achse der Grafik mit " f in Hz"
    title(str);
    %  Titel für die Darstellung
    saveas(h,'c:\scanpaperport\HRTFFFTshift','tif');
    %  Speichert ein Grafikobjekt h in der Datei richtcharakteristiken.tif
    %  bei entsprechender Pfad-Angabe im Verzeichnis mathedaten.
    pause ('on');
    %  Aktivierung der Pausenfunktion
    pause (5);
    %  Pause von 10s
    pause ('off');
    %  Deaktivierung der Pausenfunktion
    close(h);
    pause('on');
% Ausgabe Ende
disp('     ENDE     ')
% Halten der Informationen im Befehlsfenster von Octave
pause(30);
% Löschen der Darstellungen im befehlsfensters von Octave
clc
% ENDE !
```

Darstellung der 2-kanaligen HRIR als einen zeitlichen Abschnitt (Direktschall und erste Reflexion):

```
%----------------------------------------------------------------------
% GNU-Octave-Anhang zum Kapitel 4 Kunstkopf KK
% Einlesen eines Kanals IR-Kunstkopf
%
% Dateinamen: HRTIR2K
% Ausgabedaten: Grafik
```

```
% Autor: Dr.-Ing. Torsten Köhler
% Erstellungsdatum: 09.02.2024
% Variante für die einfache Erstellung eins m-Files
% GNU - Octave - Version 6.4.0
%_____________________________________________________________________________
%{
KOMMENTAR:
Es soll eine kleine Aufgabe für die Darstellung des Zusammenhangs zwischen
Schallpegel und Frequenzton sein.
 %}
 %____________________________________________________________________________
clc;
clear all;
% Löschen aller Variablen und deren Inhalte aus dem Speicher
disp('Erzeugen einer einfachen Grafik fuer die KK-IR ..... ')
disp(' und die Berechnung der FTT davon !')
% Textausgabe zur Berechnung
[y,fs] = audioread('C:\scanpaperport\BRIR_DH_H2505_M_C_000.wav');
% Einlesen der Messwerte aus einer wav-Datei
N1 = length(y(:,1)); % Bestimmung der Anzahl der Messwerte
N2 = length(y(:,2)); % Bestimmung der Anzahl der Messwerte
N1==N2;

disp('                         ') % Leeerueile im Befehlsfenster
fprintf(1,'N1 = %g Anzahl von Abtastwerten \n',N1)
% Ausgabe der Anzahl der Abtastwerte
disp('                         ') % Leeerueile im Befehlsfenster
fprintf(1,'N2 = %g Anzahl von Abtastwerten \n',N2)
% Ausgabe der Anzahl der Abtastwerte
disp('                         ') % Leeerueile im Befehlsfenster
fprintf(1,'fa = %g Abtastfrequenz in Hz \n',fs)
% Ausgabe der Abtastfrequenz
disp('                         ') % Leeerueile im Befehlsfenster
% Bestimmung der Zeitwerte mit Hilfer der Abtastfrequenz
tn=(1:N1)*(1/fs);
% Maximale Zeit tN wie in der audioinfo ausgegeben
% tn sind alle Zeit-Abtastwerte in zeitlicher Reihenfolge
DateiInfo = audioinfo('C:\scanpaperport\BRIR_DH_H2505_M_C_000.wav')
%  Informationen aus der wav-Datei wie bspw. Kanäle, fs, T ....
yt1=y(1:N1,1); % wegen audioInfo 1 Kanal auslesen mit N Abtastwerten für die DFT
yt2=y(1:N2,2); % wegen audioInfo 1 Kanal auslesen mit N Abtastwerten für die DFT
delta=(330:400);
% nur eine bestimmte Anzahl von Wertepaaren, wegen der besseren Darstellung
h=figure(1)
%   Zuordnung der Grafik für die Darstellung
plot(tn(delta),yt1(delta),tn(delta),yt2(delta));
 %   2D Darstellung der Wertepaare beider Kanäle; ABER nur ein Abschnitt
grid on;
%   Gitternetzlinien in der Grafik
legend('Kanal 1 HRIR', 'Kanal 2 HRIR');
% Legende zum Plot
xlabel('t in s');
%  Bezeichnung der x-Achse der Grafik mit "L in dB"
ylabel('u in V');
%   Bezeichnung der y-Achse der Grafik mit " f in Hz"
```

```
title('HRIR aus gemessenen Wertepaaren 2 Kanäle');
%  Titel für die Darstellung
saveas(h,'c:\scanpaperport\HRIR2K','tif');
%   Speichert ein Grafikobjekt h in der Datei richtcharakteristiken.tif
%   bei entsprechender Pfad-Angabe im Verzeichnis mathedaten.
pause ('on');
%   Aktivierung der Pausenfunktion
pause (5);
%   Pause von 10s
pause ('off');
%   Deaktivierung der Pausenfunktion
close(h);
% Grfikfenster schliessen
clc;
clear all;
close all;
```

Darstellung der HRTF aus vorgegeben Wertepaaren in Abschnitt 4.3.1:

```
%-------------------------------------------------------------------------
% GNU Octave-Anhang zum Kapitel Kunstkopf Punkt 4.3.1
% Außenohrübertragungsfunktion
% Beispiel zur prinzipiellen Darstellung der Frequenzabhängigkeit an
% markanten Punkten, die sich aus vielen Messungen herausgestellt haben.
% Dateinamen: HRTFKK.m
% Eingabedaten: Wertevorgaben aus einem Diagramm
% Ausgabedaten: Diagramm bzw. Plot in 2D
% Dateinamen: HRTFKK.m
% Ausgabedaten: Grafik
% Autor: Dr.-Ing. Torsten Köhler
% Erstellungsdatum: 22.11.2023
% Variante für die einfache Erstellung eins m-Files
% GNU Octave 6.4.0
%_________________________________________________________________________
%{
KOMMENTAR:
Es soll eine kleine Aufgabe für die Darstellung der Abhängigkeit der
der Pegels von der Frequenz für ganz bestimmt und in Messungen auf-
findbare Werte sein.
%}
%_________________________________________________________________________
clc;
%   Der Befehl dient zur Bereinigung des "Command Window" und ist sinnvoll
%   zur Erhaltung der Übersichtlichkeit für Ein- und Ausgabe bei Funktionen.
clear all;
%   Löschen aller Variablen und deren Inhalte aus dem Speicher
disp('Erzeugen einer einfachen Grafik für markante Werte der HRTF')
%   Textausgabe zur Berechnung
f=200:200:20000;
%   Erzeugt einen Vektor für Frequenzen von 200 Hz bis 20 kHz im einer
%   Schrittweite von 200 Hz
L=[0,2,3,0,0,0,0,0,0,1,4,5,8,9,11,8,3,2,0,0,0,0,0,0,0,0,3,4,5,3,1,0,0,0,0,0,0,0,0,-
1,-2,-3,-4,-5,-6,-7,-8,-9,-10,-12,-10,-9,-8,-7,-6,-6,-5,-5,-5,-4,-3,-2,-1,-
1,0,1,2,2,3,4,4,5,5,5,5,6,6,6,4,4,3,3,2,2,1,1,1,1,1,1,1,1,0,0,0,0,0,0,0,0];
%   Vektor vorgegebener Pegel-Werte in dB mit den markanten Punkten
```

```
%   in einer HRTF
n = length(L);
%   Anzahl der Elemente der eigelesenen Pegelwerte
%   Da in Octave kein smotth() wie in Matlab funktionier, wird nun
%   der gleitende Mittelwert berechnet:
for index = 2:n
    Mittelwert(index-1) = mean(L(1:index));
end
L=Mittelwert;
%   Übergabe der "neuen" Pegelwerte an L
f=f(1:length(L));
%   Verringerung der Elemente wegen der n-1 Indizierung
%   L=smooth(L); % so würde es in Matlab aussehen
%   Moving Averrage Filter zur Glättung der Funktionswerte
%   Erzeugung eines kontinuierlichen Verlauf zur besseren Darstellung
if (length(f)==length(L)),
    disp('Grafik wird mit den gegebenen Wertepaaren erzeugt.')
    h=figure(1);
    %   Zuordnung der Grafik
    semilogx(f, L, '-.b','LineWidth',2);
    %   2D Darstellung der Wertepaare
    axis([200 20000 -11 9]);
    %   Optimierung der Achsen zur besseren Darstellung
    grid on
    %   Gitternetzlinien in der Grafik
    xlabel('f in Hz');
    %  Bezeichnung der x-Achse der Grafik mit "L in dB"
    ylabel('L in dB');
    %   Bezeichnung der y-Achse der Grafik mit " f in Hz"
    title('HRTF aus gegeben Wertepaaren');
    %  Titel für die Darstellung
    saveas(h,'c:\scanpaperport\HRTFg','tif');
    %   Speichert ein Grafikobjekt h in der Datei richtcharakteristiken.tif
    %   bei entsprechender Pfad-Angabe im Verzeichnis mathedaten.
    pause ('on');
    %   Aktivierung der Pausenfunktion
    pause (10);
    %   Pause von 10s
    pause ('off');
    %   Deaktivierung der Pausenfunktion
    close(h);
    %   Schließt das Grafikfenster
    clc;
    %   Entferenen der Befehle aus dem "Command Window"
else
    disp('Wertepaare prüfen !')
    %   Ausgabe eines Textes
    str = ['L = ',num2str(length(L))];
    %   Erzeugt einen String zur Ausgabe auf dem Display
    disp(str)
    %   Ausgabe des Textes auf dem Display
    str = ['f = ',num2str(length(f))];
    %   Erzeugt einen weiteren String mit eines anderen Variablen
    disp(str)
    %   Ausgabe des Strings auf dem Display
    disp('Grafik wurde nicht erzeugt !')
end
```

5 Raumakustik

5.1 Allgemeines zur Raumakustik

Raumakustik (Neubauer, 2020) beschäftigt sich mit der Schallausbreitung in Räumen. Mit den Erkenntnissen der Raumakustik werden Räume baulich und technisch hinsichtlich der akustischen Eigenschaften bis hin zum Gebrauch veränderbar. Räume unterscheiden sich von der Größe (Wohnraum, Kirche, Fabrikhalle etc.) und den Nutzungsanforderungen. Eine Kirche oder ein Konzertsaal sind prinzipiell große Räume, weichen aber durch die Nutzung voneinander ab.

Gerade bei Neubauten arbeiten daher Architekten und Akustiker in der Planungsphase zusammen, um eine optimale Raumgestaltung zu erzielen. Man unterscheidet zwischen Bau- und Raumakustik (Weinzierl, 2009). Erstere beschreibt den Schallschutz von Gebäuden und Räumen. Betrachtet wird in beiden Fällen die Schallausbreitung im Raum und deren Zuordnung bei den raumakustischen Kriterien. Diese Kriterien können psychologisch (subjektives Hörempfinden), physikalisch oder technisch (objektive Gesetzmäßigkeiten) sein. In der Regel gibt es sowohl subjektive als auch objektive Parameter, wobei die subjektiven Parameter immer einen gewissen Spielraum haben werden. In der **Bauakustik** betrachtet man den Frequenzbereich von 100...3150 Hz für den Schallschutz bzw. zur Lärmbeurteilung den Frequenzbereich von 50...10 000 Hz, dagegen werden in der Raumakustik Frequenzen zwischen 63...4000 Hz oder der gesamte Hörfrequenzbereich (20...20 000 Hz) zur Untersuchung herangezogen. Frequenzen unterhalb des Hörfrequenzbereiches ordnet man dem Infraschall $f < 20$ Hz zu, beispielsweise Erschütterungen, darüber dem Ultraschall, bspw. Fledermausrufe, $f > 20$ kHz zu. Der Hörfrequenzbereich selbst ist für jeden Menschen individuell. Er ändert sich mit zunehmendem Alter oder bei ständiger Belastung des Gehörs mit Lärm o. ä. – er wird kleiner.

Beispielhaft sei auf ein kleines Programm im Anhang verwiesen, in dem man sich verschiedene Frequenzen (500 Hz, 900 Hz, etc.) anhören kann. Zusätzlich werden unterschiedliche Signale gefaltet (bspw. Sinus mit 500 Hz mit einem Sinus von 900 Hz) und auralisiert bzw. die Ähnlichkeit der Signale mittels Kreuzkorrelation dargestellt. Sinnvoll ist dieses kleine Programm auch im Zusammenhang mit den später betrachteten Raumimpulsantworten bzw. Kunstkopfübetragungsfunktionen.

In den Räumen werden Schallwellen an Raumbegrenzungen oder Hindernissen mehr oder weniger reflektiert und damit in den Raum zurückgeworfen. Dabei überlagern sich unterschiedlich starke Schallwellenanteile aus verschiedenen Richtungen. Aus dem so im Raum entstandenem Schallfeld lassen sich Parameter bestimmen, die zur Ge- bzw. Umgestaltung der Räume entsprechend ihres Verwendungszwecks herangezogen werden. Diese Parameter lassen sich messtechnisch erfassen oder mit Computersimulationen vorhersagen. Aber auch Modellversuche werden vorgenommen – gerade bei einem hohen Qualitätsanspruch wie bspw. bei einem Konzertsaal. In der Modellakustik setzt man das Wassermodell, das Lichtmodell, das Schlierenmodell und das frequenztransformierte Modell ein. Computersimulationen nutzen ebenfalls bestimmte Modellvorstellungen (Spiegelschallquellenmodell oder Strahlverfolgungsmodell etc.).

Neuerdings spielt die Akustik auch in eher alltäglichen Räumen (Schule, Hörsäle, Fabrikhallen, Wartezonen, Büro mit mehr als einer Person darin usw.) eine zunehmende Rolle, da sie direkte Auswirkungen auf die Arbeitsleistung der Menschen hat. Sinnvoll ist auch die Betrachtung von Räumen, in denen sich Menschen aufhalten, um ihren Interessen der Erholung nach zu gehen. So trägt die Raumakustik einerseits zur Steigerung der akustischen Qualität in Abhängigkeit von der Nutzung des Raumes (Raumakustik) und andererseits zur Erhaltung der Gesundheit durch Geräuschminderung in Arbeitsräumen (Bauakustik) bei.

Zahlreiche Untersuchungen liefern Parameterergebnisse, mit deren Werten man die akustische Raumqualität abschätzen kann. Dazu zählen die Nachhallzeit T_N die Wellenlänge λ, die Schallgeschwindigkeit c, der Schalldruck p, die Reflexionen, die Beugung, die frühe Abklingzeit, der Direktschall, der Diffusschall, der Hallradius r_H, die Sprachverständlichkeit, der Artikulationsindex, das Raumübertragungsmaß, die Deutlichkeit oder das Deutlichkeitsmaß, die Raummoden (stehende Wellen axial, tangential und schräg) u. v. a. m.

Schallereignisse werden auch grafisch im Zeitverlauf dargestellt. Gerade bei nichtperiodischen Verläufen lassen sich so weitere Informationen gewinnen. Ein Beispiel für einen solchen nichtperiodischen Zeitverlauf ist die **Raumimpulsantwort**, die, wenn sie einmal als Datensatz vorliegt, die Grundlage für die Bestimmung vieler akustischer Parameter ist. Aus der Raumimpulsantwort lassen sich der Direktschall, die ersten Reflexionen und der Nachhallbereich ablesen (Bild 5.1). Durch Umrechnung in den Schalldruckpegel lässt sich eine Abklingkurve erzeugen, aus der sich dann die Early Decay Time (EDT), die Nachhallzeit T_N als RT 30 oder RT 60 und das Rauschen bestimmen lassen. Die EDT gibt Auskunft über die empfundene **Raumhalligkeit**. Dabei wird das subjektive Empfinden des Nachhalls im Gegensatz zur Nachhallzeit RT 60 besser wiedergegeben. Man kann mithilfe der EDT die Nachhallzeit RT 60 berechnen mit $RT\ 60 = T_N = 6\ EDT$.

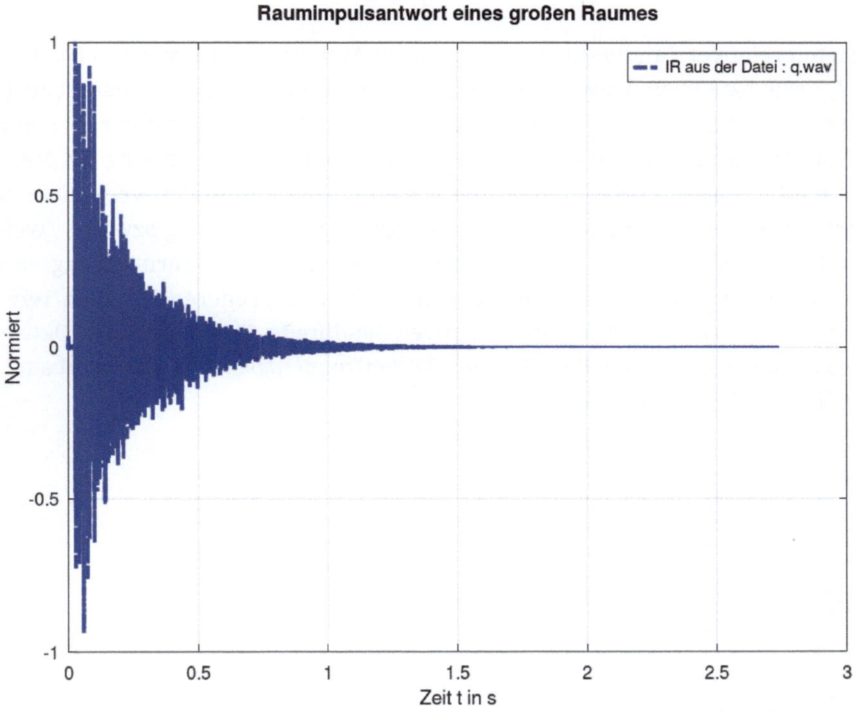

Bild 5.1 Gemessene Raumimpulsantwort

Durch die Raumimpulsantwort lässt sich ein System (Raum) beschreiben und die Übertragungsfunktion mithilfe der Fouriertransformation bestimmen. Das gilt i. d. R. bei linearen und kausalen Systemen. Die Wirkung des Raumes auf ein Signal kann durch Faltung mit einem Signal, der Raumimpulsantwort im Zeitbereich oder durch Multiplikation mit der Übertragungsfunktion im Frequenzbereich dargestellt werden. Zerlegt man die zeitliche Information nach bekannter Rechenvorschrift der Fouriertransformation, so erhält man das Spektrum. Dieses kann dann mithilfe von Filtern zerlegt werden, da diese einen bestimmten Anteil im Frequenzbereich durchlassen. Dabei unterscheidet man Filter mit konstanter Bandbreite, die durch eine untere Grenzfrequenz f_u, eine Mittenfrequenz f_m und eine obere Grenzfrequenz f_o mit

$$f_m \approx \frac{1}{2}(f_u + f_o)$$

bestimmt sind und Filter relativer Bandbreite B mit

$$f_{\mathrm{m}} = \sqrt{f_{\mathrm{u}} f_{\mathrm{o}}} = \sqrt{f_{\mathrm{u}}\left(f_{\mathrm{u}} + B\right)}$$

und dem Gütefaktor

$$Q = \frac{f_{\mathrm{m}}}{B}$$

Bei Filtern mit relativer Bandbreite proportional zur Mittenfrequenz ist das Verhältnis von f_{u} zu f_{o} gleich bzw. bleibt konstant. Wird die Mittenfrequenz größer, so wächst auch die Bandbreite des Filters. In der Akustik werden meist Oktav- oder Terzfilter als Filter relativer Bandbreite verwendet. Damit folgt man der Tonhöhenempfindung des Menschen, der die Tonhöhendifferenz zweier Tonpaare als gleich empfindet, wenn diese in einem bestimmten Verhältnis zueinander stehen (Oktave: Verdopplung bzw. das Zweifache der Frequenz, Große Terz: 1,26-fache der Frequenz). Die Wahrnehmung von Oktavschritten wird man als größeren Frequenzschritt interpretieren als einen Terzschritt. Die Grenzfrequenz dieser Filter relativer Bandbreite (Terzband- oder Oktavbandfilter) ist die Frequenz, bei der –3 dB des Mittenfrequenzpegels (f_{m}) erreicht sind. Oktavbandfilter haben ein Verhältnis von

$$\frac{f_{\mathrm{o}}}{f_{\mathrm{u}}} = \frac{2}{1}$$

bzw.

$$f_{\mathrm{o}} = 2 f_{\mathrm{u}}$$

und

$$f_{\mathrm{m}} = \sqrt{f_{\mathrm{u}} f_{\mathrm{o}}} = \sqrt{2} f_{\mathrm{u}}$$

Terzbandfilter sind Filter von einer $\frac{1}{3}$ Oktave (die Oktave wird noch einmal gedrittelt) und haben ein Frequenzverhältnis der 3-dB-Grenzfrequenzen von

$$\frac{f_{\mathrm{o}}}{f_{\mathrm{u}}} \approx \frac{5}{4} \approx \frac{\sqrt[3]{2}}{1} = 1,26$$

mit $f_{\mathrm{o}} = 1{,}26\, f_{\mathrm{u}}$

und

$$f_{\mathrm{m}} = \sqrt{f_{\mathrm{u}} f_{\mathrm{o}}} = \sqrt[6]{2} f_{\mathrm{u}}$$

Drei nebeneinanderliegende Terzen ergeben dann eine Oktave. Zur Analyse werden Filter mit relativer Bandbreite verwendet, wobei die Bandbreite einer Oktave (DIN 45651) mit

$$\Delta f_{\text{Oktav}} = B = 0,71 f_{\text{m}} = f_{\text{o}} - f_{\text{u}}$$

oder einer Terz (DIN 45652) mit

$$\Delta f_{\text{Terz}} = B = 0,23 f_{\text{m}} = f_{\text{o}} - f_{\text{u}}$$

entspricht. Mit wachsender Mittenfrequenz $n f_{\text{m}}$ wächst auch die Bandbreite n-fach. Damit kann die Verzögerung im Zeitbereich mit $t_{\text{V}} = 1/B$ berechnet werden. Da der Hörfrequenzbereich entweder von 16...16 000 Hz oder von 16...20 000 Hz genutzt wird, ist eine logarithmische Darstellung vorteilhaft.

Die Einteilung in Oktaven berücksichtigt also das Tonhöhenempfinden des Menschen. Er hört die Tonhöhendifferenz von zwei Tonpaaren (vier Tönen) als gleich, wenn das Frequenzverhältnis der beiden Paare gleich ist. Das heißt, als gleiche Höhenänderung (Tonhöhendifferenz) wird beispielsweise der Übergang von 400 Hz auf 500 Hz und dann von 4 kHz auf 5 kHz empfunden.

Die Skalierung berücksichtigt das Phänomen der Oktave (kleine Terz mit dem Frequenzverhältnis 6:5, große Terz mit dem Frequenzverhältnis $5:4 \approx \sqrt[3]{2}$, Quinte mit dem Frequenzverhältnis $3:2 \approx \sqrt{2}$, Quarte mit dem Frequenzverhältnis 4:3 etc.), bei der das menschliche Gehör zwei Töne im Frequenzverhältnis 1:2 bzw.

$$f_{\text{o}} = 2\, f_{\text{u}}$$

als quasi gleich hört. Die daraus abgeleitete Einteilung in Oktavbänder ist dann für den Hörfrequenzbereich in zehn Oktaven aufgeteilt. Zur besseren Analyse kann der Hörfrequenzbereich auch in kleinere Intervalle aufgeteilt werden. Dann spricht man von der Drittel-Oktave oder Großen Terz mit dem Frequenzverhältnis 5:4 (1,25:1) bzw.

$$f_{\text{o}} = \sqrt[3]{2} f_{\text{u}} = 1,26 f_{\text{u}}$$

dem kleinen Terz-Frequenzverhältnis 6:5 (1,2:1). Die Analyse mit Terzbändern bietet mehr Informationen über das Schallereignis. Meist wird die Terzanalyse bei Lärm- und Geräuschuntersuchungen verwendet. Zu beachten ist, dass die schmaleren Terzbandfilter weniger Frequenzanteile durchlassen als ein Oktavbandfilter, bei dem dann der Oktavpegel höher ist als der Terzpegel.

Eine Übersicht zu den Bandmittenfrequenzen liefert die Tabelle 5.1. Die Oktavbänder werden von 63 Hz bis 4000 Hz genutzt. Die anderen Bänder eher weniger. Gleiches findet man bei den Terzbändern. Für die Terzbänder findet man eine Normterzreihe, die wie folgt definiert ist:

$$f_{\text{m}} = (1; 1,25; 1,6; 2; 2,5; 3,15; 4; 5; 6,3; 8)\, 10^{i}\,\text{Hz}$$

mit $i = 1, 2, 3, \ldots \in \mathbb{N}$

Drei Terzen ergeben dann eine Oktave:

$$f_{\mathrm{m}} = (1; 2; 4; 8; 16)\, 10^{i}\mathrm{Hz}$$
$$\text{mit } i = 1, 2, 3, \ldots \in \mathbb{N}$$

Bei Pegelmessungen wird die Filterart angegeben, ob jeweils Terz- oder Oktavfilter verwendet werden. Hintergrund ist der höhere Pegelwert bei den Oktavfiltern. Dieser kommt durch die größere Bandbreite des jeweiligen Filters zustande – es werden mehr spektrale Anteile durchgelassen. Aus den Terzpegelwerten lassen sich die Oktavpegelwerte mithilfe der Pegeladdition von

$$L_{\mathrm{ges}} = 10 \log\left(\sum_{\mathrm{j=1}}^{\mathrm{N}} 10^{L_{\mathrm{j}}/10}\right)$$

bestimmen.

Bild 5.2 Barchart für Nennwerte für Oktav- und Terzmittenfrequenzen (IEC 61260-1:2014)

Die Terzbänder ermöglichen die genauere Analyse von Geräuschen, die sich innerhalb eines Oktavbandes befinden. Das wären bspw. Töne mit 80 Hz oder 5 kHz usw. Aber auch für das menschliche Gehör ist eine Terzbandanalyse von Vorteil, da es oberhalb von 500 Hz den Lautstärkeeindruck mittels Energieaddition innerhalb bestimmter Frequenzbänder ermittelt. Diese Frequenzbänder werden auch Frequenzgruppen genannt und besitzen näherungsweise Terzbandbreite. Solche Frequenzgruppen (24 Frequenzgruppen) dienen der Analyse und Auswertung von Schallereignissen beim Hören. Hintergrund ist die Umsetzung des Schalls im Innenohr in Nervenimpulse durch die Basilarmembran. Unterhalb von 500 Hz liegen Frequenzgruppen mit einer Breite von 100 Hz, oberhalb mit der Breite einer kleinen Terz vor (Barkskala).

Bei der Terzbandanalyse selbst und in der praktischen raumakustischen Planung werden Bänder mit den Mittenfrequenzen von 50 Hz bis 5000 Hz genutzt (lt. DIN 18041[1)] 125 Hz...4 kHz), da in diesem Bereich die Hauptanteile für Sprache und Musik befinden. Die in Tabelle 5.1 weiter aufgeführten Frequenzen dienen daher dem Vergleich mit den Oktavbandmittenfrequenzen, dem Hörfrequenzbereich und der Steigerung der Aussagekraft bzw. der Präzision bspw. bei der raumakustischen Planung von Konzertsälen. In den beiden Fällen, Oktavbandmittenfrequenzen (bis max. 16 kHz) und bei den Terzbandmittenfrequenzen (bis max. 12,5 kHz), wird der Hörfrequenzbereich bis 20 kHz nicht ausgeschöpft, da die Betrachtungen der Bezugsgrößen (bspw. Schallabsorptionsgrad etc.) nicht höher aufgelöst sind.

Raumakustische Parameter wie Nachhallzeit, Schallabsorption oder Schalldruckpegel, sind frequenzabhängig, da diese unterschiedliche Werte in Abhängigkeit von der Frequenz (Frequenzband) haben. Somit gibt man möglichst die Frequenz an, bei der der Parameter bestimmt wurden. In der Raumakustik betrifft dies den Bereich von 100 Hz bis 4 kHz bei praktischen raumakustischen Planungen oder messtechnischen Untersuchungen (DIN 18041: Rev. 2016). Dieser Bereich lässt sich somit in sechs Oktavabschnitte f_m (125 Hz, 250 Hz, 500 Hz, 1000 Hz, 2000 Hz, 4000 Hz) oder in 16 Terzabschnitte f_m (125 Hz, 160 Hz, 200 Hz, 250 Hz, 315 Hz, 400 Hz, ..., 4000 Hz) aufteilen.

Diese Aufteilung kann erweitert werden (DIN EN ISO 3382-2), wenn der jeweilige raumakustische Parameter genauer bzw. stärker in seiner Aussagekraft sein soll. Daher bietet sich bei messtechnischen Untersuchungen immer die Darstellung in Terzen an. Mit den schmalbandigeren Untersuchungen lassen sich akustische Probleme besser beurteilen, um zu günstigeren Lösungen zu gelangen. Streng nach DIN 18041 Rev. 2016 ist der Bereich von 125 Hz bis 4 kHz (sechs Oktaven bzw. 16 Terzen) ausreichend genau für Planungen und Messungen.

[1] Christian Nocke: Die neue DIN 18041 – Hörsamkeit in Räumen. Lärmbekämpfung Bd.11, Oldenburg, 2016

Tabelle 5.1 Nennwerte für Bandmittenfrequenzen für Terzen und Oktaven (ISO R 266, IEC 1260, IEC 61260-1)

n (Terz)	n (Oktave)	Terzbandmittenfrequenz f_m in Hz mit $f_m = \sqrt[6]{2} f_u \approx 2^{\frac{n}{3}}\ 1\ \mathrm{Hz}$	Oktavbandmittenfrequenz f_m in Hz mit $f_m = \sqrt{2} f_u \approx 2^{\frac{n}{2{,}01}}\ 1\ \mathrm{Hz}$	obere Terzgrenzfrequenz f_o in Hz	untere Terzgrenzfrequenz f_u in Hz
9	6	8	8	8,9	7,1
10		10		11,2	8,9
11		12,5		14,25	11,2
12	8	16	16	17,8	14,25
13		20		22,3	17,8
14		25		28	22,3
15	10	31,5	31,5	35,5	28
16		40		45	35,5
17		50		56	45
18	12	63	63	71	56
19		80		89	71
20		100		112	89
21	14	125	125	141	112
22		160		178	141
23		200		223	178
24	16	250	250	280	223
25		315		355	280

n (Terz)	n (Oktave)	Terzbandmittenfrequenz f_m in Hz mit $f_m = \sqrt[6]{2} f_u \approx 2^{\frac{n}{3}}$ 1 Hz	Oktavbandmittenfrequenz f_m in Hz mit $f_m = \sqrt{2} f_u \approx 2^{\frac{n}{2,01}}$ 1 Hz	obere Terzgrenzfrequenz f_o in Hz	untere Terzgrenzfrequenz f_u in Hz
26		400		450	355
27	18	500	500	560	450
28		630		710	560
29		800		890	710
30	20	1000	1000	1120	890
31		1250		1410	1120
32		1600		1780	1410
33	22	2000	2000	2230	1780
34		2500		2800	2230
35		3150		3550	2800
36	24	4000	4000	4500	3550
37		5000		5600	4500
38		6300		7100	5600
39	26	8000	8000	8900	7100
40		10000		11200	8900
41		12500		14100	11200
42	28	16000	16000	17800	14100
43		20000		22300	17800

5.2 Parameter der Raumakustik

Der Schallwechseldruck p ist die Druckänderung, die das menschliche Gehör für unser Hörempfinden verarbeitet. Daher ist er in der Akustik, Tontechnik u. a. Tonwiedergabemechanismen die wichtigste Kenngröße im Schallfeld. Der in der Raumakustik betrachtete Luftschall als periodische Druckschwankung (mechanische Schwingung der Moleküle der Luft) beinhaltet somit auch den Parameter der Raumakustik – den Druck, Schalldruck oder Schallwechseldruck. Dabei ist nicht der statische Luftdruck mit ca. $p_0 \approx 1000\,\text{hPa} = 100\,000\,\text{Pa} = 10^5\,\text{Pa}$ gemeint, sondern die Druckänderungen in einem Schallübertragungsmedium (hier Luft). Damit ist der **Schalldruck** eine sich ändernde physikalische Größe, die dem Luftdruck überlagert ist

$$p_{\text{ges}} = p_0 + p$$

Der Wechseldruck folgt allgemein der Gleichung

$$p = {}^{F}/_{A}$$

Herangezogen wird dann aber nicht der momentane Schalldruck, sondern der zeitliche quadratische Mittelwert des momentanen Schalldrucks $p(t)$, der effektive Schalldruck mit

$$p_{\text{eff}} = \sqrt{\frac{1}{\tau}\int_0^{\tau} p^2\,(t)\,dt}$$

Dabei gilt für sinusförmige Druckschwankungen

$$p_{\text{eff}} = p = \frac{\hat{p}}{\sqrt{2}}$$

Ein Ton stellt eine sinusförmige Druckschwankung dar und kann mit der Gleichung

$$p\,(t) = \hat{p}\sin(\omega t)$$

beschrieben werden. So kann zwischen einzelnen Tönen bei je einer Frequenz und sinusförmigem Verlauf, dem Klang mit mindestens zwei sinusförmigen Frequenzanteilen und einem Geräusch, das aus einem Frequenzgemisch besteht, unterschieden werden.

Die Kreisfrequenz $\omega = 2\pi f$ ist die Projektion einer harmonischen Schwingung. Die Periodendauer T bemisst die Schwingungen in einer Sekunde mit $T = 1/f$. Mit der Wellenlänge wird der Weg einer Schallwelle während einer Schwingung mit der Schallgeschwindigkeit

$$c = 331,5\sqrt{\frac{\vartheta + 273,15}{273,15}} \approx (331,5 + 0,6\vartheta)$$

erfasst mit $\lambda = c/f$. Aber auch über die Wellenlänge λ, die Frequenz f (Kreisfrequenz ϖ) und die Wellenzahl k kann die Schallgeschwindigkeit angegeben werden mit

$$c = \lambda f = 2\pi f \frac{\lambda}{2\pi} = \omega \frac{1}{k}$$

Dabei darf die Schallgeschwindigkeit c nicht mit der Schallschnelle v verwechselt werden. Sie steht für die Wechselgeschwindigkeit (Teilchengeschwindigkeit), also das schnelle Hin- und Herschwingen der Moleküle der Luft um ihre Ruhelage. Für die Schallschnelle gibt man v in m/s an. Mit ihr lässt sich die Schallintensität $I = pv$ und die Schallleistung

$$P = pvS = IS$$

in Watt bestimmen. Setzt man sie mit dem Schalldruck ins Verhältnis, erhält man den Schallwellenwiderstand (Schallfeldimpedanz)

$$Z = \frac{p}{v}$$

Im ebenen Wellenfeld, wenn p und v in Phase sind, gilt die Schallkennimpedanz

$$Z_0 = \rho_{\text{Luft}}\, c$$

Die hier angegeben Formeln sind stark vereinfacht (harmonische Schwingungen), um so die Herleitung des Schalldruckpegels, der messbar ist, zu verdeutlichen. Werden beide Größen (akustische Parameter) mit einem Bezugswert logarithmiert, so erhält man den Schallleistungs- und den Schallintensitätspegel. Die Bezugsintensität ist

$$I_0 = 10^{-12}\frac{\text{W}}{\text{m}^2} = 1\frac{\text{pW}}{\text{m}^2}$$

und die Bezugsleistung ist dann

$$P_0 = 10^{-12}\text{W} = 1\text{ pW}$$

So ist der Schallintensitätspegel wie folgt definiert

$$L_{\text{I}} = 10 \log \frac{I}{I_0}$$

Mit

$$I = pv = p\frac{p}{Z_0} = \frac{p^2}{Z_0}$$

kann in die Formel für den Schallintensitätspegel eingesetzt werden

$$L_I = 10 \log \frac{I}{I_0} = L_p = 10 \log \frac{p^2/Z_0}{p_0^2/Z_0} = 10 \log \frac{p^2}{p_0^2} + 10 \log \frac{Z_0}{Z_0}$$

Wenn

$$Z_0 = \rho_{Luft}\, c = \text{konstant}$$

mit

$$c = c_{Luft} = \text{konstant}$$

ist, dann ist der **Schalldruckpegel**

$$L_p = 10 \log \frac{p^2}{p_0^2} = 20 \;\log \frac{p}{p_0} \tag{5.1}$$

Der Schalldruckpegel ist einer der wichtigsten raumakustischen Parameter und eine logarithmische Größe mit

$$L_p = 20 \log \frac{p}{p_0}$$

bezogen auf den Schallreferenzdruck

$$p_0 = 20\ \mu\text{Pa} = 20 \cdot 10^{-6}\ \text{Pa} = 2 \cdot 10^{-5}\ \text{Pa} = 0,00002\ \text{Pa}$$

Der Schalldruckpegel von 0 dB entspricht der Hörschwelle des menschlichen Gehörs bei 2 kHz (Hörakustik, DIN 45630). Das ist dann einem Schalldruckpegel von 0 dB gleichzusetzen. Nimmt man z. B. ein Schlafzimmer, in dem nicht mehr als 30 dB oder auch 30 dB SPL (Sound Pressure Level) Schalldruck erzeugt werden sollen, so entspricht das einem Druck von 0,00063 Pa. Die Schmerzschwelle für unser Gehör, ab der irreparable Schädigungen des Gehörs auftreten können, liegt zwischen 120 dB bis 140 dB (VDI 2058). Geht man von 140 dB aus, so entspricht das einem Schalldruck von 200 Pa – also dem 10 000 000-fachen des Bezugswertes von 0,00002 Pa.

Der Schalldruck und damit auch der Schalldruckpegel verringern sich mit wachsendem Abstand zu einer Schallquelle. Ursache dafür ist u. a. die Trägheit der Luftmoleküle, die den Schall so bei der Ausbreitung behindern. Allgemein ist der Schalldruck proportional zum Kehrwert des Abstandes $p \sim 1/r$ für omnidirektionale Abstrahlung. Wird der Schalldruck gemessen, so ist die Angabe der Entfernung zur Schallquelle notwendig.

Wird der Schalldruckpegel bei doppelter Entfernung gemessen, so kann man sagen, dass sich der Pegel um 6 dB verringert, denn es gilt das reziproke Abstandsgesetz. Bei der Schallintensität findet die Abnahme mit dem Quadrat des Abstandes $I \sim 1/r^2$ statt (reziprokes Quadratgesetz). Das heißt, dass bei Entfernungsverdopplung, aber mit dem Faktor 10 vor dem dekadischen Logarithmus,

$$L_\mathrm{I} = 10 \log \frac{I}{I_0} = \log \frac{1}{4} = (-6\ \mathrm{dB})$$

der Schallintensitätspegel auch um 6 dB abnimmt. Die Schalldruckpegelabnahme von 6 dB bei Entfernungsverdopplung findet bei konstanter Leistung der Schallquelle mit *1/r* im Direktfeld (Schallfeld in unmittelbarer Nähe der Schallquelle) statt.

Aber in geschlossenen Räumen, mit ihrem Volumen und den Oberflächen mit unterschiedlichen, frequenzabhängigen Absorptionsgraden, bildet sich infolge von Wandreflexionen eine gleichmäßige Schalldruckpegelverteilung und damit ein diffuses Schallfeld aus. So kann das Schallfeld einer Schallquelle in das Direkt- und Diffusfeld unterteilt werden. Das Diffusschallfeld ist im Idealfall richtungsunabhängig. Es liegt dann darin eine gleichmäßige Schallenergieverteilung vor.

An der Stelle, an der Direktschalldruckpegel und Pegel des Diffusschalls gleich groß sind, befindet sich der sogenannte Hallradius r_H

$$r_\mathrm{H} \approx 0,057\sqrt{\frac{V}{T}} \approx \frac{1}{4}\sqrt{\frac{A}{\pi}}$$

Mit der Schallenergiedichte des Direktschallfeldes

$$E_\mathrm{Dir} = \frac{P}{4\pi r^2 c}$$

und der Schallenergiedichte des Diffusschallfeldes

$$E_\mathrm{Diff} = \frac{4P}{Ac}$$

erhält man bei Gleichsetzung;

$$E_\mathrm{Dir} = E_\mathrm{Diff}$$

$$\frac{P}{4\pi r^2 c} = \frac{4P}{Ac}$$

$$r_\mathrm{H} = \sqrt{\frac{A}{16\pi}} \approx \frac{1}{4}\sqrt{\frac{A}{\pi}}$$

Er verläuft in der Ebene theoretisch kreisförmig um die Schallquelle und legt so den Abstand zu dieser fest. Mit dem Volumen und der Nachhallzeit des Raumes kann eine

Abschätzung des Hallradius zur Aufstellortbestimmung von Mikrofonen vorgenommen werden. Da der Hallradius im Freien quasi unendlich ist, spielt er nur als raumakustischer Parameter eine Rolle.

Mit der Nachhallzeit T_N wird die Zeit definiert, in der die mittlere, eingeschwungene Energiedichte eines Schallfeldes in einem Raum nach dem Abschalten der Quelle um 60 dB und damit auf ein millionstel Teil der Anfangsenergiedichte gefallen ist. Für einfache Berechnung der Nachhallzeit sei auf die Formel 3.6 in Abschnitt 3.3 verwiesen. Diese Formel wird für die Bestimmung der Nachhallzeit für einfache Raumgeometrien, geringerer mittlerer Absorption und großer Volumina verwendet. Die äquivalente Schallabsorptionsfläche A wird durch Aufsummieren der Produkte aller Teilflächen S_n mit dem Absorptionsgrad α_n berechnet (Formel 3.7, Abschnitt 3.3). Bei einem Absorptionsgrad von $\alpha = 1$, werden keine Schallanteile reflektiert, sondern der Schall wird komplett absorbiert. So spricht man dann auch von der sogenannten offenen Fensterfläche oder dem idealen schalltoten Raum.

Die Eyring'sche Nachhallformel wird bei stärkerer Absorption mit $\alpha > 0{,}2\ldots0{,}3$ im Raum verwendet (Formel 3.8, Abschnitt 3.3).

Zu beachten ist auch die Aussagekraft der Nachhallzeit. Ein diffuses Schallfeld bildet sich oberhalb der Schroeder'schen Grenzfrequenz

$$f_c = 2000\sqrt{\frac{T}{V}}$$

aus und ist somit abhängig von Raumvolumen und den Absorptionsflächen. Raumresonanzen bzw. stehende Wellen, die störend wirken, treten meist unterhalb von f_c auf und verringern die Aussagekraft der Nachhallzeit T.

Raumresonanzen oder Raummoden entstehswen im geschlossenen Raum, wenn zwei Wände parallel zueinander stehen und eine Schallwelle auf die eine Wand mit einem Einfallswinkel von 0° trifft. Durch das senkrechte Auftreffen und die Reflexion (Hindernis groß gegenüber der Wellenlänge) kommt es zur phasengleichen Überlagerung von Direktschall und dem reflektierten Schall. Dann entsteht ein Schallfeld mit Schwingungsknoten an denen

$$p = 0(\text{Druckminimum})$$

und Schwingungserhebungen an denen

$$p = \max(\text{Druckmaximum})$$

ist. Unterschieden wird dabei zwischen axialen, tangentialen und schrägen Moden. Um Raummoden bzw. stehende Wellen, permanente Raumgeräusche oder bestimmte Töne im Raum zu minimieren, werden Absorber unterschiedlichster Bauformen eingesetzt. Sie verbessern die Verständlichkeit und wirken sich auch auf andere raumakustische Parameter aus.

Sind die Hindernisse für den Schall größer als das fünffache der Wellenlänge, so haben wir es mit Schallreflexionen zu tun. Anderenfalls kommt es zu Beugungseffekten. Das Hindernis, um den der Schall gebeugt wird, weist dahinter einen „Schallschatten" auf. Weitere wichtige raumakustische Parameter (Georgi, 2015) sind die Deutlichkeit, die Verständlichkeit und die Durchsichtigkeit.

Um eine gute Sprachverständlichkeit zu erreichen, sind Echos o. ä., zu vermeiden, da dadurch eine Verringerung der Sprachverständlichkeit eintritt. Zur Beurteilung verwendet man das **Deutlichkeitsmaß**.

$$C_{50} = 10\lg\left(\frac{\int\limits_{0\text{ms}}^{50\text{ms}} p^2(t)dt}{\int\limits_{50\text{ms}}^{\infty} p^2(t)dt}\right) = 10\lg\left(\frac{E_{50}}{E_\infty - E_{50}}\right) \tag{5.2}$$

in dB

Ein Deutlichkeitsmaß von 0 dB bedeutet, dass die Energie aus Originalschall und aller innerhalb 50 ms eintreffender Echos genau so groß ist wie die Energie aller restlichen Echos. Der Bereich, in dem gute Sprachverständlichkeit gegeben ist, liegt so zwischen +2 dB und –3 dB. Für Musik liegt eine gute Deutlichkeit in größeren Räumen zwischen +3 und +4 dB.

Die Durchsichtigkeit von Musik wird durch das Klarheitsmaß beschrieben. So liegt ein Klarheitsmaß in guten Konzertsälen zwischen –2 und +4 dB. Mit ca. 0 dB scheint der Hörer von der Musik umhüllt zu sein. Je höher das Klarheits- und Deutlichkeitsmaß ist, desto mehr wird der akustische Raumeindruck für den Hörer herabgesetzt. Bei größerer Nachhallzeit sinken beide Maße.

Klarheitsmaß:

$$C_{80} = 10\lg\left(\frac{\int\limits_{0\text{ms}}^{80\text{ms}} p^2(t)dt}{\int\limits_{80\text{ms}}^{\infty} p^2(t)dt}\right) \tag{5.3}$$

in dB

Die Deutlichkeit bzw. der Deutlichkeitsgrad ist ein weiteres Maß in der Raumakustik. Bei der Deutlichkeit D_{50} setzt man die Energie des Direktschalls und der Reflexionen der ersten 50 ms ins Verhältnis zur Gesamtenergie der Raumimpulsantwort. Für eine Deutlichkeit von 50 % und mehr wird eine sehr gute Sprachverständlichkeit erzielt. Die **Deutlichkeit** lässt sich aus der Raumimpulsantwort bestimmen zu

$$D_{50} = 10\lg\left(\frac{\int\limits_{0ms}^{50ms} p^2(t)dt}{\int\limits_{0}^{\infty} p^2(t)dt}\right) \tag{5.4}$$

in %

Tabelle 5.2 Raumakustische Parameter

Raumakustischer Parameter	Bezeichnung	Wertbestimmung
Schallgeschwindigkeit	c	mit der Raumtemperatur
Schalldruckpegel	L_p	mit Messsystem
Hallradius	r_H	mit betroffenen Flächen oder mit dem Raumvolumen und der Nachhallzeit
Nachhallzeit	T_N	messtechnisch (komplexer aufgebaute Räume) oder mit der Formel nach Sabine bzw. Eyring
Deutlichkeitsmaß	C_{50}	messtechnisch
Klarheitsmaß	C_{80}	messtechnisch
Deutlichkeit	D_{50}	messtechnisch

Die in Tabelle 5.2 aufgeführten Parameter werden bei raumakustischen Untersuchungen vorrangig verwendet, neben weiteren für den Raumeindruck (Hallmaß – für Schallquellen mit beliebiger Richtcharakteristik, Raumeindrucksmaß etc.) und der Lautstärke (Stärkemaß).

5.3 Räume

Prinzipiell können alle Räume akustisch betrachtet werden (Cremer, 1990; Webers, 1990). So gibt es Räume mit spezieller Verwendung und andere, die gewissen Anforderungen an den Lärmschutz Rechnung tragen müssen. Es werden daher Räume nicht nur dem Volumen nach unterschieden. Eine nicht vollständige Aufzählung soll das breite Spektrum an Räumen mit verschieden Volumina und Nutzung verdeutlichen: Konzertsäle, Theater, Kirchen, Hörsäle, Kinosäle, Lesesäle, Klassenräume, Werkhallen, Laborräume, Fahrzeuginnenräume, Büroräume, Verkaufshallen, Turnhallen, Schwimmhallen, Bahnhofshallen, Mehrzweckhallen, Treppenhäuser, Krankenhausschlafräume, OP-Säle, Hallräume, reflexionsfreie Räume etc. Akustische Untersuchungen in Räumen sollten neben den Raummaßen, Wandmaterial und Gegenständen auch Voruntersuchungen in Abhängigkeit von der Raumgröße, dem Zweck sowie der Raumgeometrie, die variabel gestaltet sein kann (Volumen- bzw. Formänderungen), beinhalten. Zur ersten Abschätzung können einzelne raumakustische Parameter aus Tabelle 5.2 herangezogen werden. Die Wirkung des Schalls auf den Hörer hängt von der Schallquelle und dem die Schallquelle umgebenden Raum ab – damit von der Schallausbreitung im Raum.

Um den akustischen Anforderungen eines Raumes nach Hörsamkeit und Sprachverständlichkeit gerecht zu werden, muss darauf geachtet werden, dass der Direktschall und die frühen Reflexionen in nicht zu großem zeitlichem Abstand den Bereich des Publikums erreichen. Der Schall kann durch Reflektoren gelenkt oder durch **Schallabsorber** verringert werden. Möchte man in sehr großen Räumen die Sprachverständlichkeit verbessern, so kann mit Absorbern der Nachhall verringert werden. In mittelgroßen Räumen für Musikpräsentationen ist ein Einsatz von Absorbern (Albrecht, 2005) nicht in jedem Fall sinnvoll, da der Schallpegel im Raum so verringert wird. Wird der Raum eher für Sprachdarbietungen genutzt, werden Schallabsorber eingesetzt, ohne die frühen Reflexionen zu schwächen (Anbringen von Absorbern an der Rückwand, zur Vermeidung von störenden Reflexionen).

In Räumen mit einem Volumen von bis zu 50 m^3 spielen raumakustische Maßnahmen bei der Betrachtung der Eigenmoden (starke örtliche Schwankungen des Schalldrucks für eine Eigenschwingung tiefer Frequenz) eine Rolle. In Räumen mit einem Volumen von 50...150 m^3 erreicht man bereits eine verbesserte Raumakustik durch einfache Umgestaltung (Umstellen von Gegenständen). Darüber hinaus gehend, also ab einem Raumvolumen von mehr als 150 m^3, bedarf es einer gezielten Untersuchung zur Verbesserung der Raumakustik. So soll ein Konferenzraum mit einem Volumen von ca. 150 m^3 eine Nachhallzeit von bspw. $T_N = 0{,}6$ s, ein Gerichtssaal mit einem Volumen von ca. 600 m^3 eine Nachhallzeit von bspw. $T_N = 0{,}9...1$ s aufweisen. Man unterteilt dann nach Raumnutzung (Tabelle 5.3).

Tabelle 5.3 Unterteilung großer Räume nach Nutzung

Große Räume für Sprach- und Musikdarbietungen > 150 m^3	
Hörsäle	bspw. $T_N = 0,8 \ldots 0,9$ s
Theater	bspw. $T_N = 1,2$ s
Kirchen	bspw. $T_N = 4 \ldots 8$ s
Kinos	
Unterrichtsräume	bspw. $T_N = 0,7$ s
Mehrzwecksäle	
Konferenzräume	bspw. $T_N = 0,8 \ldots 1,2$ s

Tabelle 5.3 Unterteilung großer Räume nach Nutzung (*Fortsetzung*)

Große Räume für andere Nutzungen	
Werkhallen	
Großraumbüros	bspw. $T_N = 0,5 \ldots 0,8$ s
Ladengeschäfte	
Turnhallen	
Schwimmhallen	bspw. $T_N = 2$ s
Treppenhäuser	
Eingangshallen	

Allgemein sind für Räume mit besonderer Nutzung Sollnachhallzeiten bestimmbar. So errechnet sich die Sollnachhallzeit für Räume mit vorwiegend musikalischer Nutzung zu

$$T_{\mathrm{SollM}} = \left(0,45 \log \frac{V}{\mathrm{m}^3} + 0,07\right) \mathrm{s}$$

mit vorwiegend sprachlicher Nutzung

$$T_{\mathrm{SollS}} = \left(0,37 \log \frac{V}{\mathrm{m}^3} - 0,14\right) \mathrm{s}$$

und für Räume mit für Unterricht und Kommunikation

$$T_{\mathrm{SollUK}} = \left(0,32 \log \frac{V}{\mathrm{m}^3} - 0,17\right) \mathrm{s}$$

Bei einer kombinierten Nutzung von einem geringen Anteil an Sprache und überwiegendem Anteil an Unterricht errechnet sich die Sollnachhallzeit zu

$$T_{\mathrm{SollS}} = \frac{1}{4}\left(0,37 \log \frac{V}{\mathrm{m}^3} - 0,14\right) \mathrm{s} + \frac{3}{4}\left(0,32 \log \frac{V}{\mathrm{m}^3} - 0,17\right) \mathrm{s}$$

Mit den umfangreichen naturwissenschaftlichen Erkenntnissen ist die Raumakustik damit heute gezielt für die akustische Gestaltung, speziell die Oberflächengestaltung (Kühlewind, 2022) für das Hörempfinden (DIN 18041 Rev. 2016), einsetzbar (Bild 5.3).

Damit ein ausgewogenes Seitenverhältnis für das akustische Verhalten des Raumes erreicht wird, sind die Raumabmessungen in einem spezifischen Verhältnis zu halten. Raumausdehnungen können dementsprechend angepasst werden, wenn die optimierten Ausdehnungsverhältnisse bekannt sind. In Bild 5.3 sind solche Raumseitenverhältnisse anteilig aufgeführt, um auf die Darstellung tiefer Frequenzen Einfluss zu nehmen.[2)]

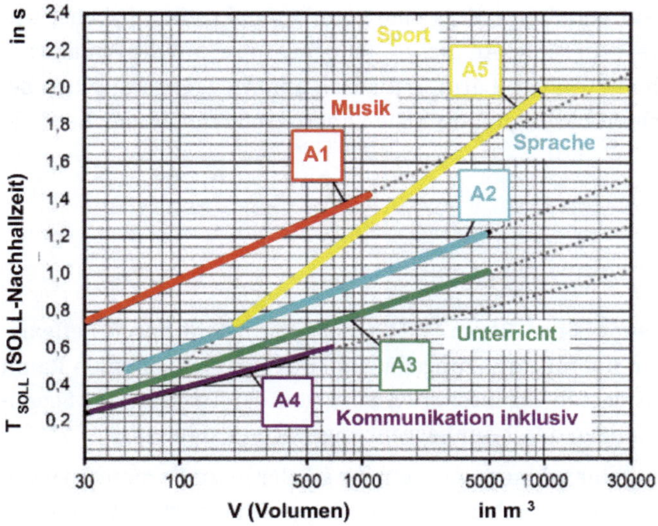

Bild 5.3 Werte für die Sollnachhallzeit nach (DIN 18041 Rev. 2016)

Tabelle 5.4 Raumseitenverhältnisse[3)]

Variante	A	B	C
x-Richtung (Länge)	1,39	1,56	2,33
y-Richtung (Breite)	1,14	1,28	1,6
z-Richtung (Höhe)	1	1	1

Durch eine Aufteilung des Raumes erreicht man u. a. eine gleichmäßige Verteilung der Raummoden.[4)] Damit verbunden klingt der Raum ausgewogener. Für ein kleines Beispiel bedeutet dies, dass mit einer Raumhöhe $z = 3$ m, die eine Seitenlänge $x = 1{,}56$ $z = 1{,}56 \cdot 3$ m $= 4{,}68$ m und die andere Seitenlänge $y = 1{,}28 \cdot 3$ m $= 3{,}84$ m sein sollte. Oft werden auch Raumverhältnisse bzw. Grundrisse von 3:2 oder 5:2 gewählt. Das heißt,

[2] Helmut V. Fuchs: Raum-Akustik und Lärm-Minderung, Konzepte mit innovativen Schallabsorbern und -dämpfern. 4. Auflage, VDI-Buch

[3] Mike Shea; F. Alton Everest: How to Build a Small Budget Recording Studio From Scratch. o. O.: McGraw-Hill, 2002

[4] Stefan Behr: Optimierung der Akustik und der Abhörsituation im Tonstudio der TU Graz. Diplomarbeit, Institut für Breitbandkommunikation, TU Graz, 2004

der Raum ist weder quadratisch noch schlauchförmig. So wird durch das Diffusfeld neben den Raummoden der Raumklang bestimmt.

Betrachtet man die Raumimpulsantwort, so spiegeln Direktschall, erste Reflexionen und der Nachhall (Diffusschall) die Charakteristik des Raumes wider.

Zum Schluss sei noch darauf verwiesen, dass eine gute Raumakustik möglichst von äußeren Störgeräuschen frei sein sollte. An dieser Stelle muss u. a. auf die Bauakustik verwiesen werden, die sich mit (Außen-)Lärm, Trittschall und Anlagengeräuschen beschäftigt. Dabei wird die Schallübertragung zwischen angrenzenden Räumen betrachtet.

5.3.1 Kleine Räume

Auch das Schallfeld in einem kleinen Raum ($V = 25...50\,m^3$) entsteht durch Reflexionen von Schallwellen an den Raumbegrenzungsflächen. Das sich so im kleinen Raum ausbildende Schallfeld und dessen Eigenschaften sind von der Position der Schallquelle und den Wandimpedanzen der Raumbegrenzungsflächen abhängig.

Zur Unterscheidung eines kleinen Raums von einem größeren zieht man gern die Wellenlänge heran. So bilden sich zwischen zwei parallelen, schallharten Wänden im Abstand l in einem solchen Raum stehende Wellen aus. Diese treffen sich in Abhängigkeit von der Länge l und der Wellenlänge bzw. ein Vielfaches von $\lambda/2$ in der Mitte. Das trifft zu, wenn gilt $l = n \cdot \lambda/2$ mit $\lambda = c/f$.

Bei kleinen Räumen sind die Eigenfrequenzen (hier eindimensional) $f = n \cdot c/2\,l$ für die Wiedergabe tiefer Töne zu beachten – ähnlich wie es für rechteckige Räume gilt. Die tiefen Töne betrachtet man bei einer Frequenz von ca. 20...90 Hz.

Die Schalldruckverteilung führt dann zu den Eigenschwingungen bzw. Moden. Gerade beim kleinen Raum überwiegen daher modale Effekte mit den dazu gehörigen, ortsabhängigen Minima und Maxima. Diese Minima und Maxima ändern sich mit der Frequenz. Die Grenze zwischen kleinem und großem Raumvolumen lässt sich mithilfe der Grenzfrequenz nach Schröder mit $f_C = 2000\sqrt{\frac{T}{V}}$ oder mithilfe des Hallradius bestimmen.

5.3.1.1 Fahrzeuginnenraum

Fahrzeuginnenräume (Jungebluth, 2018) sind sehr kleine Räume im Sinne der Raumakustik. Auch sind diese unterschiedlich hinsichtlich ihres Aufbaus. Man unterscheidet zwischen Pkw- und Lkw-Fahrzeuginnenräumen. Dabei kann ein Pkw-Fahrzeuginnenraum ein Volumen von $V = 3{,}45\,m^3$ und ein Lkw-Fahrzeuginnenraum von $V = 5{,}3\,m^3$ haben. Diese Werte sind grob ermittelt und sollen nur das Größenverhältnis sehr kleiner Räume wiedergeben. Daher wurden der Mittelbereich eines Pkw (nur Fahrerraum) und der Fahrerraum eines Lkw betrachtet. Die Volumenabschätzung erfolgte dann über Länge, Breite und Höhe des Fahrerraums. Abweichend von den bisherigen raumakustischen Betrachtungen spricht man gerade bei diesen kleinen Räumen in der Fahrzeugakustik über Untersuchungen zu Geräuschquellen im Infraschallbereich (1...20 Hz) und im Tieftonbereich (20...90 Hz). Die Geräusche entstehen sowohl durch Luft- und Körperschall, die bauartbedingt sind, als auch von Fenstern, Straßenbelag, Geschwindigkeit und Fahrzeuggewicht.

Aber auch Geräusche außerhalb des Infraschallbereichs werden in diesen kleinen Räumen wahrgenommen und sind Gegenstand der Betrachtung. Durch eine Vielzahl an Geräuschquellen (Rollgeräusch, Windgeräusch, Motorgeräusch und Geräusche durch Klima- sowie Lüftungsanlagen etc.) ergibt sich im Innenraum ein sehr kompliziertes Schallfeld. Diesem Schallfeld ist der Fahrer mal im Nahfeld oder im Fernfeld ausgesetzt. Hierbei liegen die Geräuschquellen häufig im hörbaren Frequenzbereich von 20 Hz bis 10 kHz. Zu den Untersuchungen wird meist ein Kunstkopf verwendet. Das soll eine möglichst gehörgetreue Darstellung der Geräusche in einem so komplexen Schallfeld ermöglichen. Der Schall wird über die beiden Miniaturmikrofone in den Ohrkanälen des Kunstkopfes aufgenommen. So erhält man eine Übersicht über Frequenzen, die in Abhängigkeit von ihrem Pegel, als störend wahrgenommen werden.

Weitere Untersuchungen erfolgen in den Fahrzeuginnenräumen zur Isolation, Absorption und Dämpfung für spezielle Materialien im Frequenzbereich von 20 Hz bis ca. 400 Hz. Dabei ist es das Ziel, möglichst eine vollständige akustische Isolation in Abhängigkeit vom Gewicht herzustellen („Schalldichte Box"). Um dieses zu erreichen, erarbeitet man eine sogenannte Sandwich-Isolation, um so die einzelnen akustisch störenden Beiträge zu eliminieren. Dabei wird im Sinne des Leichtbaus mehr auf Absorptionsmaterialien und Dämpfungsmaterialien als auf Isolationsmaterialien zurückgegriffen und entwickelt. So sei ein Beispiel herausgegriffen, bei dem die am Pkw mit Verbrennungsmotor vorhandene Abgasanlage, einen kleinen Teil der Schallenergie auch in den Kofferraum des Pkw abgibt. Um dieses Geräusch zu minimieren, ist an den Schallübertragungswegen einzugreifen. Im Kofferraum selbst werden Materialien zur Luftschalldämmung eingebracht, um eine Anregung des Luftschalls durch die Blechkarosserie zu vermindern. Weiter werden Radhausabsorber, Kofferraumbodenmatte etc. verwendet, um dem Geräuschpegel umfassend entgegenzuwirken – das Geräusch möglichst stark zu dämpfen.

5.3.1.2 Schallschutzkabine

Schallschutzkabinen werden als Musikübungsraum, Aufnahmeraum, Maschinenraum oder als Messraum verwendet. Solche Kabinen sind relativ klein und verfügen somit auch nur über ein kleines Volumen $V = 15...40...60\ m^3$. Durch modulare Elemente lassen sich heute solche Schallschutzkabinen bspw. mit einem Dämmmaß von 30 dB selbst zusammenbauen.

Eine vollständig entkoppelte Schallschutzkabine verfügt über eine zweischalige Bauweise (Raum in Raum-Konstruktion). Die Anordnungen von Fenster, Türen und Lüftung sind frei wählbar. Ebenso kann durch Wahl von akustischen Modulen (Absorber, Diffusoren etc.) der Raumklang individuell konfiguriert werden.

5.3.1.3 Regieraum

Ein meist kleiner Raum ist der Regieraum (Webers, 1990). Sein Volumen bewegt sich zwischen $V = 55...150\ \text{m}^3$. Da die Größe des Regieraums sehr unterschiedlich sein kann, gibt es zur Abschätzung der optimalen Nachhallzeit eine Empfehlung des IRT (Institut für Rundfunktechnik) mit

$$T_{\mathrm{N}} = 0,25\sqrt[3]{\frac{V}{100\ \mathrm{m}^3}}$$

Falls der Regieraum von seinen Maßen klein ist, dann sind die Raummoden zu untersuchen. Ergibt sich für eine Frequenz eine stehende Welle, so ist das Klangbild im Raum an den Stellen der Maxima oder Minima verändert. Die Nachhallzeit variiert dann ebenfalls. Dem kann durch das Ändern der Seitenverhältnisse des Raumes und die Dämpfung einzelner Moden entgegengewirkt werden. Die Absorber zur Dämpfung müssen möglichst an den Stellen, an denen Maxima auftreten, eingebaut werden. Aber auch die Aufstellung der Lautsprecher kann so gewählt werden, dass keine Moden durch diese angeregt werden. Wenn es sich von der Größe des Regieraumes ermöglichen lässt, so sind Lautsprecher in einem Abstand zur Wand in einem gleichseitigen Dreieck (Stereo) von ca. einem Meter zu platzieren. Um Reflexionen innerhalb der ersten 15 ms zu vermeiden, ist auf nicht notwendiges Mobiliar etc. zu verzichten. So erreicht man eine neutrale Abhörsituation in diesem Raum.

Ein Regieraum muss außerdem akustisch entkoppelt vom Aufnahmeraum sein, damit sich der Klang der Aufnahme auch beurteilen lässt. Maßgeblich für die akustische Trennung allgemein zwischen Räumen und besonders zwischen Aufnahme – und Regieraum ist das **Bauschalldämmaß**

$$R = 10 \log \frac{I_1}{I_2}$$

der Bauakustik. Hier wird das Verhältnis zwischen dem Aufnahmeraum und dem Regieraum wiedergegeben. Gerade bei der akustischen Entkopplung zwischen solchen Produktionsräumen sollte das Dämmmaß nach DIN 4109 nicht kleiner als 37...52 dB sein. Die minimalen Werte aus der VDI 2711 von 3...10 dB gelten nicht mehr, da die VDI 2711 von 1978 zurückgezogen wurde. Dabei müssen die akustischen Übertragungswege berücksichtigt werden. Das kann Luftschall- oder Körperschallübertragung sein. Die Wege der „störenden" akustischen Übertragung müssen dann unterbrochen werden, um zu einer Entkopplung zwischen zwei Räumen zu gelangen. Die Entkopplung kann durch Vorbauwände, frei schwingenden Boden, Mehrfachverglasung, federnde Lagerung der Instrumente im Aufnahmeraum etc. erreicht werden. Dabei dürfen bereits im Vorfeld keine Körper- oder Luftschallbrücken (Belüftung!) auftreten (Bauakustik).

Bei allem muss beachtet werden, dass im Regieraum Musiksignale auch im Tieftonbereich beurteilt werden müssen. Das heißt, dass der Regieraum möglichst neutral über alle Frequenzen bei möglichst kleiner Nachhallzeit klingen und symmetrisch aufgebaut sein sollte. Als ein Wert für eine kleine Nachhallzeit sei 0,25 s genannt (DIN 52216). Ist der Regieraum mit stark unterschiedlichen Längen- und Breitenmaßen aufgebaut, so ist eine Nutzung in Richtung des größeren Maßes sinnvoll, da sich so die tiefen Frequenzen besser ausbreiten können.

Ein gutes diffuses Schallfeld führt im Regieraum zu einem homogenen Schallfeld, starke Einzelreflexionen treten nicht auf. Um dieses zu erreichen, setzt man Diffusoren ein, die den Schall nicht in einem bestimmten Winkel reflektieren, sondern zufällig in den Raum zurückwerfen – also diffus streuen. Ihre Anordnung sollte symmetrisch sein, um so auch die akustische Symmetrie des Raumes zu berücksichtigen.

Speziell bei einem Neubau kann in der Planungsphase eine Raumsimulation mit Auralisation hilfreich sein, um so rechtzeitig geeignete Maßnahmen gegen störende akustische Effekte einfließen lassen zu können. Dabei können dann Raumkonzepte „Live End Dead End" kurz LEDE herangezogen werden (Raumkonzept LEDE nach Davis). Hierzu findet man verschiedene Softwarelösungen am Markt (AUVIS, ULYSSES, CATT …). Ein Anhaltspunkt ist neben der Nachhallzeit auch die Sprachverständlichkeit in einem Regieraum. Daneben können andere Qualitätsmaße herangezogen werden.

5.3.1.4 Aufnahmeraum

Aufnahmeräume sind mit sehr unterschiedlichem Volumen konzipiert. Die Größe des Raumes hängt von den zur Aufnahme kommenden Instrumenten etc. ab, die für eine optimale und variable Platzierung benötigt werden. Unabhängig davon muss ein Aufnahmeraum akustisch so aufgebaut sein, dass man die räumliche Größe und akustische Ausgestaltung nicht hört. Nur so kann mit den künstlerischen Aufnahmen über Effektgeräte eine Variation an Höreindrücken erzeugt werden. So ein Aufnahmeraum muss ähnlich wie ein Regieraum über eine kleine Nachhallzeit verfügen – quasi „trocken" klingen. Seine Nachhallzeiten sollten sich zwischen 0,25…0,5 s in Abhängigkeit von den Raumgrößen bewegen. Der Frequenzgang soll über alle Frequenzen gleich zu höheren Frequenzen abfallen bzw. einen ausgewogenen Frequenzgang haben. So wird sichergestellt, dass keine Klangfärbungen in die Aufnahme geraten. Stehende Wellen sind zu vermeiden.

5.3.1.5 Hörraum

Ein Hörraum kann bspw. ein Wohnzimmer, ein Klassenraum oder Seminarraum sein mit einem Raumvolumen von 70…120…180 m^3. Das Raumvolumen (Weinzierl, 2009) kann ganz allgemein abgeschätzt werden, da man für Klassenräume von 6 m^3 pro

Schüler ausgeht. Bei durchschnittlich 20…30 Schülern pro Klassenverband kommt man dann auf die entsprechenden Raumvolumina. Dabei kann die Raumhöhe zwischen 2,50…3 m liegen. Für die akustischen Kriterien im Klassenraum wird die DIN 18041 herangezogen. Der raumakustische Parameter Sprachverständlichkeit ist in einem Hörraum von besonderem Interesse. Akustisch ist in einem solchen Raum ein Umfeld zu schaffen, das zu einer guten Sprachverständlichkeit führt. Das heißt, die Nachhallzeit sollte auch für tiefe Frequenzen klein sein.

Darüber hinaus wird die akustische Qualität des Raumes wesentlich von der Raumanordnung im Gebäude, der Schalldämmung seiner Umfassungsbauteile (Bauakustik), der Geräuschentwicklung gebäudetechnischer Anlagen (Bauakustik), der Raumform, der Raumgröße und der Oberflächenbeschaffenheit der Raumbegrenzungsflächen und Einrichtungsgegenstände bestimmt. Außerdem beeinflusst die Dimensionierung, die räumliche Verteilung schallabsorbierender und schallreflektierender Flächen das akustische Verhalten des Hörraumes wesentlich. Störgeräusche (Lärm, Bauakustik) sind nach DIN 4109 zu vermeiden.

Um eine optimale Sprachkommunikation zu ermöglichen, müssen über mittlere und größere Entfernungen die Sprachanstrengungen des Sprechers gering sein (normale oder nur leicht angehobene Sprechweise). Es ist dafür zu sorgen, dass möglichst viel Direktschall und deutlichkeitserhöhende Anfangsreflexionen in den ersten 30…50 ms vom Sprecher zum Hörer gelangen. Reflexionen die erst später beim Hörer eintreffen, also nach einer Zeit von 50 ms, werden als störende Reflexionen wahrgenommen. Sprachverständlichkeit ist eng mit der Nachhallzeit des Raumes verknüpft. Allgemein wird mit zunehmender Nachhallzeit die Sprachverständlichkeit in einem Raum schlechter bzw. nimmt ab. Das heißt, eine schlechte Sprachverständlichkeit ist daher meist mit einer zu langen Nachhallzeit im Raum verbunden. Die Nachhallzeit hängt vom Volumen des Raumes, den Raumoberflächen sowie den Gegenständen im Raum ab. Je höher ein Raum ist bzw. je größer sein Volumen ist, desto größer ist dann auch die Nachhallzeit. Dem kann man mit entsprechender Absorption entgegenwirken. Die Raumform spielt bei kleinen und mittelgroßen Räumen eine untergeordnete Rolle.

Daher sollte die Nachhallzeit für Hörräume möglichst gering sein (Hörraum nach DIN 18041 mit $T_N = 0{,}6 \ldots 0{,}7$ s, vgl. Bild 5.4), um so auch mögliche energiereiche, späte Reflexionen zu vermeiden. Jedoch ist die allgemeine Nachhallzeit nicht ausreichend, da bei manchen Frequenzen die Nachhallzeit schnell und bei anderen langsam abklingt. Die DIN 18041 zeigt auf, dass die Nachhallzeit möglichst gleich über alle Frequenzen sein soll. Ebenfalls findet am in der DIN 18041 die Unterteilung der optimalen Nachhallzeit für Musik, Sprache, Kommunikation und Unterricht in kleinen bis mittelgroßen Räumen.

Mit der Unterteilung nach Sprache sind die Räume gemeint, in denen ein Sprecher vor einem Publikum spricht. Ähnlich dazu ist Kommunikation und Unterricht so zu verstehen, dass in solchen Räumen auch mehrere Personen gleichzeitig sprechen können (Klassenraum oder Konferenzraum). Finden wir in Klassenräumen Bücherregale, so beeinflussen sie die Schallverteilung (Diffusor) bzw. die Nachhallzeit (Absorber). Die Raumakustik weiter beeinflussende Raumbestandteile können Pflanzen, Vorhänge, Teppiche, Tafel, Fenster u. a. Gegenstände sein. Beispielhaft wurden die Sollnachhallzeiten und die Raumvolumina in die Formel eingesetzt und Bild 5.4 erzeugt.

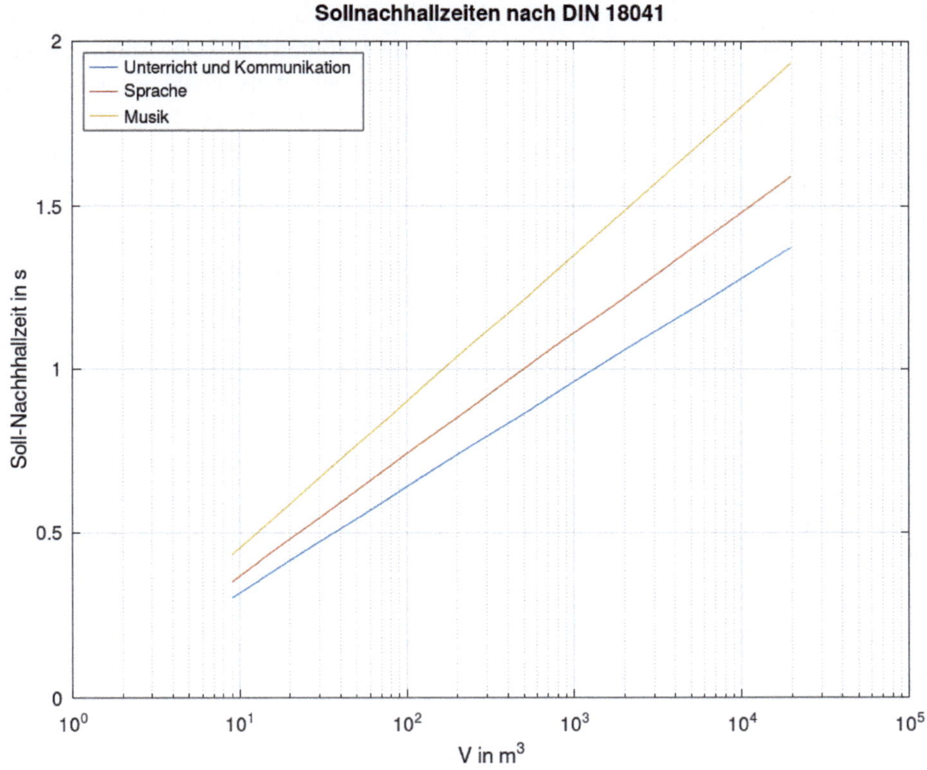

Bild 5.4 Sollnachhallzeiten aus der DIN 18041

5.3.2 Große Räume

Gerade bei großen Räumen (z. B. ein Seminarraum mit $l_x = 14{,}6$ m, $l_y = 9{,}7$ m, $l_z = 3$ m und $V \approx 425$ m^3 oder größer) spielt die akustische Beschreibung eine wesentliche Rolle, um den Raumklang zu verbessern. Bereits vor einer messtechnischen Untersuchung können akustische Eigenschaften zusammengestellt werden. Zur Beschreibung gehören neben den Maßen, dem Volumen auch die Absorptionsfaktoren der Wände, die äquivalente Absorptionsfläche und die Nachhallzeit. Betrachtet man größere Räume wie bspw. Versammlungsräume, Großküchen, Kirchen (Brettschneider, 2007), Lager- oder Fabrikhallen, so stellt man fest, dass die mittleren Absorptionskoeffizienten oft dazwischen $\overline{\alpha} = \alpha_m = 0{,}02 \ldots 0{,}2$ liegen. Mit solchen gemittelten Werten kann grob die äquivalente Absorptionsfläche bestimmt werden. Über Diagramme kann mit der Kenntnis des mittleren Absorptionskoeffizienten und des Volumens des Raumes die Absorptionsfläche A abgelesen werden (Bild 5.5). Alternativ gibt es Tabellen mit den für den jeweiligen Werkstoff bestimmten Absorptionskoeffizienten in Abhängigkeit von der Frequenz.[5]

Aber auch über die Nachhallzeit kann die Absorptionsfläche bestimmt werden (Bild 5.6). Schallharte Räume, deren Wände aus Beton oder Glas bestehen bzw. hohe Anteile davon haben, reflektieren stark und haben eine längere Nachhallzeit als schallweiche Räume, die mit Vorhängen oder schallschluckenden Wänden ausgestattet sind. Da die Nachhallzeit messbar ist, kann mithilfe der Sabin'schen Formel die äquivalente Absorptionsfläche berechnet werden.

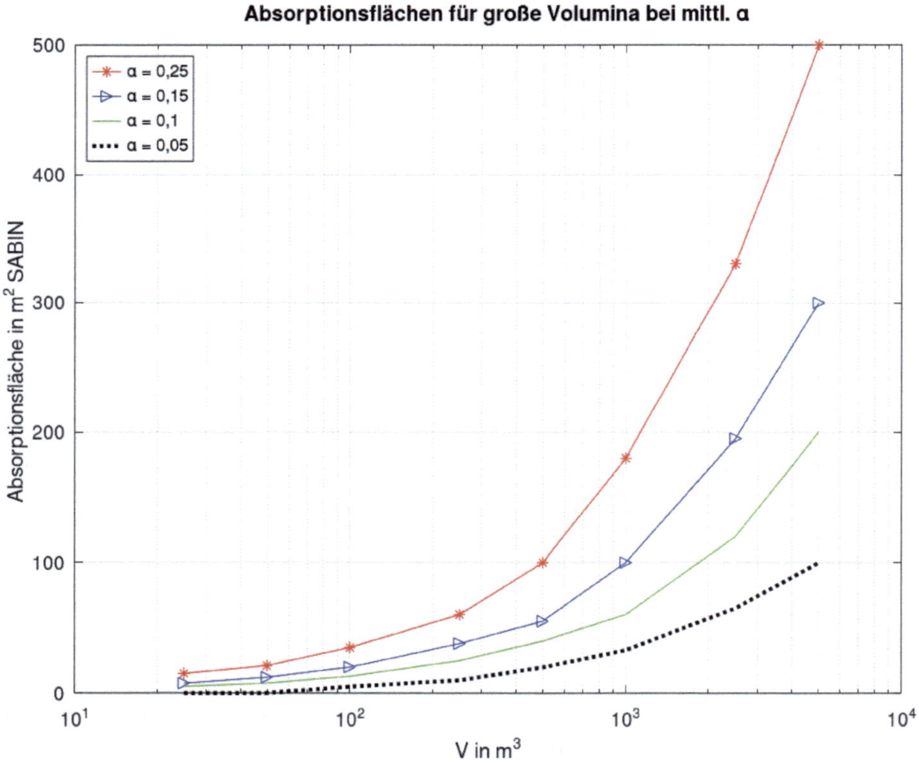

Bild 5.5 Zusammenhang zwischen Absorptionsflächen und Volumen mit dem mittleren Absorptionskoeffizienten α

5 *https://www.schweizer-fn.de/stoff/akustik/absorptionsfaktoren.php*

Sind jedoch Teilflächen mit dem dazugehörigen Absorptionskoeffizienten bekannt, so kann die äquivalente Absorptionsfläche bestimmt werden mit $A = \alpha \cdot S$ je Teilfläche. Als Maßeinheit wird m² *Sabin* bzw. m² oder Sabin verwendet. Zusätzlich kann aber auch mithilfe der Sollnachhallzeit die zusätzliche äquivalente Schallabsorptionsfläche mit der Formel

$$\Delta A = 0,163\,V \left(\frac{1}{T_{\text{Soll}}} - \frac{1}{T} \right)$$

berechnet werden. Für die Sollnachhallzeit können die spezifischen Formeln aus Abschnitt 4.3 oder die Gleichung nach Werten aus der DIN 18041 (Annäherungsgleichung mit ±20 %)

$$T_{\text{NSoll}} = (-0,12) + 0,34 \log(V)$$

eingesetzt werden.

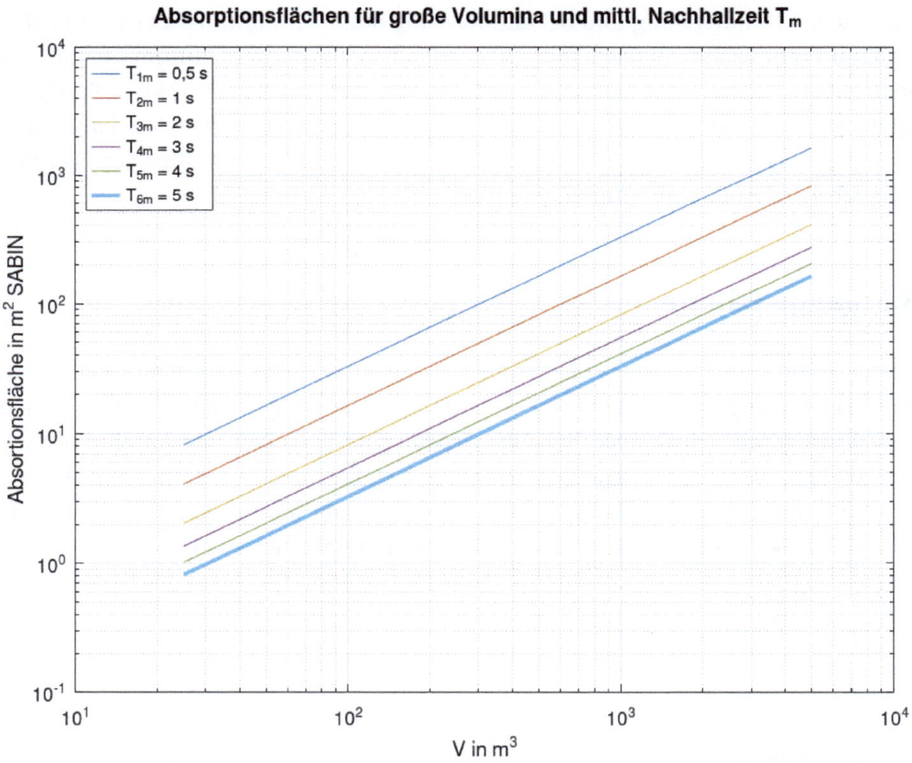

Bild 5.6 Zusammenhang zwischen Absorptionsflächen und Volumen mit der Nachhallzeit

Bei großen Räumen können heute auch Verfahren mit entsprechend zugeordneten Modellen (Spiegelschallquellen, Raytraycing) zur akustischen Beurteilung eingesetzt werden. Beispielsweise kann man ein strahlenbasiertes Modell (grobe Vereinfachung, wenige Spiegelschallquellen) heranziehen, um die raumakustischen Parameter zu bestimmen. Das kann sowohl bei der Planung von großen Räumen als auch zur Umgestaltung großer Räume in Anwendung kommen.

Aber auch physikalische Modelle bzw. frequenztransformierte Modelle (z. B. maßstäblich nachgebildete Modelle mit bspw. M 1:7, 1:16, 1:20 … o. a.) kommen bei großen bzw. großen komplexen Räumen zum Einsatz. Sie haben den Vorteil, dass die Wellenphänomene physikalisch reproduziert werden. Bei größeren Projekten ist der Einsatz dieser Methode deshalb immer noch sinnvoll. So besteht dann die Möglichkeit, Messungen der Raumimpulsantwort im räumlichen Modell mit dem dazugehörigen Maßstab durchzuführen. Um eine Messung durchführen zu können, wird die Frequenz um den Maßstabsfaktor transformiert (lt. o. g. Beispiel um den Faktor 7 bei Maßstab 1:7). So wurden Modelle z. B. für den Umbau der Tonhalle in Düsseldorf im Maßstab 1:12 gebaut, um die Messungen der Raumimpulsantworten vorzunehmen. Der Modellbau selbst ist aufwendig und bei der Messung muss dem Einfluss der Luftfeuchte bei hohen Frequenzen entgegengewirkt werden (Trocknung der Luft im Modell). Im Modell selbst bleiben alle akustischen Eigenschaften (Wellencharakter, Beugung, Schallstreuung) erhalten. Mit den gemessenen Raumimpulsantworten kann man nach einer Rücktransformation in solche Räume hineinhören (Auralisation, Faltung mit „trockenen“ Audioaufnahmen).

5.3.3 Lange Räume

Ein langer Raum ist in seinem Längenmaß größer bzw. sogar deutlich größer als in seiner Breite oder gar Höhe. Ein solcher Raum ist akustisch gesehen mit einer großen Nachhallzeit gerade im Bereich der Eigenfrequenzen versehen und anfällig für stehende Wellen, wenn seine geometrischen Maße in die Größenordnung der Wellenlängen geraten. Dieses Phänomen haben wir im langen Raum meist bei tiefen Frequenzen. Für bestimmte Frequenzen ermittelt sich die Wellenlänge zu

$$\lambda = \frac{c}{f} = \frac{343\ \mathrm{ms}^{-1}}{22\ \mathrm{Hz}} = 15,6\ \mathrm{m}$$

oder

$$\lambda = \frac{c}{f} = \frac{343\ \mathrm{ms}^{-1}}{35\ \mathrm{Hz}} = 9,8\ \mathrm{m}$$

und liegt damit in möglichen Abmessungen eines Raumes. Das heißt, bei tiefen Frequenzen kann der Raum zu einer Art Resonanzkörper werden. Dann entsteht im Raum eine stehende Welle, die an festen Positionen im Raum hohe Schalldrücke aufweist (Wellenberg) und an anderen niedrige (Wellental). Somit ist die Schalldruckverteilung nicht mehr von der Position der Schallquelle und der Nachhallzeit abhängig. Diese stehenden Wellen können sich klanglich störend auswirken. Das aber ist von der Raumgeometrie abhängig.

Um solchen stehenden Wellen entgegenzuwirken, müsste man als eine Möglichkeit die Raumgeometrie verändern. Aber auch der Einsatz von speziell auf die Frequenz der stehenden Wellen zugeschnittenen Absorbern kann helfen.

Beispiel für einen solchen langen, quaderförmigen Raum kann ein Seminarraum mit den Abmessungen $l_x = 14,6\ \mathrm{m}$, $l_y = 9,7\ \mathrm{m}$, $l_z = 3\ \mathrm{m}$ sein. Hier sieht man deutlich, dass die Abmessungen des Raumes in die Größenordnung der Wellenlänge fallen. Kommt es dann zu stehenden Wellen im Seminarraum, so ist die Berechnung der Nachhallzeit nach Sabine nicht mehr genau.

Ist ein Raum noch deutlich länger (schlauchförmig), dann können sich bei großem Messabstand zwischen Sender und Empfänger Reflexionen überlagern und in ihren Spitzen größer als der Direktschallanteil sein.

5.3.4 Spezifische Räume (Messräume)

Zwei sehr spezielle Räume sind der schalltote Raum (Raum ohne Reflexionen – also Freifeld) und der Hallraum (Hallfeld).

Der „schalltote" Raum wird auch als schallarmer bzw. physikalisch richtig als reflexionsarmer Raum bezeichnet (ISO 3744, ISO 3745), da er bei aufwendiger Bauweise ein Raum-in-Raum-Konzept mit Schallabsorbern (Freifeldraum) oder ein sehr großer Raum mit geometrisch sehr tiefen Schallabsorbern (reflexionsarmer Raum) ist. Prinzipiell möchte man also einen Raum haben, bei dem nur der Direktschall (wie im Freifeld) einen wahrnehmbaren akustischen Anteil liefert. Ein reflexionsarmer Raum liefert nur minimale Reflexionen (Bild 5.7). Zu berücksichtigen sind dann noch die Richtcharakteristik der Quelle und die Luftdämpfung. Dieser Spezialraum wird u. a. für Messungen von Lautsprechersystemen, Mikrofonsystemen, Schallleistung, Aufnahme von „trockenen" Sprach- oder Musikstücken oder Maschinengeräuschen verwendet. Aber auch für den schalltoten Raum gibt es Simulationsmethoden, bei denen neben Direktschall, Richtcharakteristik und Luftdämpfung auch Beugung berücksichtigt wird. Genauere und damit aufwendigere Simulationsmethoden verwenden die Wellengleichung bzw. die Finite-Elemente-Methode. Diese werden besonders für den Lärmschutz bspw. für die Bestimmung der Wirkung von Schallschutzwänden etc. genutzt.

Der Hallraum (ISO 3743, DIN 20354, ISO 345) als das Gegenstück zum schalltoten Raum hat, wie der Name schon sagt, die Eigenschaft eines besonders langen Nachhalls mit Volumina von $V = 150\ldots200\ldots\mathrm{m}^3$ und Nachhallzeiten von $T_\mathrm{N} = 2,5\ldots4,5\ldots6,5$ s.

Prinzipiell ergeben sich so Berührungspunkte zwischen der Bau- und der Raumakustik. Diese beziehen sich auf Absorber (Bauteil), Geräuschbelastung und Schallübertragung zwischen Räumen. Ein Beispiel für die Berührungspunkte der beiden Gebiete findet man bei der Anwendung dieses einfachen Programms: *www.rigips.de/raumakustik-rechner*.

Bild 5.7 Reflexionsarmer Raum am Fraunhofer IDMT

Soll beispielsweise der Schallpegel in einem Raum verringert werden, so können **Absorber** (raumakustische Betrachtung der Schalldämpfung: hier wird der Schall in Wärme umgewandelt) als schallschluckende Bauteile verwendet werden. Ein einfacher Nachweis wäre es dann, wenn sich die Nachhallzeit im Raum verringert. Grob kann man hier zunächst mit der Sabin'schen Nachhallformel arbeiten. Verringert sich die Nachhallzeit nach der Einbringung von Absorbern um ca. die Hälfte, so erhält man die Schallpegeländerung

$$\Delta L = 10 \log \frac{T_\mathrm{N}}{0,5\,T_\mathrm{N}} = 3\ \mathrm{dB}$$

Die Verringerung des Schallpegels im Raum um 3 dB, kann je nach Raum und dessen Nutzung als zu gering erscheinen. Dann sind weitere Maßnahmen erforderlich (bauakustische Betrachtung der Schalldämmung: durch ein trennendes Teil hindurchgelassene Schallleistung). Hierzu gehört dann die Betrachtung von Wandkonstruktionen und deren Schalldämmmaß. Eine einfache gemauerte und verputzte Wand wird als einschaliges Bauteil angesehen, da die einzelnen Schichten über die gesamte Fläche eng verbunden sind. Das Schalldämmmaß wird dann für eine solche Konstruktion bestimmt mit der Näherungsformel:

$$R \approx \log\left(\frac{\omega\, m_A}{2\varrho c}\right)\cos\vartheta \approx 20\log\left(\frac{f\, m_A}{130}\right)\cos\vartheta = 20\log\left(\frac{f\, m_A}{130}\right) - 3\ \text{dB}$$

Bei der Näherungsformel werden die Randeinflüsse vernachlässigt, es wird angenommen, dass alle Bauteilbereiche gleichphasig schwingen und die Dämpfung des Schalls auf der Trägheit der Masse beruht. Durch Verwendung der Luftdichte ϱ und der Schallgeschwindigkeit c erhält man die Näherungsformel mit den beiden Abhängigen. Trifft der Schall aus allen Raumrichtungen gleichmäßig auf die Wand, muss über alle Winkel gemittelt werden. Daraus ergibt sich ein um 3 dB verringerter Wert für das Schalldämmmaß. Es ist dann also abhängig von der Masse der Fläche m_A und der Frequenz f. Da beide, Masse und Frequenz, zum Schalldämmmaß direkt proportional sind, erhöht sich das Schalldämmmaß, wenn auch die Masse des Bauteils bzw. die Frequenz größer wird. An diesem kleinen Beispiel sieht man schnell, dass Themen wie Schalldämmung von Bauteilen, Schallschutz aus städteplanerischer Sicht (Baugebiete, Bauweisen DIN 18005 etc.), Lärm, Schallkopplungen zwischen Bauwerken im Tief- und Hochbau der Bauakustik zuzuordnen sind. Gerade der Schallschutz nimmt an Bedeutung zu (DIN 52210), da die neuartigen Heizungsanlagen (Wärmepumpen), Lüftungsanlagen, Verkehrslärm, unerwünschte Schallübertragung zwischen Gebäuden, Geräusche durch Pumpen etc. in Gebäuden zunehmen. Lärmbelastungen beeinträchtigen erheblich die physische und psychische Leistungsfähigkeit. All diese Lärmschallquellen (inkohärente n Teilschalle) können für sich allein als nicht störend empfunden werden, addieren sich jedoch die Lärmquellen (wobei die Pegel selbst NICHT addiert werden!!!), so sollten diese ein gewisses Maß nicht überschreiten,

$$L_{\text{ges}} = 10\log\left(\sum_{\text{i}=1}^{\text{n}} 10^{0{,}1L_{\text{i}}}\right)$$

5.4 Anhang

Berechnung von Faltung und Korrelation einfacher Signale:

```
%------------------------------------------------------------------------
% GNU-Octave-Anhang zum Kapitel 5 Raumakustik
% Erzeugen einfacher abgetasteter Sinussignale und Auralisation
% Erzeugen einfacher abgetasteter Rauschsignale und Auralisation
% Durchführen der Faltung und Auralisation
% Zusaetzlich wird die Kreuzkorrelation durchgeführt, um Verwechslungen
% auszuschliesssen
% Dateinamen: Faltg06022024
% Ausgabedaten: Grafik
```

```
% Autor: Dr.-Ing. Torsten Köhler
% Erstellungsdatum: 06.02.2024
% Variante für die einfache Erstellung eins m-Files
% GNU - Octave - Version 6.4.0
%___________________________________________________________________________
%{
KOMMENTAR:
Es soll eine kleine Aufgabe für die Darstellung des Zusammenhangs zwischen
Faltung und Kreuskorrelation sein.
 %}
 %__________________________________________________________________________
clc;
clear all;
close all;
% Löschen aller Ausgaben im Befehlsfenster, Variablen und deren Inhalte aus
% dem Speicher sowie Schliessen aller offenen Fenster bzw. Darstellungen
disp('Erzeugen von Sinussignalen ..... ')
disp(' und die Darstellung sowie Faltung dieser und Auralisation !')
% Textausgabe zur Berechnung
fs = 8000;
% gewählte Abtastfrequenz 8 kHz
t = 0:1/fs:2;
% Erzeugen eines Vektors mit Zeitpunkten entsprechend der fs
sinton1=sin(2*pi*500*t);
% Vektor für die Abtastung eines Sinus der Frequenz von 500 Hz
sinton2=sin(2*pi*900*t);
% Vektor für die Abtastung eines Sinus der Frequenz von 900 Hz
% Erzeugen der Grafik Nr.1 für den ersten Sinuston
h=figure(1);
    %  Zuordnung der Grafik für die Darstellung Sinussignal
    plot(sinton1(1:25));
    %  2D Darstellung der Wertepaare
    axis([1 25 -1.1 1.1]);
    %  Optimierung der Achsen zur besseren Darstellung
    grid on
    %  Gitternetzlinien in der Grafik
    xlabel('Samples');
    % Bezeichnung der x-Achse der Grafik mit "t"
    ylabel('Wert');
    %  Bezeichnung der y-Achse der Grafik mit " f in Hz"
    title('Sinus und Wertepaare');
    % Titel für die Darstellung
    saveas(h,'c:\scanpaperport\sin1','tif');
    %  Speichert ein Grafikobjekt h in der Datei richtcharakteristiken.tif
    %  bei entsprechender Pfad-Angabe im Verzeichnis mathedaten.
    pause ('on');
    %  Aktivierung der Pausenfunktion
    sound(sinton1,fs);
    %  Auralisation des Sinus mit 500 Hz
    pause (2);
    %  Pause von 10s
    pause ('off');
    %  Deaktivierung der Pausenfunktion
    close(h);
% Erzeugen der Grafik Nr.2 für den Kanal 1 dzweiten Sinuston
h=figure(2);
```

```
    %   Zuordnung der Grafik für die Darstellung Sinussignal
    plot(sinton2(1:25));
    %   2D Darstellung der Wertepaare
    axis([1 25 -1.1 1.1]);
    %   Optimierung der Achsen zur besseren Darstellung
    grid on
    %   Gitternetzlinien in der Grafik
    xlabel('Samples');
    %  Bezeichnung der x-Achse der Grafik mit "t"
    ylabel('Wert');
    %   Bezeichnung der y-Achse der Grafik mit " f in Hz"
    title('Sinus und Wertepaare');
    %  Titel für die Darstellung
    saveas(h,'c:\scanpaperport\sin2','tif');
    %   Speichert ein Grafikobjekt h in der Datei richtcharakteristiken.tif
    %   bei entsprechender Pfad-Angabe im Verzeichnis mathedaten.
    pause ('on');
    %   Aktivierung der Pausenfunktion
    sound(sinton2,fs);
    %   Auralisation des Sinus mit 500 Hz
    pause (2);
    %   Pause von 10s
    pause ('off');
    %   Deaktivierung der Pausenfunktion
    close(h);
    % schliesst das Grafikfenster
% Erzeugen der Grafik Nr.3 für die Faltung beider Sinussignale und der daraus
% resultierenden Auralisation
h=figure(3);
    %   Faltung beider Sinussignale aus dem vorherigen Abschnitt (SIN1 und SIN2)
    faltg=conv(sinton1,sinton2);
    %   Zuordnung der Grafik für die Darstellung Sinussignal
    plot(faltg(1:55));
    %   2D Darstellung der Wertepaare
    axis([1 55 -3.1 3.1]);
    %   Optimierung der Achsen zur besseren Darstellung
    grid on
    %   Gitternetzlinien in der Grafik
    xlabel('Samples');
    %  Bezeichnung der x-Achse der Grafik mit "t"
    ylabel('Werte');
    %   Bezeichnung der y-Achse der Grafik mit " f in Hz"
    title('Faltung beider Sinussignale');
    %  Titel für die Darstellung
    saveas(h,'c:\scanpaperport\faltg','tif');
    %   Speichert ein Grafikobjekt h in der Datei richtcharakteristiken.tif
    %   bei entsprechender Pfad-Angabe im Verzeichnis mathedaten.
    pause ('on');
    %   Aktivierung der Pausenfunktion
    sound(sinton1,fs);
    %   Auralisation des Sinus mit 500 Hz
    pause (2);
    %   Pause von 2s
    pause ('off');
    %   Deaktivierung der Pausenfunktion
    close(h);
```

```
    % schliesst das Grafikfenster
```

Faltung von Rauschsignalen

```
clc;
clear all;
close all;
% Löschen aller Ausgaben im Befehlsfenster, Variablen und deren Inhalte aus
% dem Speicher sowie Schliessen aller offenen Fenster bzw. Darstellungen
disp('Erzeugen von Rauschsignalen ..... ')
disp(' und die Darstellung sowie Faltung dieser und Auralisation !')
% Textausgabe zur Berechnung
anzSig = 1000;
% Laenge der Signale vorgeben - kann verändert werden
x1 = 1:anzSig;
% X Vektor der Länge sigLen erzeugen
x2 = -anzSig+1:anzSig-1;
% X Vektor2 erstellen mit gleicher sigLen ABER negativen Zahlen
y1 = rand(1, anzSig);
% Pseudozufallsvektor erstellen mit zufälligen Zahlen maximal "1"
% und einer Anzahl von sigLen
sound(y1,anzSig);
% Auralisation Rauschen 1
y2 = circshift(y1,length(y1)/2 );
% Zweiten Vektor rotieren aus Vektor y1
sound(y2,anzSig);
% Auralisation Rauschen 2
faltg2noise = conv(y1,y2);
% Falten der beiden Pseudorauschsignale
sound(faltg2noise,anzSig);
% Auralisation der gefalteten Rauschsignale
% Erzeugen der Grafik Nr.4 für die Faltung von Rauschesignalen und der
% resultierenden Auralisation
%   Zuordnung der Grafik für die Darstellung Sinussignal
h = figure('Name', 'Faltung zweier Signale');
    subplot(2,1,1);
    % erzeugt einen Plot bzw. Teilplot in einem Fenster an einer Position
    plot(x1,y1,x1,y2);
    % erster Plot bzw. Teilplot im Fenszter; hier beider Rauschsignale
    legend('y1','y2');
    grid on;
    subplot(2,1,2);
    % erzeut einen zweiten Teilplot
    plot(x2, faltg2noise);
    % zweiter Teilplot aus Anzahl und Werten des Faltungsalgorithmus
    legend('Faltung');
    grid on;
    % Gitternetzlinien in der Grafik
    saveas(h,'c:\scanpaperport\faltg2noise','tif');
    pause(2);
    % Pause von 2 s vor dem Schliessen des Grafikfensters
    close(h);
    % schliesst das Grafikfenster mit beien Teilgrafiken
```

Kreuzkorrelation zweier Sinus- und Rauschsignale
Es ist zwischen Faltung und Korrelation zu unterscheiden!

```
%{
```

```
Korrelation spielt eine zentrale Rolle bei der Analyse von Zeitreihen.
Normalerweise gibt die Korrelation eine quantitative Abschätzung
der Ähnlichkeit zweier Funktionen bzw. Signale und den zeitlichen Versatz
zwischen ihnen an. Die Korrelation zwischen den Vektoren g und f
(beide mit n Elementen) ist definiert durch dir Formel für die Kreuzkorreltion
%}
clc;
clear all;
close all;
% Löschen aller Ausgaben im Befehlsfenster, Variablen und deren Inhalte aus
% dem Speicher sowie Schliessen aller offenen Fenster bzw. Darstellungen
disp('Erzeugen von Sinussignalen ..... ')
disp(' und die Darstellung der Kreuzkorrelation dieser !')
% Textausgabe zur Berechnung
fs = 8000;
% gewählte Abtastfrequenz 8 kHz
t = 0:1/fs:2;
% Erzeugen eines Vektors mit Zeitpunkten entsprechend der fs
sinton1=sin(2*pi*500*t);
% Vektor für die Abtastung eines Sinus der Frequenz von 500 Hz
sinton2=sin(2*pi*900*t);
% Vektor für die Abtastung eines Sinus der Frequenz von 900 Hz
[KK, lags]=corrcoef(sinton1,sinton2);
% Kreuzkorrelation berechnen
h = figure('Name','Kreuzkorrelation zweier Signale');
    % Bennenung des Fensters der grafischen Ausgabe
    stem(lags,KK,"r");
    % Plot-Kreuzkorrelationsfunktion
    legend('Kreuzkorrelation');
    grid on;
    % Gitternetzlinien in der Grafik
    saveas(h,'c:\scanpaperport\KKcoeff','tif');
    pause(2);
    % Pause von 2 s vor dem Schliessen des Grafikfensters
    close(h);
    % schliesst das Grafikfenster mit beien Teilgrafiken
clc;
clear all;
close all;
% Löschen aller Ausgaben im Befehlsfenster, Variablen und deren Inhalte aus
% dem Speicher sowie Schliessen aller offenen Fenster bzw. Darstellungen
```

Darstellung der Terz- und Oktavmittenfrequenzen in Abschnitt 5.1:

```
%-----------------------------------------------------------------------
% GNU Octave-Anhang zum Kapitel Raumakustik Punkt 5 zu den Mittenfrequenzen
% Berechnung der unteren und oberen Grenzfrequenzen aus dem Vektor
% fnm der normierten Mittenfrequenzen (vorgegebene Mittenfrequenzen
% aus der ISO 266) für Oktavbänder
% Beispiel fnm, fo, fu
% Dateinamen: mittenf26092023.m
% Ausgabedaten: Grafik und Funktion
% Autor: Dr.-Ing. Torsten Köhler
% Erstellungsdatum: 26.09.2023
% Variante für die einfache Erstellung eins m-Files
```

```
% GNU Octave 6.4.0
%_______________________________________________________________________
%{
KOMMENTAR:
Es soll eine kleine Aufgabe für die Darstellung der Abhängigkeit der
der Nachhallzeit von der Schallgeschwindigkeit in Luft von
der Tempertaur und im zweiten Schritt von der Absorption sein.
%}
%_______________________________________________________________________
clc;
%   Der Befehl dient zur Bereinigung des "Command Window" und ist sinnvoll
%   zur Erhaltung der Übersichtlichkeit für Ein- und Ausgabe bei
%   Funktionen.
clear all;
%   Löschen aller Variablen und deren Inhalte aus dem Speicher
disp('Berechnung der oberen und unteren Grenzfrequenz')
%   Textausgabe zur Berechnung
disp('                                            ')
%   Ausgabe einer Leerzeile am Display
disp('aus den Normfrequenzen (Oktaven) der ISO 266 !')
%   Textausgabe zur bei der Berechnung
disp('                                            ')
%    Ausgabe einer Leerzeile
disp('8Hz,10Hz,12.5Hz,16Hz,20Hz,25Hz,31.5Hz,63Hz,125Hz,250Hz,500Hz,1000Hz,
    2000Hz,4000Hz,8000Hz,16000Hz')
disp('Mittenfrequenzen der Oktavbänder')
%   Textausgabe der Mittenfrequenzen zur Berechnung der oberen und unteren
%   Grenzfrequenz in Hz
fnm=[8,10,12.5,16,20,25,31.5,63,125,250,500,1000,2000,4000,8000,16000];
%   Vektor der Oktavmittenmittenfrequenzen entsprechend der Norm ISO 266
%   For-Schleife zur Abbarbeitung des Vektors der Normfrequenzen
%   für Oktavbänder
for m=1:(length(fnm))
    %   Schleifeneintritt mit Zählvariable m von 1 bis 10 entsprechend dem
    %   Vektor der Norm- bzw. Mittenfrequenzen (Oktaven)
    %   ACHTUNG: i und j sollten nicht als Zählvariablen verwendet werden,
    %   da diese für die komplexe Rechnung definiert sind
    fu=floor(fnm(m)/sqrt(2));
    %   Bestimmung und Rundung der unteren Grenzfrequenz ohne Ausgabe
    fo=floor(2*fu);
    %   Bestimmungund Rundung der oberen Grenzfrequenz ohne Ausgabe
    disp('                                    ')
    %   Ausgabe einer Leerzeile am Display
    fprintf(1,'fu = %g Hz fo= %g Hz \n',fu,fo)
    %   Ausgabe der unteren- und oberen Grenzfrequenz
    fprintf('...bei der Oktav-Mittenfrequenz= %g Hz  \n',fnm(m))
    %   Ausgabe der jeweiligen Mittenfrequenz aus dem Vektor
    pause ('on');
    %   Aktivierung der Pausenfunktion
    pause (1);
    %   Pause von ca. 1s
    pause ('off');
    %   Pausenfunktion ausschalten
end %   Ende des Schleifendurchlaufs
%   Berechnung der unteren und oberen Grenzfrequenzen aus dem Vektor
%   fnm der normierten Mittenfrquenzen (vorgegebene Mittenfrquenzen
```

```
%   aus der ISO 266) für Terzbänder
disp('                                                   ')
%   Ausgabe einer Leerzeile vor der Berechnung der Grenzfrequenzen der
%   Terzbänder in Hz
fprintf(1,'8,10,12.5,16,20,25,31.5,40,50,63,80,100,125,160,\n 200,250,315,400,500,
\n 630,800,1000,1250,1600,2000,2500,3150,4000,\n 5000,6300,8000,10000,12500,16000
    \n... alle in Hz')
%   Textausgabe der Terzbandmittenfrequenzen
disp('                                                   ')
%   Ausgabe einer Leerzeile
fm=fnm;
%   Übergabe des Vektors der Oktavbänder an den neuen Vektor fm
einsfm=(linspace(0.5,0.5,length(fnm)));
%   Vektor an Zahen mit dem Wert 0.5 entsprechend der Anzahl der
%   Oktavmittenfrequenzen
fnm=[8,10,12.5,16,20,25,31.5,40,50,63,80,100,125,160,200,250,315,400,500,630,800,
    1000,1250,1600,2000,2500,3150,4000,5000,6300,8000,10000,12500,16000];
%   Vektor der Normfrequenzen der Terzbänder
einsfnm=(linspace(0.7,0.7,length(fnm)));
%   Generierung eines Vektors von EINSEN entsprechend der Anzahl der
%   Termittenfrquenzen
fprintf('Anzahl Oktavbänder = %g  Anzahl Terbänder = %g',length(fm),length(fnm))
%   Ausgabe der Anzahl der Terz- und Oktavbänder am Display
disp('                                                   ')
%   Ausgabe einer Leerzeile am Display
pause(10);
%   Pause von 10 s
disp('                                                   ');
%   Leerzeile am Display
%   For-Schleife zur Bestimmung von fu und fo der Normfrequenzen für
%   Terzbänder fnm in Hz
for m=1:(length(fnm))
    %   Schleifeneintritt mit Zählvariable m von 1 bis 30
    fprintf(1,'Berechnung... %g von %g',m,length(fnm))
    %   Ausgabe der Zählvariable m in Bezug zur Länge des Vektors fnm
    fu=floor(fnm(m)/(1.12));
    %   Bestimmung und Rundung der unteren Grenzfrequenz ohne Ausgabe
    fo=floor(1.26*fu);
    %   Bestimmungund Rundung der oberen Grenzfrequenz ohne Ausgabe
    disp('                                               ')
    %   Ausgabe einer Leerzeile
    fprintf(1,'fu =  %g Hz fo =  %g Hz \n',fu,fo)
    %   Ausgabe der unteren- und oberen Grenzfrequenz
    fprintf('bei der Terz-Mittenfrequenz= %g Hz  \n',fnm(m))
    %   Ausgabe der jeweiligen Mittenfrequenz aus dem Vektor
    pause ('on');
    %   Aktivierung der Pausenfunktion
    pause (1);
    %   Pause von 1s
    pause ('off');
    %   Pausefunktion abschalten
end %   Ende des Schleifendurchlaufs
%   Erzeugen einfacher Darstellungen zur Gegeüberstellung von Oktav- und
%   Terzmittenfrequenzen
einsfm=[0.5,0,0,0.5,0,0,0.5,0,0,0.5,0,0,0.5,0,0,0.5,0,0,0.5,0,0,0.5,0,0,0.5,0,0,
       0.5,0,0,0.5,0,0,0.5];
```

```
%  Vektor der Werte von 0,5 an den Stellen der Oktavmittenfrequenzen
%  besitzen, sonst aber Null.
h=figure(1);
%  Grafikausgabe in einem separatem Fenster in Matlab vorbereiten
barT=bar(einsfnm,'FaceColor',[1 0 0.7]);
%  Erstellung eines Balkendiagramms
set(gca,'XTick',1:(length(fnm)),'XTickLabel',{'8','','','16','','','31.5','','','63',
'','','125','','','250','','','500','','','1k','','','2k','','','','5k','','','','','1
6k'});
%  Bezeichnung der x-Achse im Balkendiagramm
set(gca,'ylim',[0 0.8]);
%  Setzen der Begrenzung für die Skala der y-Achse
title('Mittenfrequenzen für Terzbänder und Oktavbänder');
%  Erzeugt den Titel der Grafik
xlabel('fm in Hz');
%  Bezeichnung der x-Achse
ylabel('Normiert');
%  Bezeichnung der y-Achse
hold on;
%  Funktion um die eine zweite Grafik in das bereits bestehende
%  Grafikfenster auszugeben
barO=bar(einsfm,'FaceColor',[0 0.4 0]);
%  Erstellung eine Balkendiagramms
hold off;
%  Abschalten der Funktion für das Übereinanderlegen von Grafiken im
%  selben Grafikfenster
legend(' Terzen','Oktaven');
%  Lengende für beiden Darstellungen der Balkendiagramme
pause ('on');
%  Aktivierung der Pausenfunktion
pause (10);
%  Pause von 10s
pause ('off');
%  Beenden der Pausefunktion
str=['OktTerz'];
%  Erzeugen des Namens der Dtei als String
dateiname=str;
%  Übergabe des Strings an eine Variable, die weiter verwendet werden kann
%  für die Darstellung bzw. Anzeige des Dateinamens
str=['Barchart_',dateiname,'.tif'];
%  Erzeugen eines Strings für den Namen der Datei zum Abspreichern der Grafik
saveas(h,str)
%  Speichert die Grafik als tif-File
close(h);
%  Beenden der Grafikfensterfunktion
%  Anzeige pausiert 10 s am Display vor dem kommenden Befehl zur
%  Bereinigung des "Command Window" in Matlab
clc;
%  Der Befehl dient zur Bereinigung des "Command Window" und ist sinnvoll
%  zur Erhaltung der Übersichtlichkeit für Ein- und Ausgabe bei Matlab -
%  auch um das Ende von bestimmten Abläufen zu erkennen.
```

Darstellung einer gemessenen Raumimpulsantwort in Abschnitt 5.1:

```
%-------------------------------------------------------------------------
% GNU Octave-Anhang zum Kapitel Raumakustik Punkt 5.1 eine gemessene RIA
```

```
% (Raumimpulsantwort) eines großen Raumes eingelesen werden
% Dateinamen: wavir26092023.m
% Ausgabedaten: Grafik
% Autor: Dr.-Ing. Torsten Köhler
% Erstellungsdatum: 26.09.2023
% Variante für die einfache Erstellung eins m-Files
% GNU Octave 6.4.0
%___________________________________________________________________________
%{
KOMMENTAR:
Es soll eine kleine Darstellung einer in einem großen Raum gemessenen
Raumimpulsantwort sein. Die Darstellung der y-Werte erfolgt normiert auf
das Maximum der gemessenen Werte oder auf den Betrag des Minimums der
gemessenen Werte der RIA.
%}
%___________________________________________________________________________
clc;
%   Der Befehl dient zur Bereinigung des "Command Window" und ist sinnvoll
%   zur Erhaltung der Übersichtlichkeit für Ein- und Ausgabe bei
%   Funktionen.
clear all;
%   Löschen aller Variablen und deren Inhalte aus dem Speicher
disp('Einlesen der Werte einer gemessenen RIA : ')
%   Anzeige eines Textes auf dem Display
str=['q.wav'];
%   Erzeugt einen String, der zum Einlesen der Daten aus dem
%   File, in dem die Messwerte stehen, übergeben wird.
y=audioread(str);
%   Einlesen einer gemessenen RIA aus einer wav-Datei
%   Es stehen insgesamt vier Files zur Verfügung, die nacheinander zur
%   Darstellung gebracht werden können (l.wav, r.wav, k.wav, q.wav).
dateiname=str;
%   Übergabe des Strings an eine Variable, die weiter verwendet werden kann
%   für die Darstellung bzw. Anzeige des Dateinamens
N=length(y);
%   Anzeige der Anzahl aller Stützstellen aus dem wav-File, das
%   eingelesen wurde.
str=['Anzahl der Stützstellen N = ',num2str(N), ' aus der Datei : ', dateiname];
%   Umwandlung von Zeichen und Zahlen in einen STRING.
disp(str)
%   Ausgabe der Anzahl der Stützstellen auf dem Display.
y=y((1:N/2));
%   Nur eine gewisse Anzahl der Messwerte sollen angezeigt werden.
str=['Darstellung aber nur mit N = ',num2str(length(y))];
%   Umwandlung von Zeichen und Zahlen in einen STRING.
disp(str)
%   Ausgabe der Anzahl der Stützstellen die zur Darstellung verwendet
%   werden auf dem Display.
%   Nachfolgende if - else - Anweisung dient der Normierung der gemessenen
%   RIA für eine einheitliche Darstellung.
if max(y)>abs(min(y))
    %   Abfragekriterium ist die Bestimmung des größten absoluren Wertes
    %   aus den gemessenen Werten des eingelesenen Files.
    y=y./max(y);
    %   Es wird auf das Maximum normiert, wenn dieser Wert größer als der
    %   Betrag des Minimums ist.
    disp('     ')
```

```
    %  Ausgabe einer Leerzeile am Display.
    disp('Maximum wird zur Normierung verwendet.')
    %  Ausgabe des Hinweises zur Normierung mit dem Maximum.
else
    y=y./min(y);
    %  Es wird auf das Minimum normiert, wenn der Betrag dieses Wertes
    %  größer als der Betrag des Maximums ist.
    disp('     ')
    %  Ausgabe einer Leerzeile am Display.
    disp('Minimum wird zur Normierung verwendet.')
    %  Ausgabe des Hinweises zur Normierung auf das Minimum.
end
%  Ende der IF-Anweisung.
i=1:1:length(y);
%  Erzeugung der Anzahl der Stützstellen, die mit der Zeit t in s
%  (Sekunden) multipliziert werden.
fa=48000;
%  Das ist die Abtastfrequenz fa, die bei der Messung der RIA
%  verwendet wurde.
%  Die Abtastfrequenz von 48 kHz = 48000 Hz, um so besser in Sekunden
%  umrechnen zu können. Daraus ergibt sich die Abtastzeit für die RIA.
t=i*(1/fa);
%  Multiplikation der Stützstellen mit der Abtastzeit, die aus der
%  Abtastfrequenz errechnet wird.
h=figure(1);
%  Zuordnung der Grafik
plot(t,y,'-.b','LineWidth',2);
%  Erzeugt eine einfache 2D - Grafik, bei der die x-Achse die Zeit t in s
%  und die y-Achse die normierten Werte trägt.
grid on
%  Gitternetzlinien in der Grafik
str=['IR aus der Datei : ',dateiname];
%  Erzeugt wird ein String, der in der Legende der Grafik auch den
%  passenden Namen der Datei der Messwerte mit nennt.
nleg=legend(str);
%  Die Erstellung der Legende erfolgt nach dem semilogx-Befehl.
%  Erstellung einer Legende, die in der Grafik positioniert wird.
%  Die Beschriftung der x- und y-Achse eines bestimmten
%  Wertebereichs erfolgt ebenfalls nach dem plot-Befehl.
xlabel('Zeit t in s');
% Bezeichnung der x-Achse der Grafik mit " Zeit t in s "
ylabel('Normiert');
%  Bezeichnung der y-Achse der Grafik mit " Normiert "
title('Raumimpulsantwort eines großen Raumes');
%  Titel  bzw. Überschrift der Grafik
set(nleg,'Location','Best')
%  Positionierung der Legende in der Grafik
pause ('on');
%  Aktivierung der Pausenfunktion
pause (10);
%  Pause von 10s zur Anzeige der Grafik in einem separatem Fenster.
pause ('off');
%  Abschalten der Pausenfunktion
str=['RIAgrR_',dateiname,'.tif'];
%  Erzeugen eines Strings für den Namen der Datei zum Abspreichern der
%  Grafik
```

```
saveas(h,str)
%   Speichert die Grafik als tif-File
close(h);
%   Beendigung der Grafikzuordnung
clc;
%   Der Befehl dient zur Bereinigung des "Command Window" und ist sinnvoll
%   zur Erhaltung der Übersichtlichkeit für Ein- und Ausgabe bei Matlab -
%   auch um das Ende von bestimmten Abläufen zu erkennen.
```

Für das in Abschnitt 5.3.1.5 dargestellte Bild 5.4 ist ein Script-File erstellt worden. Die Nachhallzeiten aus der DIN 18041 sind entsprechend der Unterteilung in Sprache, Musik, Kommunikation und Unterricht abgebildet.

```
%------------------------------------------------------------------------
% Octave 6.4.0 - Anhang zum Kapitel Raumakustik Punkt 3 zu den optimalen
% Nachhallzeiten in Räumen der Kategorie SPRACHE, MUSIK, UNTERRICHT und
% KOMMUNIKATION nach DIN 18041
% Dateinamen: nachhalldin1804110102023.m
% Ausgabedaten: Grafik
% Autor: Dr.-Ing. Torsten Köhler
% Erstellungsdatum: 10.10.2023
% Variante für die einfache Erstellung eins m-Files
%________________________________________________________________________
%{
KOMMENTAR:
Es soll eine kleine Aufgabe für die Darstellung der Abhängigkeit der
der Nachhallzeit von der Schallgeschwindigkeit in Luft von
der Tempertaur und im zweiten Schritt von der Absorption sein.
%}
%________________________________________________________________________
clc;
%   Der Befehl dient zur Bereinigung des "Command Window" und ist sinnvoll
%   zur Erhaltung der Übersichtlichkeit für Ein- und Ausgabe bei
%   Funktionen.
clear all;
%   Löschen aller Variablen und deren Inhalte aus dem Speicher
disp('Erzeugen einer einfachen Grafik fuer Sollnachhallzeiten T')
%   Textausgabe zur Berechnung
disp('aus der DIN 18041')
%   Textausgabe zur bei der Berechnung
disp('                                              ')
%    Ausgabe einer Leerzeile
vol=1:200:30000;
%   Vektor der Volumen
TSM=0.45*log10(vol+0.07);
%   Sollnachhallzeit für Musik
TSS=0.37*log10(vol-0.14);
%   Sollnachhallzeit für Sprache
TSUK=0.32*log10(vol-0.17);
%   Sollnachhallzeit für Unterricht und Kommunikation
disp('                    ');
%   Leerzeile am Display
h=figure(1);
%   Zuordnung der Grafik
semilogx(vol,TSUK,vol,TSS,vol,TSM);
%   Erzeugt eine semilogarithmische Grafik, bei der die x-Achse
```

```
%   logrithmisch geteilt ist.
grid on
%   Gitternetzlinien in der Grafik
nleg=legend('Unterricht und Kommunikation','Sprache','Musik');
%   Die Erstellung der Legende erfolgt nach dem semilogx-Befehl.
%   Erstellung einer Legende, die in der Grafik positioniert wird.
%   Die Beschriftung der x- und y-Achse eines bestimmten
%   Wertebereichs erfolgt ebenfalls nach dem plot-Befehl.
xlabel('V in m^3');
%  Bezeichnung der x-Achse der Grafik mit "Absorptionsfläche A in m^2"
ylabel('Soll-Nachhhallzeit in s');
%   Bezeichnung der y-Achse der Grafik mit "Nachhallzeit im Raum
%   in s"
title('Sollnachhallzeiten nach DIN 18041');
%   Titel  bzw. Überschrift der Grafik
set(nleg,'Location','NorthWest')
%   Positionierung der Legende in der Grafik
pause ('on');
%   Aktivierung der Pausenfunktion
pause (10);
%   Pause von 10s
pause ('off');
%   Abschalten der Pausenfunktion
saveas(h,'sollnachdin18041.tif')
%   Speichert die Grafik als tif-File
close(h);
%   Beendigung der Grafikzuordnung
clc;
%   Der Befehl dient zur Bereinigung des "Command Window" und ist sinnvoll
%   zur Erhaltung der Übersichtlichkeit für Ein- und Ausgabe bei Matlab -
%   auch um das Ende von bestimmten Abläufen zu erkennen.
```

Für das in Abschnitt 5.3.2 dargestellte Bild 5.5 und Bild 5.6 ist ein Script-File erstellt worden:

```
%-----------------------------------------------------------------------
% GNU Octave 6.4.0 - Anhang zum Kapitel Raumakustik Punkt 3 zu den
% optimalen
% Absorptionsverhalten in großen Räumen
% Dateinamen: absorptionV10102023.m
% Ausgabedaten: Grafik
% Autor: Dr.-Ing. Torsten Köhler
% Erstellungsdatum: 10.10.2023
% Variante für die einfache Erstellung eins m-Files
%_______________________________________________________________________
%{
KOMMENTAR:
Es soll eine kleine Aufgabe für die Darstellung der Abhängigkeit der
der Nachhallzeit von der Schallgeschwindigkeit in Luft von
der Tempertaur und im zweiten Schritt von der Absorption sein.
%}
%_______________________________________________________________________
clc;
%   Der Befehl dient zur Bereinigung des "Command Window" und ist sinnvoll
%   zur Erhaltung der Übersichtlichkeit für Ein- und Ausgabe bei
%   Funktionen.
```

```
clear all;
%  Löschen aller Variablen und deren Inhalte aus dem Speicher
disp('Erzeugen einer einfachen Grafik fuer Raumvolumen und .. ')
disp('.. mittl. Absortionsgrade..')
%  Textausgabe zur Berechnung
disp('.. sowie fuer mittl. Nachhallzeiten, um Absortionsflaechen ..')
disp('.. bestimmen zu koennen')
%  Textausgabe zur bei der Berechnung
disp('                                                  ')
%   Ausgabe einer Leerzeile
vol=[25,50,100,250,500,1000,2500,5000];
%  Vektor der Volumen
alpha005=[0,0,5,10,20,33,65,100];
%  mittlerer Absortionskoeffizient alpha=0,05
alpha01=[5,7.5,13,25,40,60,120,200];
%  mittlerer Absortionskoeffizient alpha=0,1
alpha015=[7.5,12,20,38,55,100,195,300];
%  mittlerer Absortionskoeffizient alpha=0,15
alpha025=[15,21,35,60,100,180,330,500];
%  mittlerer Absortionskoeffizient alpha=0,25

disp('      fuer alpha              ');
%  Leerzeile am Display
h=figure(1);
%  Zuordnung der Grafik
semilogx(vol,alpha025,'-*r',vol,alpha015,'->b',vol,alpha01,'g',vol,alpha005,
        ':k','LineWidth',2);
%  Erzeugt eine semilogarithmische Grafik, bei der die x-Achse
%  logrithmisch geteilt ist.
grid on
%  Gitternetzlinien in der Grafik
nleg=legend('\alpha = 0,25','\alpha = 0,15','\alpha = 0,1','\alpha = 0,05');
%  Die Erstellung der Legende erfolgt nach dem semilogx-Befehl.
%  Erstellung einer Legende, die in der Grafik positioniert wird.
%  Die Beschriftung der x- und y-Achse eines bestimmten
%  Wertebereichs erfolgt ebenfalls nach dem plot-Befehl.
xlabel('V in m^3');
% Bezeichnung der x-Achse der Grafik mit "Absorptionsfläche A in m^2"
ylabel('Absortionsfläche in m^2 SABIN');
%  Bezeichnung der y-Achse der Grafik mit "Nachhallzeit im Raum
%  in s"
title('Absortionsflächen für große Volumina bei mittl. \alpha');
%  Titel  bzw. Überschrift der Grafik
set(nleg,'Location','NorthWest')
%  Positionierung der Legende in der Grafik
pause ('on');
%  Aktivierung der Pausenfunktion
pause (10);
%  Pause von 10s
pause ('off');
%  Abschalten der Pausenfunktion
saveas(h,'AbsorptionV.tif')
%  Speichert die Grafik als tif-File
close(h);
%  Beendigung der Grafikzuordnung
disp('       fuer feste mittlere Nachhallzeiten          ');
```

```
%  Leerzeile am Display
Absorp05=(0.163*vol)/0.5;
%  mittlere Nachhallzeit von 0,5 s in der umgestellten Nachhallformel nach
%  Sabine
Absorp1=(0.163*vol)/1.0;
%  mittlere Nachhallzeit von 1,0 s in der umgestellten Nachhallformel nach
%  Sabine
Absorp2=(0.163*vol)/2.0;
%  mittlere Nachhallzeit von 2,0 s in der umgestellten Nachhallformel nach
%  Sabine
Absorp3=(0.163*vol)/3.0;
%  mittlere Nachhallzeit von 3,0 s in der umgestellten Nachhallformel nach
%  Sabine
Absorp4=(0.163*vol)/4.0;
%  mittlere Nachhallzeit von 4,0 s in der umgestellten Nachhallformel nach
%  Sabine
Absorp5=(0.163*vol)/5.0;
%  mittlere Nachhallzeit von 5,0 s in der umgestellten Nachhallformel nach
%  Sabine
h=figure(1);
%  Zuordnung der Grafik
loglog(vol,Absorp05,vol,Absorp1,vol,Absorp2,vol,Absorp3,vol,Absorp4,
       vol,Absorp5,'LineWidth',2);
%  Erzeugt eine semilogarithmische Grafik, bei der die x-Achse
%  logrithmisch geteilt ist.
grid on
%  Gitternetzlinien in der Grafik
nleg=legend('T_1_m = 0,5 s','T_2_m = 1 s','T_3_m = 2 s','T_4_m = 3 s',
            'T_5_m = 4 s','T_6_m = 5 s');
%  Die Erstellung der Legende erfolgt nach dem semilogx-Befehl.
%  Erstellung einer Legende, die in der Grafik positioniert wird.
%  Die Beschriftung der x- und y-Achse eines bestimmten
%  Wertebereichs erfolgt ebenfalls nach dem plot-Befehl.
xlabel('V in m^3');
% Bezeichnung der x-Achse der Grafik mit "Absorptionsfläche A in m^2"
ylabel('Absortionsfläche in m^2 SABIN');
%  Bezeichnung der y-Achse der Grafik mit "Nachhallzeit im Raum
%  in s"
title('Absortionsflächen für große Volumina und mittl. Nachhallzeit T_m');
%  Titel  bzw. Überschrift der Grafik
set(nleg,'Location','NorthWest')
%  Positionierung der Legende in der Grafik
pause ('on');
%  Aktivierung der Pausenfunktion
pause (10);
%  Pause von 10s
pause ('off');
%  Abschalten der Pausenfunktion
saveas(h,'AbsorptionV1fix.tif')
%  Speichert die Grafik als tif-File
close(h);
%  Beendigung der Grafikzuordnung
clc;
%  Der Befehl dient zur Bereinigung des "Command Window" und ist sinnvoll
%  zur Erhaltung der Übersichtlichkeit für Ein- und Ausgabe bei Matlab -
%  auch um das Ende von bestimmten Abläufen zu erkennen.
```

6 Psychoakustik

Die Definition der Psychoakustik als Teil der Akustik und der Psychophysik (Ruschkowski, 2013), stellt den Zusammenhang zwischen dem Hörereignis (physikalisch-akustisch), der menschlichen Empfindung (subjektiv-auditorisch) und dem Schallereignis, also den physikalischen, messbaren Schallfeldgrößen her. Der Zusammenhang wird durch die Verarbeitung der Information beim Menschen bzw. dessen auditorischem System hergestellt.

Dabei spielen die Ohren (unsere Sensoren für die Umgebung) und die Weiterleitung der durch das Ohr „übersetzten" Information an das Gehirn und dessen damit verbundene Prozesse den Betrachtungsgegenstand. Zu den Untersuchungen und Analysen gehören oft auch Hörversuche, da der resultierende Höreindruck bei jedem Menschen individuell ist. Hörversuche werden unter bestimmten Bedingungen (Reproduzierbarkeit) durchgeführt. Daher wird mit definierten Schallereignissen gearbeitet, denn durch die Tonhaltigkeit werden die Hörempfindungen des Menschen (Fastl, 2010) entscheidend beeinflusst. Diese akustischen Ereignisse werden zu bestimmten Fragestellungen den Probanden zu Gehör gebracht. Mit den so erzielten Erkenntnissen in der Psychoakustik, resultierend aus dem Vergleich messbarer und subjektiver Parameter und deren statistischer Betrachtung, werden mathematische Algorithmen erzeugt, die bspw. in Übertragungssystemen oder zur modellhaften Nachbildung des Ohres zur Anwendung gelangen.

Die Psychoakustik findet auch Anwendung in der Medizin, Musikindustrie (Soundeffekte, Dateiformate zum Speichern), Automobilindustrie, Elektroindustrie (akustische Gestaltung von Produkten bspw. Haushaltsgeräte etc.) und wie schon benannt in der Übertragungstechnik (Kompressions- und Reduktionsalgorithmen für DAB+, Radio über Satellit, Internettelefonie, Internetstreaming, WWW u. v. a.).

Datenreduktionsalgorithmen sind notwendig, da bei der Digitalisierung von Audiosignalen relativ große Datenmengen anfallen. Diese Datenmengen könnten ohne eine sinnvolle Reduktion nicht ohne Aufwand übertragen werden.

Tabelle 6.1 Datenmengen eines Stereosignals für unterschiedliche Abtastraten und Auflösungen bei 10 s Dauer

Auflösung (Quantisierungsstufen)	f_a = 44,1 kHz		f_a = 48 kHz		f_a = 96 kHz		f_a = 192 kHz	
16 bit	14112 kbit	1764 kB	15360 kbit	1920 kB	30720 kbit	3840 kB	61440 kbit	7680 kB
12 bit	10584 kbit	1323 kB	11520 kbit	1440 kB	23040 kbit	2880 kB	46080 kbit	5760 kB
8 bit	7056 kbit	882 kB	7680 kbit	960 kB	15360 kbit	1920 kB	30720 kbit	3840 kB

Tabelle 6.1 verdeutlicht die anfallenden Datenmengen in Abhängigkeit von der Abtastrate (Abtastfrequenz f_a), wenn ein 10 s langes Stereo-Signal digitalisiert werden soll. Die Abtastrate muss entsprechend dem Abtasttheorem gewählt werden mit $f_a > 2 \cdot f_{max}$. Ist ein Signal auf f_{max} bandbegrenzt, so muss es mit einer Abtastfrequenz, die mehr als doppelt so groß als f_{max} ist, abgetastet werden. Nur dann kann das Signal analog wieder korrekt rekonstruiert werden.

Ein Musiktitel mit 16-bit-Auflösung, einer Abtastfrequenz von 48 kHz und einer Dauer von ca. drei Minuten hat dann eine Datenmenge von 276,48 Mbit bzw. 34,56 MByte. Aus diesem nachvollziehbaren Grund werden Datenkompressions- und Datenreduktionsverfahren eingesetzt. Für eine optimale Datenreduktion nutzt man die Erkenntnisse aus der Psychoakustik.

Mit dem Begriff der kognitiven Ergonomie wird u. a. die Wahrnehmung, Speicherung und Verarbeitung von Informationen umfasst und damit auch die Möglichkeiten der Psychoakustik, um Arbeitsbedingungen mit Blick auf die Gesundheit, das Wohlbefinden und die Leistungsfähigkeit von Menschen zu untersuchen. Im Wesentlichen geht es dabei um die Arbeitsbedingungen in Büroräumen mit Bildschirmarbeitsplätzen, Raumakustik, Klima, Beleuchtung etc. und deren Auswirkungen auf die geistige Arbeit.

6.1 Allgemeines zur Psychoakustik

Psychoakustik ist ein Begriff, der 1860 durch Gustav Fechner benannt wurde. Betrachtet werden auf der einen Seite die physikalischen Eigenschaften (stimulus) und auf der anderen die Wahrnehmung (sensations) eines Reizes.

Die physikalischen Eigenschaften des Reizes sind in der Psychoakustik der Schall mit Frequenz, Schalldruck, Pegel, Dauer, Modulationsgrad etc. (Head Acoustics, 2016).

Die Wahrnehmung wird durch die Tonhöhe, Lautheit, Lautstärke etc. beschrieben.

Beide Seiten müssen messbar sein, damit Zusammenhänge hergestellt und bewiesen werden können. Die physikalischen Parameter werden durch technische Sensoren erfasst und gemessen. Die Wahrnehmungsparameter sind durch entsprechende Methoden quantitativ für die Intensität von Tonhöhe, Lautstärke oder Lautheit messbar „gemacht“ worden. Eine solche ist die der Vergleichswerte, in der ein Vergleichsreiz für Versuchspersonen geschaffen wird. So ist ein gleich laut empfundener Sinuston verschiedener Versuchspersonen als Schalldruckpegel messbar bei gleichzeitiger Intensitätsangabe der Lautstärkeempfindung.

In der Psychoakustik spielen folgende subjektive Parameter eine wesentliche Rolle (Weber, 2018).

Parameter	Einheit
Lautstärke	Pa
Lautstärkepegel	phon
Lautheit (DIN 45631; Head Acoustics; Psychoakustik II, 2016)	sone
Tonhöhe	Hz
Schärfe (Modell von Widmann)	acum
Rauhigkeit (Modell von Widmann)	asper
Impulshaftigkeit	
Tonhaltigkeit (DIN 45681, (Head Acoustics, Psychoakustik II, 2016))	
Schwankungsstärke (Modell von Widmann)	vacil
Zeitmuster	
Klänge	
Tonheit	Mel, von „melody“
Verdeckung/Maskierung	
und weitere	

Mithilfe der Erkenntnisse zur Funktionsweise des menschlichen Hörens und den damit verbundenen subjektiven Parametern lassen sich die Eigenheiten des Hörens gezielt ausnutzen. So kann einer Versuchsperson ein Teil von Frequenzen vorenthalten werden, wenn sie diese nicht wahrnehmen kann. Hierbei nutzt man den **Verdeckungs-** bzw. **Maskierungseffekt** aus (Laback, 2006).

Als Beispiel sei ein Gespräch auf offener Straße genannt, in deren Folge ein Lkw an den sich mit weiterhin gleicher Lautstärke unterhaltenden Personen vorbei fährt. Für den Moment des Vorbeifahrens des lauteren Lkws verstehen die beiden Personen einander nicht oder nur schwer. Das Geräusch des Fahrzeugs überdeckt die Sprache bzw. den Sprachschall der Personen (Verdeckung).

Diesen Effekt bzw. dieses Phänomen werden bspw. bei der verlustbehafteten Audiocodierung umgesetzt. Das menschliche Gehör ist also optimal an das Empfangen von akustischen Signalen aus der Umwelt angepasst. Die Sprache spielt dabei eine wesentliche Rolle, weil sich das Sprachsignal zeitlich stark ändert und dabei noch unterschiedliche Frequenzanteile aufweist. Das Ohr besitzt die Möglichkeit, Intensitätsunterschiede zu transportieren, um Sprachwahrnehmung zu ermöglichen.

Dieses u. a. untersucht man durch psychoakustischen Tests mit klassischen oder adaptiven Methoden. Bei der adaptiven Methode wird der Testverlauf durch den Probanden beeinflusst. Die klassischen Verfahren sind die Konstant-Stimulus-Methode, die Größenschätzung, der Paarvergleich u. w. Zu den adaptiven Methoden zählen das Békésy-Tracking und das Forced-Choise.

6.2 Menschliche Hörorgane

In Abschnitt 4.2 zum Thema Kunstkopf wurde bereits auf das menschliche Gehör eingegangen. So ist das Hören ohne Schädigung von Geburt an auch für die Sprachbildung und die soziale Einbindung erforderlich. Audiologie umfasst alle Betrachtungen zum Gehör und dem Hören. Grob kann man unterteilen in den klinischen Teil (Diagnose und Behebung von Hörschäden) und in einen Teil der psychoakustischen Phänomene.

Der klinische Teil spielt eine wesentliche Rolle im Alltag (Hals-, Nasen-, Ohren-Heilkunde) und damit auch in der Arbeitsmedizin (z. B. G20-Untersuchung; ist eine arbeitsmedizinische Untersuchung, die die Schädigung der Hörorgane bzw. des Ohres durch Lärm frühzeitig erkennen kann).

Hier in diesem Abschnitt sollen Betrachtungen zu weiteren Eigenschaften speziell in Bezug zur Psychoakustik vorgestellt werden. Dabei kann das Gehör selbst (Aufbau etc.) zunächst als eine Art Box betrachtet werden, ohne auf die darin ablaufenden Vorgänge einzugehen.

Grundsätzlich ist der ursächliche Auslöser für die Wahrnehmung und die daraus folgende Reaktion ein physikalischer Reiz. Dieser wird über das Außen-, Mittel- und Innenohr zur Weiterverarbeitung an das Gehirn weitergeleitet. Die Verarbeitung im Gehirn (Psychologie und Psychophysik (Ruschkowski, 2013)) erfolgt durch bekannte einfache Reizmerkmale und durch gelernte Muster, die eine Zuordnung erlauben und damit eine Reaktion auslösen. Aber nicht jeder Mensch reagiert gleich auf denselben Reiz.

Daher sind in der Psychoakustik die absolute Hörschwelle, die Frequenzselektivität, die Tonhöhenwahrnehmung, die Lautheitswahrnehmung, die zeitliche Auflösung, die Frequenzdiskrimination, die Intensitätsauflösung, die Schallquellenlokalisation, die Sprach- und die Musikwahrnehmung bezogen auf das menschliche Hörorgan wichtige Merkmale.

Die absolute Hörschwelle, auch sogenannte Ruhehörschwelle, ist die Grenzlinie, ab der der Mensch gerade Töne (Klang, Geräusche) wahrnimmt.

Das heißt, ein gerade so wahrnehmbarer Sinustons in möglichst ruhiger Umgebung ohne Störgeräusche bei einer vorgegebenen Frequenz mit einem bestimmten minimalen Pegel wird als Ruhehörschwelle oder Hörschwelle bezeichnet. Bei niedrigen und bei hohen Frequenzen muss ein wesentlich höherer Schalldruckpegel verwendet werden, damit diese Töne wahrnehmbar sind. Bei mittleren Frequenzen kann mit weniger Schalldruckpegel gearbeitet werden, damit der Ton durch das menschliche Hörorgan schwellenhaft wahrgenommen werden kann.

Steigert man den Sinuston kontinuierlich (Pegelzunahme), wird ein nach Überschreiten der Ruhehörschwelle immer lauterer Ton wahrgenommen. Wie laut diese Wahrnehmung mit zunehmendem Tonpegel ansteigt, ist frequenzabhängig.

Nimmt man den Sinuston bei 1 kHz, kann man bei jeder Frequenz denjenigen Pegel bestimmen, der zum gleichen Lautheitseindruck führt. Diese resultierenden Kurven werden als Isophone oder Kurven gleicher Lautstärke bezeichnet (Bild 6.1). Die 10-Phon-Isophone bei 1 kHz liegt 10 dB über der Ruhehörschwelle und zu niedrigen und hohen Frequenzen ähnlich der Kurve der Ruhehörschwelle. Bei höheren Pegeln verlaufen die dazu gehörenden Isophonen zunehmend flacher, was in Bild 6.1 nicht ganz umgesetzt ist. Die 120-Phon-Isophone (Bild 6.1) entspricht ungefähr der Schmerzschwelle.

Dabei begrenzt die Ruhehörschwelle unser Hörvermögen bzw. die Hörfläche des Menschen nach unten (zu geringer Anregung des Gehörs). Diese Ruhehörschwelle ist aus anatomischen Gründen geschlechterspezifisch unterschiedlich. Außerdem variiert sie für jedes Individuum. Die obere Grenzlinie (Schmerzschwelle) ist die Begrenzung unseres Hörvermögens hin zu möglichen irreparablen Schäden des Hörorgans.

Die Hörschwelle ist von der Frequenz abhängig. Als Referenzwert für die Hörbarkeit wurde 1 kHz bei 20 µPa = $2 \cdot 10^{-5}$ Pa festgelegt. Es hat sich herausgestellt, dass dieser gewählte Referenzwert zu niedrig ist, denn der Schallpegel von 0 dB wird erst bei 2 kHz erreicht.

Der Bereich, in dem wir am besten hören, liegt zwischen 2...5 kHz. Das Maximum bzw. die höchste Empfindlichkeit hat das Gehör zwischen 3,45 und 4 kHz. Gerade im Teilstück des menschlichen Hörbereichs von 2...5 kHz müssen wir besonders darauf achten, dass hier nicht zu hohe Schallpegel wirken.

Die Schmerzgrenze wird unterschiedlich angegeben. Am einfachsten ist die Darstellung als gestauchte Parabel für ein vorgegebenes Intervall. Oder wie in Bild 6.1 als entsprechend verschobene Hörkurve (die Schmerzgrenzen liegt zwischen 120...140 dB und wird in der Regel als Abgrenzung nach oben dargestellt).

In Bild 6.1 (Batke, 2019) ist versucht worden, auch die Kurven (Normalkurven) gleicher Lautstärkepegel für reine Töne (frontaler Schall, DIN ISO 226) mit darzustellen. Darüber hinaus gibt es auch Darstellungen von Perzentilkurven der Hörschwellenverteilung (ISO 28961). Mit diesen Perzentilkurven wird angegeben, wie viel Prozent der Menschen zu einer bestimmten Hörschwelle (Ruhehörschwelle, (Fastl, 2012)) Schall wahrnehmen. Das heißt, dass die Ruhehörschwelle individuell ist, und bei jedem Menschen variiert. Die in Bild 6.1 dargestellte Ruhehörschwelle (unten) entspricht ungefähr der $P_{50\%}$-Perzentil-Hörschwelle (P50). Das heißt, dass unterhalb dieser Schwelle nur noch weniger als 50 % der Menschen Schall wahrnehmen.

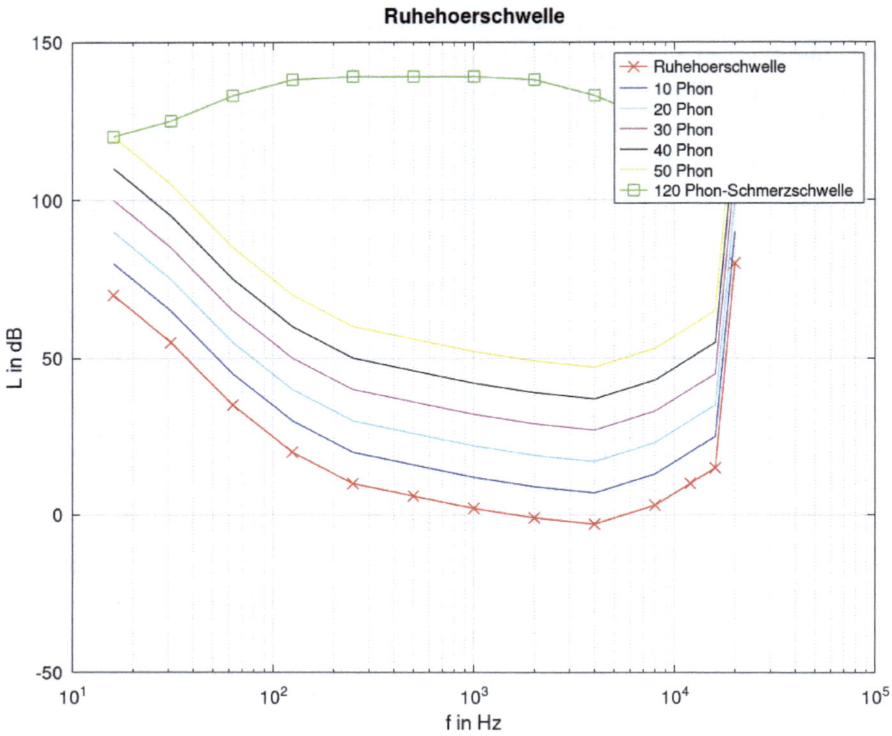

Bild 6.1 Ruhehörschwelle (unterste Kurve) und Schmerzgrenze (oberste Kurve)

Die Wahrnehmung einer gewissen Lautstärke findet also erst ab einer bestimmten Schwelle (Schallpegel) in Abhängigkeit von der Frequenz statt. Aber auch die Zeit spielt eine Rolle, denn bis diese Empfindung verarbeitet werden kann, vergeht eine gewisse Zeit, die u. a. als Anregungszeit des Hörorgans verstanden werden kann. Gleiches geschieht, wenn der Schall bereits nicht mehr vorhanden ist, dann benötigt das menschliche Hörorgan ebenfalls eine gewisse Zeit, die Abklingzeit, bis die Schallwahrnehmung verschwunden ist.

6.3 Lautstärke

Jeder verspürt ein gewisses Maß an Lautstärke (Lautstärkeempfindung) als zu laut oder zu leise. So ist die Lautstärkeempfindung beim Menschen mit den Schallfeldgrößen bzw. Schallenergiegrößen in einen Zusammenhang zu bringen, sodass für jeden eine vergleichbare Grundlage hinsichtlich der Lautstärkeempfindung gegeben ist. Es muss eine physikalische Messgröße zur Beschreibung der Lautstärkeempfindung gefunden werden, denn unser Ohr ist eins der empfindlichsten Sinnesorgane. Hier werden als psychoakustisches Maße der Lautstärkepegel und die Lautheit verwendet.

Die physikalischen Größen Schalldruckpegel (Schallfeldgröße) und Schallintensität (Schallenergiegröße) lassen sich beide aus dem akustischen Schallfeld bestimmen. Von diesen beiden Maßen hängen die beiden psychoakustischen Maße ab. Außerdem hängt die Lautstärke noch von der Frequenz ab.

6.3.1 Schalldruckpegel

Der Schalldruck (Weinzierl, 2009) ist abhängig von Zeit und Ort, wird mit

$$p(t) = \frac{F}{A} \left[\frac{\mathrm{N}}{\mathrm{m}^2}\right]$$

oder mit der Maßeinheit [Pa] angegeben. Der Schalldruck ist ein Wechseldruck an einem bestimmten Ort, der dem statischen Luftdruck (atmosphärischer Gleichdruck 101,325 kPa) überlagert ist. Zur Berechnung des Schalldruckpegels wird der definierte Bezugswert

$$p_0 = 2 \cdot 10^{-5}\ \mathrm{Pa} = 20\ \mu Pa$$

verwendet. Das ist der Schalldruckreferenzwert auf der Ruhehörschwelle und entspricht dem Wert des Druckes bei 2 kHz. Das heißt, ab dieser Schwelle p_0 nehmen wir einen Sinuston gerade war. Die Ruhehörschwelle bezeichnet also den Pegel eines eben wahrnehmbaren Sinustons bei einer Frequenz in Ruhe – ohne Störgeräusche. Bei niedrigen und bei hohen Frequenzen muss ein höherer Schalldruckpegel erzeugt werden, um den Ton von normalhörenden Menschen gerade eben so wahrgenommen zu werden. Mit Formel 6.1 kann der **Schalldruckpegel** berechnet werden, wenn p der Schalldruck zum Zeitpunkt t ist.

$$L = 20 \log \frac{p}{p_0}\ [\mathrm{dB}] \tag{6.1}$$

6.3.2 Schallintensitätspegel

Die Schallintensität als Schallenergiegröße ist die akustische Energie, die in einer bestimmten Zeit eine Fläche durchdringt

$$I = \frac{P_{\mathrm{ak}}}{A}$$

mit

$$P_{\mathrm{ak}} = p \cdot v \cdot A$$

Der Bezugswert zur Bestimmung des Schallintensitätspegels ist mit

$$I_0 = 10^{-12} \frac{\mathrm{W}}{\mathrm{m}^2}$$

gegeben. Mit ihm kann der **Schallintensitätspegel** nach Formel 6.2 bestimmt werden.

$$L_\mathrm{I} = 10 \log \frac{I}{I_0} \ [\mathrm{dB}] \tag{6.2}$$

6.3.3 Zusammenhang Schalldruck- und Schallintensitätspegel

Der Zusammenhang zwischen der Schallfeldgröße Schalldruck und der Schallenergiegröße Schallintensität ist durch $I \sim p^2$ für ebene Wellen gegeben. So wird von einer Schallquelle eine Schallleistung als Schallintensität abgegeben, die eine Druckänderung, den Schalldruck hervorruft. Der Schalldruck ist abhängig vom Abstand zur Schallquelle und von den akustischen Umgebungsbedingungen (bspw. Raumgröße, Beschaffenheit etc.). Der Schalldruck bewirkt die akustische Wahrnehmung über unsere Ohren und damit die Lautstärke.

6.3.4 Lautstärkepegel

Der Lautstärkepegel als Maß für die subjektive Wahrnehmung wird in Phon angegeben. Als Referenzgröße wird der Schalldruck bei 1 kHz verwendet. Die Schalldruckpegel anderer Frequenzen werden soweit angeglichen, bis sie als gleich laut empfunden werden. Der Lautstärkepegel in Phon ist gleich dem Schalldruckpegel in dB, wenn ein reiner Sinuston mit 1 kHz verwendet wird. Das heißt, wenn ein Sinuston im Pegel kontinuierlich erhöht wird, nimmt man nach Überschreiten der Ruhehörschwelle einen immer lauteren Ton wahr. Die Steilheit, in dem diese Lautheitswahrnehmung mit zunehmendem Tonpegel ansteigt, ist frequenzabhängig. Ausgehend vom 1-kHz-Sinuston kann man bei jeder Frequenz denjenigen Tonpegel bestimmen, der zum gleichen Lautheitseindruck führt. Diese Kurve wird als Isophone oder Kurve gleicher Lautstärkeempfindung bezeichnet.

Der Lautstärkepegel eines eben gerade noch wahrnehmbaren Sinustones, entspricht in Abhängigkeit von der Frequenz der Ruhehörschwelle. Dieser liegt für 1 kHz bei ca. 3 Phon. Die 10-Phon-Isophone bei 1 kHz liegt genau 10 Phon über der Ruhehörschwelle und verläuft zu niedrigen und hohen Frequenzen wie die Ruhehörschwelle. Die zu höheren Pegeln gehörenden Isophonen flachen zunehmend ab. Die 120-Phon-Isophone entspricht ungefähr der Schmerzschwelle und hat quasi gleichen Schalldruck bei allen Frequenzen im hörbaren Bereich für das menschliche Hörorgan.

6.3.5 Lautheit

Die Lautheit ist definiert als 1 Sone bei einem Lautstärkepegel von 40 Phon bei der Frequenz 1 kHz. Ist der Sinuston doppelt so laut, so beträgt die Lautheit 2 Sone usw. Wird der Lautstärkepegel von unterschiedlichen Schallereignissen quasi gleich empfunden, so haben diese auch dieselbe Lautheit. Hinsichtlich der Ruhehörschwelle ist die Lautheit mit 0 Sone mit dem Lautstärkepegel von 3 Phon festgelegt. Die Lautheit wird mit N bezeichnet und bestimmt sich bei einem Sinuston von 1 kHz mit der Schallintensität I und ab Schalldruckpegeln von 30 dB zu näherungsweise (nach Stevens):

Näherungsformel der Lautheit:

$$N \approx \frac{1}{16}\left(\frac{I}{I_0}\right)^{0{,}3} \approx 2^{\left(\frac{L_N-40}{10}\right)} \text{ [sone]} \tag{6.3}$$

Es wurde untersucht und festgehalten, dass eine Lautstärkeerhöhung von 10 Phon zu einer Verdopplung der empfundenen Lautheit führt (für Lautheiten > 40 Phon). Zur Ermittlung verwendet man subjektive Skalierungsmethoden. Stevens nahm eine freie Größenschätzung vor, bei der die Versuchsperson die jeweils empfundene Lautheit mit einer beliebigen Zahl kennzeichnen soll. Diese von der Versuchsperson vorgegebenen Zahlenwerte wurden über damit verbundenen Pegel aufgetragen. Man erhielt dann die Potenzfunktion lt. Formel 6.3. In dieser Formel steht N für die Lautheit mit der Einheit sone, I die Intensität des Testtones und I_0 die Intensität des Referenz-Sinustones bei 1 kHz mit einem Schalldruckpegel von 40 dB. Der Referenzton erzeugt eine Lautheit von 1 sone.

6.3.6 Tonhöhe

Die subjektive Tonhöhenempfindung oder kurz Tonhöhe ist mit der Frequenz eines Tones oder der Grundfrequenz eines periodischen Schalles verbunden. Bei kontinuierlich steigender Frequenz wird auch die Tonhöhe als kontinuierlich steigend empfunden. Aber nicht nur reine Töne (Sinustöne) rufen eine Tonhöhenempfindung hervor. Auch Klänge, die als Überlagerung zweier oder mehrerer Sinustöne entstehen, erzeugen beim Menschen eine Tonhöhenempfindung.

Zur psychoakustischen Beurteilung der Tonhöhe gibt es zwei Verfahren. Ein Verfahren erfasst die Verhältnistonhöhe. Die Messskala reicht von 0 bis 2400 mel. Das zweite Verfahren bestimmt die Tonheit mit einer Skala von 0 bis 24 Bark, das auf dem Konzept der Frequenzgruppen basiert. Tonhöhen, die bei reinen Tönen frequenzabhängig sind, können durch das subjektive Maß der Verhältnistonhöhe erfasst werden. So ordnet man einem reinen Ton bei 125 Hz und 40 dB eine Verhältnistonhöhe von 125 Mel zu. Davon ausgehend (Referenz) lässt sich die Frequenz bestimmen, die als vielfache Tonhöhe empfunden wird. Mit Formel 6.4 kann dann die Skala ermittelt werden, aus der man jeder Frequenz eine Verhältnishöhe H_n zuordnen kann

$$\frac{df\left(H_\mathrm{n}\right)}{dH_\mathrm{n}} \approx \begin{cases} 1\frac{\mathrm{Hz}}{\mathrm{mel}} \text{ für } 0 < f \leq 500\,\mathrm{Hz} \\ 0,002\frac{f}{\mathrm{mel}} \text{ für } f > 500\,\mathrm{Hz} \end{cases}$$

Verhältnishöhenskala:

$$f\left(H_\mathrm{n}\right) \approx \begin{cases} H_\mathrm{n}\frac{\mathrm{Hz}}{\mathrm{mel}} \text{ für } 0 < f \leq 500\,\mathrm{Hz} \\ 500^{0,002\left(\frac{H_\mathrm{n}}{\mathrm{mel}}-500\right)}\mathrm{Hz} \text{ für } f > 500\,\mathrm{Hz} \end{cases} \tag{6.4}$$

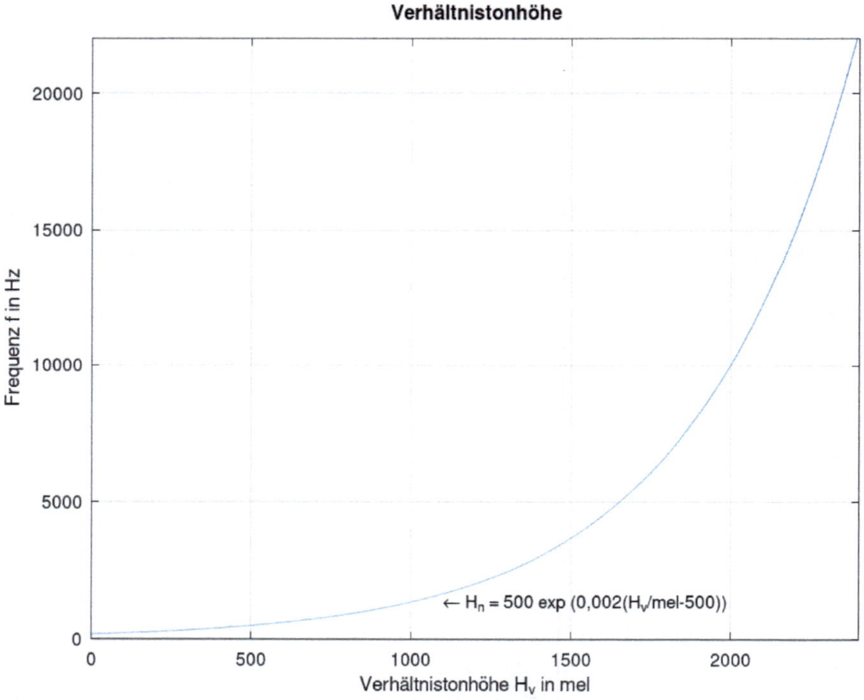

Bild 6.2 Frequenz in Abhängigkeit von der Verhältnistonhöhe

Mit 1 mel ist die Tonhöhendifferenz gegeben, die ein Mensch gerade noch wahrnehmen kann. Die Messung erfolgt mit zwei Tönen, die mit einer kleinen Pause aufeinanderfolgen. Dehnt man die Dauer der Töne aus, umso kleiner ist die wahrgenommene Tonhöhendifferenz.

6.3.7 Tonheit

Die Tonheit z eines reinen Tones hängt direkt mit der Verhältnistonhöhe zusammen und bestimmt sich zu

Tonheit in Bark/Mel:

$$z \approx 100\, H_\mathrm{v} \quad [\mathrm{Bark/mel}] \tag{6.5}$$

Die Umrechnung zwischen den einzelnen Maßen ist in Tabelle 6.2 dokumentiert.

Tabelle 6.2 Umrechnung zwischen verschiedenen zur Tonhöhe proportionalen Größen

Δz in Bark	Schritte	ΔH_v in Mel	Haarzellen	Δl in mm
24	640	2400	3600	32
1	27	100	150	1,3
	1	3,8	5,6	0,05
		1	1,5	0,013
			1	0,009

Der Frequenzabstand, der 1 Bark entspricht, ist für Frequenzen kleiner 500 Hz ungefähr 100 Hz und für höhere Frequenzen ungefähr 0,2 f. Er heißt auch Frequenzgruppenbreite. Alle Frequenzen, die innerhalb von einem Bark liegen, heißen auch Frequenzgruppe.

Tonheit oder auch Frequenzgruppe sind neben der Verhältnistonhöhe psychoakustische Maße für Phänomene der Psychoakustik. So werden die Signale innerhalb einer Frequenzgruppe im Gehör gemeinsam verarbeitet. Ist das Signalspektrum über mehrere Frequenzgruppen verteilt, so werden die Teil-Lautheiten aufsummiert.

Die **Bark-Skala** ist nach dem deutschen Physiker und Akustiker Heinrich Barkhausen benannt. Sie basiert auf der Frequenzabhängigkeit der Lautheitswahrnehmung.

6.4 Modellbildung

Mithilfe der gewonnenen Erkenntnisse zum menschlichen Gehör, kann dieses durch 24 Bänder der Bark-Skala (24 Bandpassfilter) modellhaft nachgebildet werden.

Bei der Modellbildung ist die kritische Bandbreite wesentlich zur Bestimmung der Wahrnehmbarkeit von einzelnen Tönen. Werden zwei Töne in einem sehr geringen Frequenzabstand als Schall abgestrahlt, so nimmt das Gehör nur einen Ton wahr.

Erst bei Vergrößerung dieses Frequenzabstandes sind beide Töne „hörbar“. Jedoch ist der Abstand nicht gleich im hörbaren Frequenzbereich des Menschen. Dieser im Hörbereich des Menschen variierende Abstand wird als kritische Bandbreite bezeichnet.

Sind Töne unterschiedlich laut, so wird der lautere Ton wahrgenommen – der leisere in einem kritischen Band verdeckt. So kann ein zuerst lauter Ton den folgenden leisen überdecken. Aber auch ein anfänglich leiser Ton kann durch einen nachfolgenden lauten verdeckt werden. Diese Gehöreigenschaft wird als zeitliche Verdeckung oder **Maskierung** bezeichnet, da das Gehör (mechanischer Aufbau) eine Trägheit besitzt (zeitliche Verzögerung der Wahrnehmung). Diese Trägheit führt zu einer zeitlichen Auflösungsgrenze.

Schallereignisse beinhalten Frequenzen unterschiedlicher Intensität. Ein reiner Ton mit einer größeren Intensität als ein zweiter Oberton geringerer Intensität verdeckt diesen, wenn der zweite Ton unterhalb der Mithörschwelle liegt. Hierbei spricht man von spektraler Verdeckung.

6.5 Maskierung

Um eine gezielte Datenreduktion (Informationsgehalt entspricht nicht mehr dem Original, verlustbehaftet) vornehmen zu können, wird die Redundanz als auch die Irrelevanz aus der Information herausgenommen.

Dazu nutzt man einige Eigenschaften des menschlichen Gehörs aus. Dem Hörer werden so bestimmte Frequenzanteile vorenthalten, da er diese nicht wahrnehmen würde. Man nutzt dabei die Verdeckung oder Maskierung bei der Wahrnehmung aus. Maskierung lässt sich leicht aus der Erfahrung deutlich machen. Unterhält man sich mit jemandem spricht man i. d. R. mit einer normalen Lautstärke. Kommt es im Umfeld dann zu einem sehr lauten Geräusch (Presslufthammer, Flugzeug o. ä.), ändert sich die Hörsituation. Bei gleicher Lautstärke kann der Zuhörer dem Gespräch häufig nicht mehr folgen. Diese Überdeckung wird als Maskierung bezeichnet.

Bei der Maskierung wird zwischen der simultanen und der temporalen Maskierung unterschieden.

6.5.1 Simultane spektrale Maskierung

Die simultane Maskierung entsteht, wenn mindestens zwei oder mehr Signale unterschiedlicher Frequenz zur gleichen Zeit auftreten und im Innenohr eintreffen.

Ist ein Signal präsenter als das andere, wird die Wahrnehmungsschwelle verändert. Das Gehör ist in der Umgebung der Frequenz des Signals dieser deutlich lauteren (präsenteren) Signal- oder Frequenzkomponente weniger empfindlich. Dadurch entsteht eine neue Hörempfindlichkeitskurve, die **Mithörschwelle** genannt wird.

Das andere, zweite Signal, das für sich allein die **Ruhehörschwelle** übersteigen würde und so hörbar wäre, fällt damit unter diese Mithörschwelle, wird vom ersten präsenten Signal maskiert und ist nicht mehr wahrnehmbar.

So hört man bspw. einen leisen Ton mit 2 kHz nicht, wenn gleichzeitig ein lauter Ton mit 1 kHz gespielt wird (Bild 6.4). Etwas allgemeiner formuliert, sieht die allgemeine Hörschwelle (Batke, 2019) eines Menschen (im Ruhezustand bei nur einem reinen Sinuston) ungefähr wie in Bild 6.3 aus.

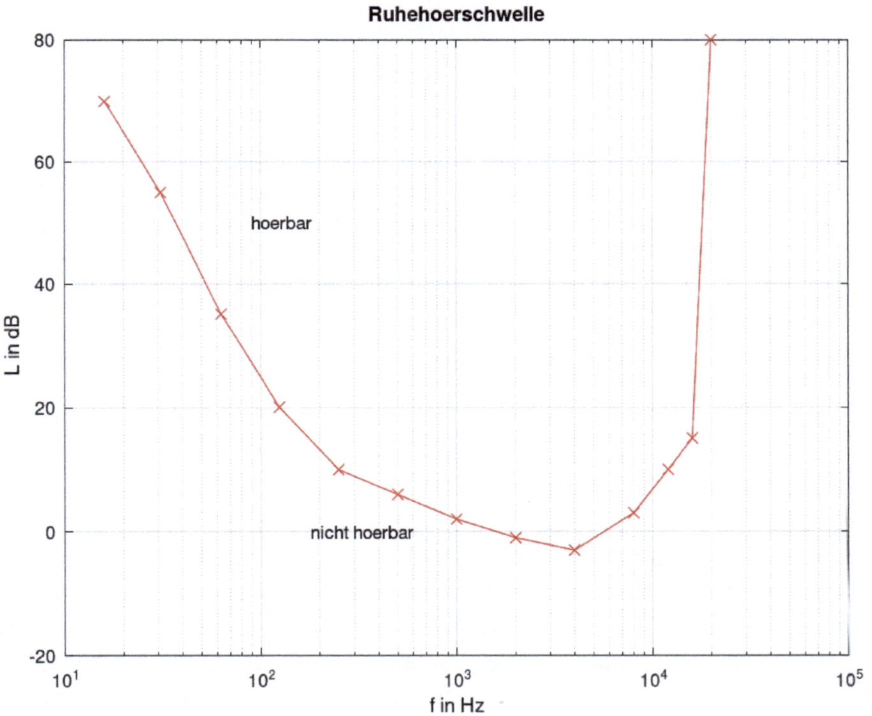

Bild 6.3 Ruhehörschwelle für einen Sinuston

Es ist ein maskierter Bereich entstanden (250 Hz bis 8000 Hz, Bild 6.4), der die darunter liegenden Signalanteile verdeckt, damit sind diese nicht hörbar. Liegt also noch ein 2-kHz-Signal mit einer Lautstärke von ca. 20 dB auf der Skala des Diagramms an, wird der Perceptual Audio Coder dieses Signal einfach ignorieren.

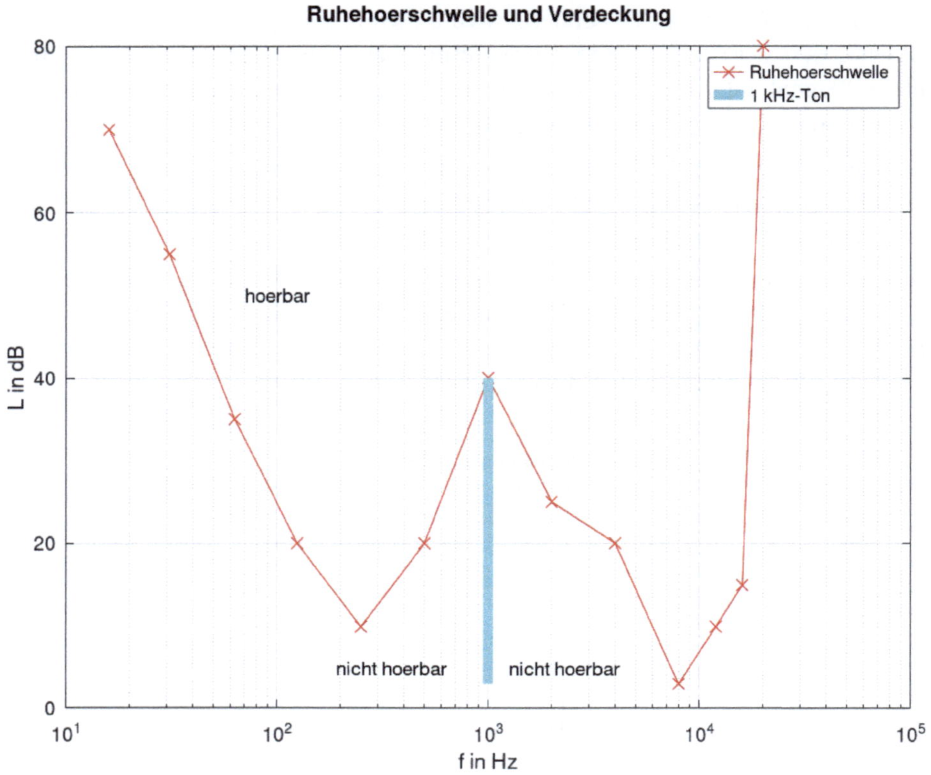

Bild 6.4 Verdeckungseffekt bspw. bei 1 kHz

6.5.2 Temporale Maskierung

Die temporale Maskierung, tritt bei sich schnell ändernden Signalen auf. Kommt es plötzlich zu einem Schallereignis (impulsartiges Audiosignal), das von kurzer Dauer ist, so braucht das Gehör eine Erholungszeit, bis es wieder die volle Empfindlichkeit aufweist. Das wird als **zeitliche Nachverdeckung** bezeichnet. Aber auch Töne, die kurz vor dem impulsartigen Schallereignis liegen, können nicht mehr wahrgenommen werden. Dabei spricht man dann von der **zeitlichen Vorverdeckung**.

Experimentell kann zur Bestimmung der Nachverdeckung ein Testsignal (z. B. kurzer Tonimpuls) zeitlich nach dem Abschalten eines Maskierungssignals (z. B. Rauschen) abgegeben und der Pegel des Tons solange verändert werden, bis er nicht mehr hörbar ist. Dann ist die Mithörschwelle erreicht. Diese nimmt mit wachsendem Abstand des Tons vom Maskierende ab und erreicht bei ca. 200 ms die Ruhehörschwelle. Der Verlauf der **Nachverdeckungskurve** ist abhängig von der Maskierungsdauer und variiert mit den Anpassungsfähigkeiten des Ohres.

Zur experimentellen Betrachtung der Vorverdeckung wird der Ton zeitlich vor dem Anschalten eines Maskierers gesendet. Der Zeitbereich der Vorverdeckung ist mit 10 ms wesentlich kürzer und es gibt keine starke Abhängigkeit von der Dauer der Maskierung.

Der Effekt von Vor- und Nachverdeckung in Kombination beobachtet man bei der **Lückendetektion** (Gapdetection), bei der die kleinste in einem Rauschen wahrnehmbare Pausendauer gemessen wird. Da aber im Gehör kleine Lücken im Rauschen nicht wahrgenommen werden können, kann man bei Normalhörenden unter Verwendung von breitbandigem Rauschen die minimal detektierbare Lückendauer zu ca. 8 ms bestimmen.

Unter die zeitliche Vor- und Nachverdeckung fallen auch Schallereignisse, die durch eine zeitliche Integration und eine Zeitauflösung im Gehör verarbeitet werden. Die zeitliche Integration ist die Fähigkeit, einen anhaltenden, stationären Klang gleichen Pegels als lauter wahrzunehmen als einen kurzen.

6.6 Anhang

```
Darstellung zu Kapitel 6.2 und 6.5.1
%---------------------------------------------------------------------
% GNU-Octave-Anhang zum Kapitel Psychoakustik Punkt 6 Maskierung
% Ruhehörschwelle bei verschiednen Frequenzen (Referenz Frequenz 1klz)
%
% Dateinamen: ruhe28112023.m
% Ausgabedaten: Grafik
% Autor: Dr.-Ing. Torsten Köhler
% Erstellungsdatum: 15.05.2024
% Variante für die einfache Erstellung eins m-Files
% GNU - Octave - Version 6.4.0
%______________________________________________________________________
%{
KOMMENTAR:
Es soll eine kleine Aufgabe für die Darstellung des Zusammenhangs zwischen
Schallpegel und Frequenzton sein.
 %}
 %_____________________________________________________________________
clc;
clear all;
% Löschen aller Variablen und deren Inhalte aus dem Speicher
disp('Erzeugen einer einfachen Grafik für die Ruhehörschwelle .. ')
disp('weitere Hörkurven !')
% Textausgabe zur Berechnung
ldb=[70,55,35,20,10,6,2,-1,-3,3,10,15,80];
ldbMAX=[120,125,133,138,139,139,139,138,133,125,120,110,105];
%aus einer Grafik abgetragene Werte für eine Ruhehörschwelle P50
ldb10=ldb+10;
ldb20=ldb+20;
ldb30=ldb+30;
ldb40=ldb+40;
```

```
ldb50=ldb+50;
ldb120=ldb+120;
%Erzeugung von ähnlich zur Ruhehörschwelle verlaufenden Kurven durch Addition
f=15.625;
for i=1:(length(ldb)-3)
r(i)=f;
f=f*2;
disp("f = ");disp(f);
i++;
end
%Schleife für die Frequenzwerte in einem bestimmten Abstand
z=(r(length(ldb)-3)+4000):4000:20000;
%Erzeugen der Werte, die durch die Schleife nicht erzeugt werden
y=[r z];
%Zusammenführung aller Frequenzwerte
f=round(y);
%Runden aller Frequenzwerte
disp(' BILD ')
%Bildschirmausgabe, dass nun Grafiken erzeugt werden
m=figure(1);
%erste Grafik für die Ruhehörschwelle und Isophone etc.
semilogx(f,ldb,'rx-',f,ldb10,'b',f,ldb20,'c',f,ldb30,'m',f,ldb40,'k',
f,ldb50,'y',f,ldbMAX,'gs-');
grid on;
%muss nach dem plot-Befehl stehen
title('Ruhehoerschwelle');
xlabel('f in Hz');
ylabel('L in dB');
legend('Ruhehoerschwelle','10 Phon','20 Phon','30 Phon','40 Phon','50 Phon'
,'120 Phon-Schmerzschwelle');
pause (5);
%Pause, damit man die Grafiken am Bildschirm betrachten kann
saveas(m,'c:\scanpaperport\ruheIsophone.jpg')
% Speichert die Grafik als jpg-File
close(m);
% Schließt die Grafik auf dem Bildschirm
m=figure(2);
% zweite Grafik
semilogx(f,ldb,'rx-');
grid on;
%muss nach dem plot-Befehl stehen
title('Ruhehoerschwelle');
xlabel('f in Hz');
ylabel('L in dB');
text(180,0,{"nicht hoerbar"});
text(90,50,{"hoerbar"});
% Texte die an unterschiedlichen Positionen in der Grafik dargestellt werden
pause (5);
saveas(m,'c:\scanpaperport\ruhehsw.jpg')
% Speichert die Grafik als jpg-File
close(m);
%schließt die Bildschirmgrafik
ton1=[1000 1000 1000];
ldbton1=[3 20 40];
% nur für die Darstellung kreierter Verlauf (1 klz-Ton)
ldb(6)=20;
ldb(7)=40;
```

```
ldb(8)=25;
ldb(9)=20;
% Anhebung der Pegel um den Verdeckungseffekt in der Grafik abzubilden
m=figure(3);
% dritte Grafik
semilogx(f,ldb,'rx-',ton1,ldbton1,'c-',"markersize",20,"linewidth",5);
grid on; %muss nach dem plot-Befehl stehen
title('Ruhehoerschwelle und Verdeckung');
xlabel('f in Hz');
ylabel('L in dB');
legend("Ruhehoerschwelle", "1 kHz-Ton");
text(190,5,{"nicht hoerbar"});
text(1250,5,{"nicht hoerbar"});
text(70,50,{"hoerbar"});
pause (5);
saveas(m,'c:\scanpaperport\ruheVer.jpg')
% Speichert die Grafik als jpg-File
close(m);
% schließt die Bildschirmgrafik
clc;
```

Literaturverzeichnis

Albrecht, B. (2005). Aufbau einer Messeinrichtung zur Absorptionsgradbestimmung. Projektarbeit. TU Ilmenau.

Atakishieva, Y.; Leckschat, D.; Epe, C.; Sellmeier, W. (2014). Untersuchung eines neuartigen Kunstkopf-Ohres im Vergleich zu anderen Ohrformen hinsichtlich der Richtungswahrnehmung. 28. Tonmeistertagung. VDT International Convention.

Batke, J.-M. (2019). Akustische Simulationen mit Matlab und Python im Org-Mode. DAGA 2019 – Jahrestagung für Akustik.

Bernstein, H. (2018). Elektroakustik. Springer Vieweg Verlag.

Brauner, S. (2021). Verfahren zur Analyse von Audiosignalen und -systemen. Bachelorarbeit. Hochschule der Medien Stuttgart.

Brettschneider, V. (2007). Analyse und Optimierung der. TU Berlin.

Bundesnetzagentur – BNetzA (2009). Frequenzzuteilung für drahtlose Mikrofone und sonstige Reportagefunkanlage.

Cremer, L.; Hubert, M. (1990). Vorlesungen über Technische Akustik. Springer Verlag.

D'Appolito, J. (1999). Lautsprecher-Messtechnik Elektor-Verlag.

Deutscher Städtetag; Deutscher Städte- und Gemeindebund; Deutscher Landkreistag; Deutsche Telekom; O2; Vodafone. (2010). Einführung der Mobilfunktechnik LTE und ihre Auswirkungen auf Funkmikrofone.

Dickreiter, M.; Dittel, V.; Hoeg, W.; Wöhr, M. (2008). Handbuch der Tonstudiotechnik (Bd. 1). Hrsg. ARD ZDF medienakademie. K. G. Saur.

Dietze, D. (2009). Lautsprecherentwicklung. Projektarbeit. TU Graz.

Faller, A.; Schünke, M. (2020). Der Körper des Menschen. Georg Thieme Verlag KG.

Fastl, H. (2010). Praktische Anwendungen der Psychoakustik. DAGA 2010 – Jahrestagung für Akustik.

Fastl, H. (2012). Hören+Akustik=Psychoakustik. 16. Multidisziplinäres Kolloquium der GEERS-Stiftung 2012; Band 19.

Fedtke, T. (Hrsg.) (2008). Kunstkopftechnik – Eine Bestandsaufnahme. Eine Mitteilung aus dem Normenausschusses „Psychoakustische Messtechnik". ACUSTICA/acta acustica/Nuntius Acustucus, Vol. 93 (2007).

Feldtkeller, R.; Zwicker, E. (1956). Das Ohr als Nachrichtenempfänger. Hirzel Verlag.

Fischer, M. (2015). Psychophysiologische Optimierung der akustischen Emissionen von Lebensmittel verarbeitenden Geräten. Dissertation. TU Ilmenau.

Georgi, T.; Wehmeyer, M. (2015). Raumakustik am Beispiel des Peter-Schütt-Hörsaals. Belegarbeit. Hochschule Mittweida.

Gerhardt, U.; Brinkmann, U. (2015). Gespräch zur Kunstkopfreihe. Mit E. Hager. Deutschlandradio.

Hävecker, W.; Mevenkamp, M.; Rothammel, R. (2004). Versuch: Filterschaltungen. Hochschule Bremen.

Head Acoustics GmbH (2016). Psychoakustik I.

Head Acoustics GmbH (2016). Psychoakustik II.

Hellmich, M. (2012). Erstellung einer Datenbank von kopfbezogenen Impulsantworten. Bachelorarbeit. TU Ilmenau.

Hemmer, D. (2022). Absorbertheorien und Materialforschung für den raumakustischen Anwendungsbereich. Projektarbeit. TU Graz.

Heß, R. (2004). Berechnung von geschlossenen Lautsprecherboxen. HAW-Hamburg.

Holtmeyer, V. (2006). Line-Arrays – The Hype Goes On.

Holtmeyer, V. (2007). Simulation von Beschallungsanlagen.

IEC (2018). IEC 60268-4. Sound System Equipment – Part 4: Microphones. International Electrotechnical Commission.

Jungebluth, C. (2018). Akustik im Automotive-Umfeld. vdt 2, 2018.

Kempf, S. (2018). Leitfaden der Beschallungstechnik. Bachelorarbeit. Hochschule der Medien Stuttgart.

Kirchner, L. (2007). Lautsprecher Messtechnik. Kirchner elektronik.

Kleinemeier, T. (2018). Einführung in die Binauraltechnik. Tonseminar. Hochschule der Medien Stuttgart.

Klinger, H. H. (1973). Lautsprecher und Lautsprechergehäuse für HIFI. Franzis Verlag.

Kühlewind, A. (2022). Raumakustische Planung eines Ausstellungsraumes des Carl-Orff-Museums mit flexibler Nutzung. Masterarbeit. Hochschule München/Mittweida.

Laback, B. (2006). Psychoakustik II – Schwerpunkt: Experimentelle Audiologie. Vorlesungsskript. Institut für Schallforschung, Österreichische Akademie der Wissenschaften.

Liepins, R. (2009). Messmikrofone. Bachelorarbeit. TU Graz.

Mader, M. (2017). Der FH-Kunstkopf – Räumliches Hören, Bau und Evaluierung des FH-Kunstkopfes. Zweite Bachelorarbeit. Fachhochschule St. Pölten.

Neubauer, R. (2020). Skriptum zur Vorlesung Raumakustik. Hochschule Augsburg.

Neubauer, R. (2020). Skriptum zur Vorlesung Schallschutz (Bauakustik). Hochschule Augsburg.

Peus, S. (1983). Natürliches Hören mit künstlichem Kopf. Georg Neumann GmbH. Funkschau, Heft 6.

Pompetzki, W. (1993). Psychakustische Verifikation von Computermodellen zur binauralen Raumsimulation. Shaker Verlag.

Rathbone, B. (2000). Evaluierung von Kunstköpfen als Messvorrichtung für datenbasierte binaurale Raumsynthese. Diplomarbeit. Institut für Rundfunktechnik GmbH.

Richter, J.-G. (2019). Fast Measurement of Individual Head-Related Transfer Functions. Aachener Beiträge zur Akustik. Logos Verlag Berlin GmbH.

Ruschkowski, A. v. (2013). Lautheit von Musik– Eine empirische Untersuchung zum Einfluss von Organismusvariablen auf die Lautstärkewahrnehmung von Musik. Dissertation. Universität Hamburg.

Santer, C. (2020). Einsatzbereich von Line-Arrays und Punktschallquellen. Projektarbeit. TU Graz.

Schill, M. S. (2017). Funkmikrofone und deren Zukunft. Bachelorarbeit. Hochschule der Medien Stuttgart.

Schoeps GmbH (1984). Kondensatormikrofone mit Kugelcharakteristik. 13. Tonmeistertagung. VDT International Convention.

Shure Europe GmbH (2016). Nutzung von Frequenzen für Funkmikrofone.

Tabel, R. (2010). Von der Akustik zum Lautsprecher. Projektarbeit. Hochschule Bremen.

Theile, G. (2016). Der Kopfhörer als „Lautsprecher“. StudioEmagazin. Onlinemagazin für Professionelle Audiotechnik 18. Studio Presse Verlag. Oberhausen

Tietze, S. (2010). Halbleiter-Schaltungstechnik. Springer Vieweg Verlag.

Weber, Y. (2018). Psychoakustik & Psychoakustik-Effekte. Vorlesungsskript. Hochschule der Medien Stuttgart.

Webers, J. (1990). Tonstudiotechnik – Handbuch der Schallaufnahme und -wiedergabe bei Rundfunk, Fernsehen, Film und Schallplatte. Franzis Verlag.

Weinzierl, S. (2009). Handbuch der Audiotechnik. Springer Verlag.

Werner, S. (2019). Über den Einfluss kontextabhängiger Qualitätsparameter auf die Wahrnehmung von Externalität und Hörereignisort. Dissertation. TU Ilmenau.

Wittek, H.; Faller, C.; Langen, C.; Favrot, A.; Tournery, C. (2010). Neuartiges Richtrohrmikrofon-Prinzip mit erhöhter Richtwirkung. 26. Tonmeistertagung. VDT International Convention.

Zollner, M. (1998). Elektroakustik (Bd. 1). Springer Verlag

Index

S

T

U

V

W

Z